多変数複素関数論序説

多変数複素関数論序説

安達　謙三　著

開 成 出 版

まえがき

　本書は多変数複素関数論の分野において 20 世紀後半から 21 世紀初頭にかけて研究されたいくつかの重要な事柄について解説したものである.

　本書の内容は以下の通りである.

　第 1 章では, 多変数複素関数論における基本的な事柄について述べる. 最初に, Hartogs の定理を利用して, 多変数複素関数が各変数について正則であることと, べき級数展開可能であることは同値であることを証明する. Hartogs の定理の証明は第 1 章 6 節で行う. また, 劣調和関数を用いて多重劣調和関数を定義し, その性質を調べる. 次に, 正則領域は擬凸開集合であることを示す. さらに, Hartogs の拡張定理と, 正則写像が単射ならば双正則写像になることを証明する.

　第 2 章では, 強擬凸領域と強凸領域の性質について解説する. 擬凸領域は滑らかな境界をもつ強擬凸領域の増加列の和集合として表されることを, Morse の補題を用いて証明する. さらに, 強擬凸領域と強凸領域との関係について考察する.

　第 3 章では, 最初にヒルベルト空間の稠密な部分空間からヒルベルト空間への線形閉作用素の性質について考察し, その結果を L^2 空間上の $\bar{\partial}$ 作用素に応用する. 次に, Skoda の割算定理について解説する. Skoda の割算定理は Hörmander の L^2 理論をさらに発展させることにより得られた定理であるということができる. さらに, Skoda の割算定理を利用して, 擬凸開集合は正則領域であるという, 1950 年代に解決された多変数関数論における大問題であった Levi の問題を解く.

　第 4 章では, 大沢・竹腰の拡張定理について解説する. 最初に, Siu による大沢・竹腰の拡張定理の証明を参考にした著者による証明を紹介する. Siu の証明では難解な Hörmander の命題を用いているが, 著者はこの命題を使用しない初等的な証明方法を思いついたので, ここで述べることに

する. 1987 年に大沢・竹腰の拡張定理が発表されてから四半世紀を経て, 最適定数の存在が Blocki と Guan-Zhou によって証明された. Blocki の証明は Hörmander による $\bar{\partial}$ 問題に対する L^2 評価を利用した方法で, 拙著「多変数複素解析入門」で解説した. Guan-Zhou の証明は複素解析幾何的手法を用いていて, 大沢・竹腰の原論文に沿った証明である. 本書では Guan-Zhou の結果について証明を省いて紹介する.

第 5 章では積分公式について解説する. その一例として, Leray 写像を用いて Cauchy-Fantappiè の積分公式を導く. 積分公式の応用として, 強擬凸領域における $\bar{\partial}$ 問題の解の $\frac{1}{2}$-Hölder 評価を与える. 後半では, Henkin の方法に従って, 強凸領域内の一般の位置にある複素超平面上の有界正則関数は領域全体へ有界に拡張できることと, 境界まで連続な正則関数は領域全体で正則で境界まで連続な関数へ拡張できることを Cauchy-Fantappiè の積分公式を用いて証明する. 次に Fornaess の埋め込み定理を利用して, これらの結果が強擬凸領域と一般の位置にある部分多様体に対して成り立つことを示す.

各章末に本書の内容を理解する手助けになるように練習問題を設けた.

出版にあたっては, 開成出版の多くの方にお世話になりました. お礼申し上げます.

2020 年 晩秋
安達謙三

目 次

第1章　正則領域と擬凸開集合

1.1　正則関数

定義 1.1　$\Omega \subset \mathbb{C}^n$ は開集合で, $f \in C^1(\Omega)$ とする. $z = (z_1, \cdots, z_n)$, $z_j = x_j + iy_j$ $(j = 1, 2, \cdots, n)$ とするとき,

$$\frac{\partial f}{\partial z_j} = \frac{1}{2}\left(\frac{\partial f}{\partial x_j} - i\frac{\partial f}{\partial y_j}\right), \quad \frac{\partial f}{\partial \bar{z}_j} = \frac{1}{2}\left(\frac{\partial f}{\partial x_j} + i\frac{\partial f}{\partial y_j}\right)$$

と定義する.

$f(z)$ を実部, 虚部に分けて $f(z) = u(x,y) + iv(x,y)$ と表すと,

$$\frac{\partial f}{\partial z_j} = \frac{1}{2}\left(\frac{\partial u}{\partial x_j} + \frac{\partial v}{\partial y_j}\right) + \frac{i}{2}\left(\frac{\partial v}{\partial x_j} - \frac{\partial u}{\partial y_j}\right),$$

$$\frac{\partial f}{\partial \bar{z}_j} = \frac{1}{2}\left(\frac{\partial u}{\partial x_j} - \frac{\partial v}{\partial y_j}\right) + \frac{i}{2}\left(\frac{\partial v}{\partial x_j} + \frac{\partial u}{\partial y_j}\right)$$

となるから,

$$\overline{\left(\frac{\partial f}{\partial z_j}\right)} = \frac{\partial \bar{f}}{\partial \bar{z}_j}, \qquad \overline{\left(\frac{\partial f}{\partial \bar{z}_j}\right)} = \frac{\partial \bar{f}}{\partial z_j} \tag{1.1}$$

が成り立つ. また, $f \in C^1(\Omega)$ が z_j について正則であるための必要十分条件は, Cauchy-Riemann の方程式 $u_{x_j} = v_{y_j}$, $u_{y_j} = -v_{x_j}$ を満たすことであるから,

$$\frac{\partial f(z)}{\partial \bar{z}_j} = 0 \qquad (z \in \Omega) \tag{1.2}$$

が成り立つことである.

次に, 複素関数の合成関数の微分の公式を証明する.

補題 1.1　開集合 $\Omega \subset \mathbb{C}^n$, $G \subset \mathbb{C}^m$ に対して, 写像 $f : \Omega \to G$ と関数 $g : G \to \mathbb{C}$ は C^k $(k = 1, \cdots, \infty)$ 級とする. すると, $g \circ f : \Omega \to \mathbb{C}$ は C^k 級で, $f = (f_1, \cdots, f_m)$ とするとき, 次が成り立つ.

$$\frac{\partial(g \circ f)}{\partial z_j} = \sum_{k=1}^{m} \left(\frac{\partial g}{\partial w_k} \frac{\partial f_k}{\partial z_j} + \frac{\partial g}{\partial \bar{w}_k} \frac{\partial \bar{f}_k}{\partial z_j} \right), \tag{1.3}$$

$$\frac{\partial(g \circ f)}{\partial \bar{z}_j} = \sum_{k=1}^{m} \left(\frac{\partial g}{\partial w_k} \frac{\partial f_k}{\partial \bar{z}_j} + \frac{\partial g}{\partial \bar{w}_k} \frac{\partial \bar{f}_k}{\partial \bar{z}_j} \right), \tag{1.4}$$

$$(j = 1, \cdots, n).$$

証明　$g \circ f$ が C^k 級であることは微分積分学で周知のことであるから, 証明は省略する. $n = m = 1$ の場合に (1.3) を証明する.

$$z = x + iy, \ f(z) = u(x,y) + iv(x,y), \ w = u + iv, \ g(w) = g(u,v)$$

とするとき, $g \circ f(z) = g(f(z)) = g(u(x,y), v(x,y))$ であるから, 2 実変数の合成関数の微分から,

$$
\begin{aligned}
\frac{\partial}{\partial z}(g \circ f)(z) &= \frac{1}{2}\left(\frac{\partial}{\partial x} - i\frac{\partial}{\partial y} \right) g(u(x,y), v(x,y)) \\
&= \frac{1}{2}\frac{\partial}{\partial x} g(u(x,y), v(x,y)) - \frac{i}{2}\frac{\partial}{\partial y} g(u(x,y), v(x,y)) \\
&= \frac{1}{2}\left(\frac{\partial g}{\partial u}\frac{\partial u}{\partial x} + \frac{\partial g}{\partial v}\frac{\partial v}{\partial x} \right) - \frac{i}{2}\left(\frac{\partial g}{\partial u}\frac{\partial u}{\partial y} + \frac{\partial g}{\partial v}\frac{\partial v}{\partial y} \right) \\
&= \frac{\partial g}{\partial u}\frac{\partial u}{\partial z} + \frac{\partial g}{\partial v}\frac{\partial v}{\partial z}
\end{aligned}
$$

となる. ここで, $\frac{\partial}{\partial u} = \frac{\partial}{\partial w} + \frac{\partial}{\partial \bar{w}}$, $\frac{\partial}{\partial v} = i\left(\frac{\partial}{\partial w} - \frac{\partial}{\partial \bar{w}} \right)$ となることを用いると,

$$
\begin{aligned}
\frac{\partial}{\partial z}(g \circ f)(z) &= \left(\frac{\partial g}{\partial w} + \frac{\partial g}{\partial \bar{w}} \right)\frac{\partial u}{\partial z} + i\left(\frac{\partial g}{\partial w} - \frac{\partial g}{\partial \bar{w}} \right)\frac{\partial v}{\partial z} \\
&= \frac{\partial g}{\partial w}\frac{\partial f}{\partial z} + \frac{\partial g}{\partial \bar{w}}\frac{\partial \bar{f}}{\partial z}
\end{aligned}
$$

となる. (証明終)

$z \in \mathbb{C}^n$ に対して, $z = (z_1, \cdots, z_n)$, $z_j = x_j + iy_j$ とするとき, z と $(x_1, y_1, \cdots, x_n, y_n)$ を同一視することにより, $\mathbb{C}^n = \mathbb{R}^{2n}$ となる.

定義 1.2 $\Omega \subset \mathbb{C}^n$ は開集合とする.

(1) $G \subset \Omega$ とする. G の閉包 $\overline{G}$ が Ω のコンパクト部分集合になるとき, $G \Subset \Omega$ と表わす. このとき, G は Ω において相対コンパクト (relatively compact) であるという.

(2) $G \subset \mathbb{C}^n$, $G \neq \mathbb{C}^n$ とする. G の境界を ∂G で表す. $a \in \mathbb{C}^n$ に対して, $d(a, \partial G) = \inf\{|a - z| \mid z \in \partial G\}$ と定義する. すなわち, $d(a, \partial G)$ は a と ∂G との最短距離を表す.

(3) Ω 上の関数 $f(z)$ に対して, $\{z \in \Omega \mid f(z) \neq 0\}$ の Ω における閉包を f の台 (support) といい, $\mathrm{supp}(f)$ によって表す. 定義から, $\mathrm{supp}(f) \subset \Omega$ となる.

(4) $C_c^\infty(\Omega) = \{f \in C^\infty(\Omega) \mid \mathrm{supp}(f)$ はコンパクト集合 $\}$ と定義する.

(5) $a \in \mathbb{C}^n$ と $r > 0$ に対して

$$B(a, r) = \{z \in \mathbb{C}^n \mid |z - a| < r\}, \quad \bar{B}(a, r) = \{z \in \mathbb{C}^n \mid |z - a| \le r\}$$

と定義する. $B(a, r)$ を a を中心とする半径 r の超球または球 (ball) という. 特に, $n = 1$ のときは $B(a, r)$ を開円板という.

(6) $a = (a_1, \cdots, a_n) \in \mathbb{C}^n$, $r = (r_1, \cdots, r_n) \in \mathbb{R}^n$, $r_j > 0$ とする.

$$P(a, r) = \{z \in \mathbb{C}^n \mid |z_j - a_j| < r_j, j = 1, \cdots, n\}$$

を多重円板 (polydisc) という.

定義 1.3 (正則関数) $\Omega \subset \mathbb{C}^n$ は開集合とする. 関数 $f : \Omega \to \mathbb{C}$ が Ω 上で正則 (holomorphic) であるとは, 任意の $a = (a_1, \cdots, a_n) \in \Omega$ に対して, $g(z_j) = f(a_1, \cdots, a_{j-1}, z_j, a_{j+1}, \cdots, a_n)$ が変数 z_j $(j = 1, 2, \cdots, n)$ に関する 1 変数関数として a_j の近傍で正則になることである. Ω で正則な関数全体の集合を $\mathcal{O}(\Omega)$ で表す.

次の重要な定理が成り立つ. 証明は 1.6 で行う.

定理 1.1 (Hartogs の定理)　$f(z)$ は開集合 $\Omega \subset \mathbb{C}^n$ 上で正則とする. すると, $f(z)$ は Ω で連続になる.

注意 1.1　実変数の関数の場合は各変数について微分可能でも連続になるとは限らない (練習問題 1.2 参照).

定義 1.4　$f(z)$ は Ω で正則とする. 負でない整数を成分とする多重指標 $\alpha = (\alpha_1, \cdots, \alpha_n)$ に対して,

$$|\alpha| = \alpha_1 + \cdots + \alpha_n, \quad \alpha! = \alpha_1! \cdots \alpha_n!, \quad \partial^\alpha f = \frac{\partial^{|\alpha|} f}{\partial z_1^{\alpha_1} \cdots \partial z_n^{\alpha_n}}$$

と定義する.

補題 1.2　$\Omega \subset \mathbb{C}^n$ は開集合とする. 関数 $f : \Omega \to \mathbb{C}$ に対して, 次は同値になる.

(i) $f(z)$ は Ω で正則である.

(ii) 任意の点 $a \in \Omega$ に対して, a の近傍 U が存在して, $z \in U$ に対して,

$$f(z) = \sum_{k_1, \cdots, k_n = 0}^{\infty} c_{k_1 \cdots k_n} (z_1 - a_1)^{k_1} \cdots (z_n - a_n)^{k_n} \tag{1.5}$$

と表される.

係数 $c_{k_1 \cdots k_n}$ は (1.5) の右辺を項別微分することにより, $k = (k_1 \cdots k_n)$ とするとき,

$$c_{k_1 \cdots k_n} = \frac{1}{k!} \partial^k f(a) \tag{1.6}$$

で与えられる.

証明　(i)$\Longrightarrow$(ii). $a \in \Omega$ とする. $r = (r_1, \cdots, r_n)$ を $P(a, r) \Subset \Omega$ となるようにとる. $\gamma_j = \{\zeta_j \mid |\zeta_j - a_j| = r_j\}$ とする. Hartogs の定理から, $f(z)$ は Ω で連続であるから, Cauchy の積分公式を繰り返し適用すると, $z \in P(a, r)$ に対して,

$$f(z) = \frac{1}{(2\pi i)^n} \int_{\zeta_1 \in \gamma_1} \cdots \int_{\zeta_n \in \gamma_n} \frac{f(\zeta_1, \cdots, \zeta_n) d\zeta_1 \cdots d\zeta_n}{(\zeta_1 - z_1) \cdots (\zeta_n - z_n)}$$

と表される. 一方, $\zeta_j \in \gamma_j$ に対して,

$$\frac{1}{\zeta_j - z_j} = \frac{1}{\zeta_j - a_j} \cdot \frac{1}{1 - \frac{z_j - a_j}{\zeta_j - a_j}} = \sum_{k=0}^{\infty} \frac{(z_j - a_j)^k}{(\zeta_j - a_j)^{k+1}}$$

となるから,

$$\frac{1}{(\zeta_1 - z_1) \cdots (\zeta_n - z_n)} = \sum_{k_1, \cdots, k_n = 0}^{\infty} \frac{(z_1 - a_1)^{k_1} \cdots (z_n - a_n)^{k_n}}{(\zeta_1 - a_1)^{k_1+1} \cdots (\zeta_n - a_n)^{k_n+1}}$$

となる. 上式の右辺は ζ に関して一様収束するから, 項別積分すると,

$$\begin{aligned} f(z) &= \sum_{k_1, \cdots, k_n} \frac{1}{(2\pi i)^n} \int_{\gamma_1} \cdots \int_{\gamma_n} \frac{f(\zeta_1, \cdots, \zeta_n) d\zeta_1 \cdots d\zeta_n}{(\zeta_1 - a_1)^{k_1+1} \cdots (\zeta_n - a_n)^{k_n+1}} \\ &\quad \times (z_1 - a_1)^{k_1} \cdots (z_n - a_n)^{k_n} \end{aligned}$$

となる. ここで,

$$c_{k_1 \cdots k_n} = \frac{1}{(2\pi i)^n} \int_{\gamma_1} \cdots \int_{\gamma_n} \frac{f(\zeta_1, \cdots, \zeta_n) d\zeta_1 \cdots d\zeta_n}{(\zeta_1 - a_1)^{k_1+1} \cdots (\zeta_n - a_n)^{k_n+1}}$$

とおくと,

$$f(z) = \sum_{k_1, \cdots, k_n} c_{k_1, \cdots, k_n} (z_1 - a_1)^{k_1} \cdots (z_n - a_n)^{k_n}$$

が成り立つ.

(ii)$\Longrightarrow$(i). べき級数はその収束する範囲の内部 (収束領域) の任意のコンパクト部分集合上で一様収束するから (「多変数複素解析入門」[AD4] 参照), $f(z)$ は各変数 z_j について正則な関数の一様収束極限になり, z_j について正則である. よって, 各変数について正則になるから, $f(z)$ は Ω で正則である. (証明終)

補題 1.3 $f(z)$ は開集合 $\Omega \subset \mathbb{C}^n$ で正則とする.

(i) $f(z)$ が実数値関数ならば定数である.

(ii) $|f(z)|$ が Ω で定数ならば, $f(z)$ は定数である.

証明　(i) $f(z) = u(z) + iv(z)$ とすると, $v(z) = 0$ である. $z_j = x_j + iy_j$ $(j = 1, \cdots, n)$ とすると, $u_{x_j} = v_{y_j} = 0$, $u_{y_j} = -v_{x_j} = 0$ となるから, $u(z)$ は定数になる. よって, $f(z)$ は定数である.

(ii) $|f(z)| = c$ とおく. $c \neq 0$ とする. $f(z) = ce^{i\theta(z)}$ とおくことができる. ここで, $\theta(z)$ は実数である. 両辺の対数をとると, $\log f(z) = \log c + i\theta(z)$ となるから, $\theta(z)$ は実数値正則関数である. (i) より, $\theta(z)$ は定数 $(= a)$ になる. すると, $f(z) = ce^{ia}$ となり, $f(z)$ は定数である. (証明終)

補題 1.4　$f(z)$ は領域 $\Omega \subset \mathbb{C}^n$ で正則とする. Ω の空でない開部分集合 G が存在して, $f(z) = 0$ $(\forall z \in G)$ となるならば, Ω で $f \equiv 0$ となる.

証明　$A = \{z \in \Omega \mid \partial^\alpha f(z) = 0, \forall \alpha = (\alpha_1, \cdots, \alpha_n)\}$ とする. $\phi \neq G \subset A$ であるから, $A \neq \phi$ となる. $z_j \in A$ $(j = 1, 2, \cdots)$, $z_j \to z_0 \in \Omega$ とする. 任意の多重指標 α に対して, $\partial^\alpha f(z)$ は Ω で連続であるから, $0 = \partial^\alpha f(z_j) \to \partial^\alpha f(z_0)$ となり, $\partial^\alpha f(z_0) = 0$ となるから, $z_0 \in A$ となる. よって, A は Ω の閉部分集合である. 次に, $a \in A$ とする. $P(a, r) \Subset \Omega$ を満たす $r = (r_1, \cdots, r_n)$ を十分小さく選ぶと, 補題 1.2 から, $z \in P(a, r)$ のとき, $f(z) = \sum c_\alpha (z - a)^\alpha$ と表わされる. ここで, $c_\alpha = \partial^\alpha f(a)/\alpha! = 0$ である. すると, $f(z) = 0$ $(\forall z \in P(a, r))$ となるから, $\partial^\alpha f(z) = 0$ $(\forall z \in P(a, r))$ となる. すると, $P(a, r) \subset A$ となり, A は開集合である. Ω は連結であるから, $A = \Omega$ となり, Ω で $f \equiv 0$ となる. (証明終)

定理 1.2 (最大値の原理)　$\Omega \subset \mathbb{C}^n$ は領域とする.

(i) $f(z)$ は Ω で正則とする. $|f(z)|$ が Ω で極大値をとるならば, $f(z)$ は定数になる.

(ii) $\Omega \Subset \mathbb{C}^n$ は開集合で, $f \in \mathcal{O}(\Omega) \cap C(\overline{\Omega})$ とすると, $z \in \overline{\Omega}$ のとき, $|f(z)| \leq \sup\limits_{\zeta \in \partial\Omega} |f(\zeta)|$ が成り立つ.

証明　(i) $|f(z)|$ は $w \in \Omega$ で極大値をとるとする. $r > 0$ を十分小さくとると, $P = \{z \in \mathbb{C}^n \mid |w_j - z_j| < r, j = 1, \cdots, n\}$ とおいたとき, $\overline{P} \subset \Omega$ となり, かつ $z \in \overline{P}$ に対して, $|f(z)| \leq |f(w)|$ となる. $0 < \rho_j \leq r$

$(j = 1, \cdots, n)$ に対して, Cauchy の積分公式から,

$$
\begin{aligned}
f(w) &= \frac{1}{(2\pi i)^n} \int_{|w_1 - z_1| = \rho_1} \cdots \int_{|w_n - z_n| = \rho_n} \frac{f(z)dz_1 \cdots dz_n}{(w_1 - z_1) \cdots (w_n - z_n)} \\
&= \frac{1}{(2\pi)^n} \int_0^{2\pi} \cdots \int_0^{2\pi} f(w_1 + \rho_1 e^{i\theta_1}, \cdots, w_n + \rho_n e^{i\theta_n}) d\theta_1 \cdots d\theta_n
\end{aligned}
$$

が成り立つ. 両辺に $\rho_1 \cdots \rho_n$ をかけて 0 から r まで積分すると,

$$
\begin{aligned}
&f(w) \left(\frac{r^2}{2} \right)^n \\
&= \frac{1}{(2\pi)^n} \int_0^r \int_0^{2\pi} \cdots \int_0^r \int_0^{2\pi} f(w_1 + \rho_1 e^{i\theta_1}, \cdots, w_n + \rho_n e^{i\theta_n}) \\
&\quad \times \rho_1 d\rho_1 d\theta_1 \cdots \rho_n d\rho_n d\theta_n \\
&= \frac{1}{(2\pi)^n} \int_{B(w_1, r)} \cdots \int_{B(w_n, r)} f(z) dx_1 dy_1 \cdots dx_n dy_n \\
&= \frac{1}{(2\pi)^n} \int_P f(z) dV(z)
\end{aligned}
$$

となるから, $f(w)\mathrm{Vol}(P) = \int_P f(z)dV(z)$ となる. すると,

$$
|f(w)|\mathrm{Vol}(P) = \int_P |f(z)|dV(z) \le \int_P |f(w)|dV(z) = |f(w)|\mathrm{Vol}(P)
$$

となるから, 上の不等式において不等号は等号に置き換えられる. よって,

$$
0 = \int_P (|f(w)| - |f(z)|)dV(z)
$$

となる. $|f(w)| - |f(z)| \ge 0$ かつ $|f(z)|$ は連続であるから, P において, $|f(w)| = |f(z)|$ となり, $|f(z)|$ は多重円板 P で定数になる. 補題 1.3 より, $f(z)$ は P で定数になる. 補題 1.4 より, $f(z)$ は Ω で定数である.

(ii) $|f(z)|$ はコンパクト集合 $\overline{\Omega}$ で連続な実数値関数であるから, そこで最大値をとる. (i) より, $f(z)$ が定数でないならば, $|f(z)|$ は Ω で最大値をとらないから, 最大値は境界上でとられる. よって, $|f(z)| \le \sup_{\zeta \in \partial\Omega} |f(\zeta)|$ となる. (証明終)

1.2　多重劣調和関数

定義 1.5 (上半連続)　$\Omega \subset \mathbb{R}^n$ は開集合とする. 関数 $u : \Omega \to \{-\infty\} \cup \mathbb{R}$ が上半連続であるとは, 任意の実数 a に対して, $\{x \in \Omega \mid u(x) < a\}$ が開集合になることである.

定義 1.6 (劣調和関数)　$\Omega \subset \mathbb{C}$ は開集合とする. $u : \Omega \to \{-\infty\} \cup \mathbb{R}$ は上半連続と仮定する. 任意の $a \in \Omega$ に対して, $\varepsilon\ (0 < \varepsilon < d(a, \partial\Omega))$ が存在して, $0 < r < \varepsilon$ となる任意の r に対して,

$$u(a) \leq \frac{1}{2\pi} \int_0^{2\pi} u(a + re^{i\theta})d\theta \tag{1.7}$$

が成り立つとき, u は Ω で劣調和であるという.

定理 1.3 (劣調和関数に関する最大値の原理)　$u(z)$ は Ω 上で劣調和とする. すると, Ω のコンパクト部分集合 K に対して, 次が成り立つ.

$$\sup_{z \in K} u(z) = \sup_{z \in \partial K} u(z). \tag{1.8}$$

証明　$u(z)$ は上半連続だから, 練習問題 1.1 より, K で最大値 M をとる. $\overset{\circ}{K}$ の任意の連結成分 D と任意の点 $z \in D$ に対して, $u(z) < M$ となるならば, (1.8) は成り立つから, 連結成分 D と $P \in D$ が存在して, $u(P) = M$ となったとする. $A = \{z \in D \mid u(z) = M\}$ とおく. $P \in A$ となるから, $A \neq \phi$ である. $D \backslash A = \{z \in D \mid u(z) < M\}$ となるから, $D \backslash A$ は開集合, したがって, A は D の閉部分集合である. $Q \in A$ とする. 仮定から, $\varepsilon\ (0 < \varepsilon < d(Q, \partial K))$ が存在して, $0 < r < \varepsilon$ のとき, $u(Q) \leq \frac{1}{2\pi} \int_0^{2\pi} u(Q + re^{i\theta})d\theta$ が成り立つ. $|z_0 - Q| = r,\ u(z_0) < M$ となる z_0 が存在すると仮定する. $z_0 = Q + re^{i\theta_0}$ とする. $D \backslash A = \{z \in D \mid u(z) < M\}$ は開集合であるから, $\eta > 0$ が存在して, $\theta_0 - \eta \leq \theta \leq \theta_0 + \eta$ に対して, $u(Q + re^{i\theta}) < M$ となる. すると,

$$\begin{aligned}
M &= u(Q) \leq \frac{1}{2\pi} \int_0^{2\pi} u(Q + re^{i\theta})d\theta \\
&< \frac{1}{2\pi} \left(\int_{\theta_0 - \eta}^{\theta_0 + \eta} M d\theta + \int_{\theta_0 + \eta}^{\theta_0 - \eta + 2\pi} M d\theta \right) = M
\end{aligned}$$

となって矛盾である. よって, $|z - Q| = r$ のとき, $u(z) = M$ となる. r は $0 < r \leq \varepsilon$ である限り任意であるから, $|z - Q| < \varepsilon$ のとき, $u(z) = M$ となるから, $B(Q, \varepsilon) \subset A$ となる. よって, A は開集合になる. D は連結であるから, $D = A$ となる. したがって, $u(z) = M \ (\forall z \in D)$ となるから, $w \in \partial D \subset \partial K$ に対して, 練習問題 1.1 から, $u(w) \geq \limsup\limits_{z \to w, z \in D} u(z) = M$ となる. よって, $u(w) = M$ となる $w \in \partial K$ が存在するから, (1.8) が成り立つ. (証明終)

定理 1.4 $\Omega \subset \mathbb{C}$ は開集合とする. $u : \Omega \to \mathbb{R} \cup \{-\infty\}$ は上半連続とする. すると, 次は同値になる.

(i) $u(z)$ は Ω で劣調和である.

(ii) $a \in \Omega$ と $0 < r < d(a, \partial\Omega)$ を満たす任意の r に対して, 次が成り立つ.
$$u(a) \leq \frac{1}{2\pi} \int_0^{2\pi} u(a + re^{i\theta})d\theta.$$

(iii) Ω の任意のコンパクト部分集合 K と, K で連続で $\overset{\circ}{K}$ で調和な関数 $h(z)$ に対して,
$$u(z) \leq h(z) \quad (z \in \partial K) \implies u(z) \leq h(z) \quad (z \in K)$$
が成り立つ. ここで, $\overset{\circ}{K}$ は K の内部で, ∂K は K の境界である.

(iv) $a \in \Omega, 0 < r < d(a, \partial\Omega)$ とする. $\bar{B}(a, r)$ で連続で, $B(a, r)$ において調和な関数 $h(z)$ が $u(\zeta) \leq h(\zeta) \ (\zeta \in \partial B(a, r))$ を満たすならば, $u(\zeta) \leq h(\zeta) \ (\zeta \in \bar{B}(a, r))$ が成り立つ.

証明 (ii)$\implies$(i) は明らかである. また, (iii)$\implies$(iv) は $K = \bar{B}(a, r)$ とすれば明らかに成り立つ.

(iv)$\implies$(ii) を示す. $a \in \Omega, 0 < r < d(a, \partial\Omega)$ とする. 練習問題 1.8 より, $\bar{B}(a, r)$ で連続な関数列 $\{f_j(z)\}$ が存在して,

$$f_1(z) \geq f_2(z) \geq f_3(z) \geq \cdots, \quad f_j(z) \to u(z) \qquad (z \in \bar{B}(a, r))$$

を満たす. $U_j(z)$ は $f_j(z)$ の $B(a,r)$ 上の Poisson 積分とする (練習問題 1.7 参照). すると, $U_j(z)$ は $B(a,r)$ で調和, $\bar{B}(a,r)$ で連続で, $U_j(z) = f_j(z)$ $(z \in \partial B(a,r))$ を満たす. $u(z) \le f_j(z) = U_j(z)$ $(z \in \partial B(a,r))$ となる. すると, (iv) から, $u(z) \le U_j(z)$ $(z \in \bar{B}(a,r))$ となるから,

$$u(a) \le U_j(a) = \frac{1}{2\pi}\int_0^{2\pi} U_j(a+re^{i\theta})d\theta = \frac{1}{2\pi}\int_0^{2\pi} f_j(a+re^{i\theta})d\theta$$

となる. $j \to \infty$ とすると, $u(a) \le \frac{1}{2\pi}\int_0^{2\pi} f(a+re^{i\theta})d\theta$ となるから, (ii) が成り立つ.

(i)$\Longrightarrow$(iii) を示す. $K \subset \Omega$ はコンパクト集合で, $h(z)$ は $\overset{\circ}{K}$ で調和, K で連続で, $u(z) \le h(z)$ $(z \in \partial K)$ とする. $u(z)-h(z)$ は $\overset{\circ}{K}$ で上半連続で, (i) を満たすから, 定理 1.3 から, $z \in K$ のとき, $u(z)-h(z) \le \max_{\zeta \in \partial K}(u(\zeta)-h(\zeta)) = 0$ となるから, $z \in K$ のとき, $u(z) \le h(z)$ となる. (証明終)

定義 1.7 $\Omega \subset \mathbb{C}$ は開集合とする.

(1) 実数値関数 $u \in C^2(\Omega)$ が
$$\frac{\partial^2 u(z)}{\partial z \partial \bar{z}} > 0 \qquad (\forall z \in \Omega)$$
を満たすとき, u は Ω で強劣調和であるという (練習問題 1.10 参照).

(2) 上半連続関数 $\varphi : \Omega \to \mathbb{R} \cup \{-\infty\}$ が Ω で多重劣調和 (plurisubharmonic) であるとは, 任意の $v, w \in \mathbb{C}^n$ に対して, $h(\zeta) = \varphi(v+\zeta w)$ が $U = \{\zeta \in \mathbb{C} \mid v+\zeta w \in \Omega\}$ において劣調和になることである. Ω における多重劣調和関数の全体の集合を PS(Ω) で表す.

(3) 実数値関数 $\varphi \in C^2(\Omega)$ が強多重劣調和であるとは, 任意の $v, w \in \mathbb{C}^n$ $(w \neq 0)$ に対して, $h(\zeta) = \varphi(v+\zeta w)$ が $U = \{\zeta \in \mathbb{C} \mid v+\zeta w \in \Omega\}$ において強劣調和になることである.

定理 1.5 $\Omega \subset \mathbb{C}^n$ は開集合で, $\rho \in C^2(\Omega)$ は実数値関数とする.

(i) $\rho(z)$ が多重劣調和であるための必要十分条件は, $z \in \Omega$ と $w \in \mathbb{C}^n$ に対して
$$\sum_{j,k=1}^n \frac{\partial^2 \rho(z)}{\partial z_j \partial \bar{z}_k} w_j \bar{w}_k \ge 0$$

が成り立つことである.

(ii) $\rho(z)$ が Ω で強多重劣調和であるための必要十分条件は, $z \in \Omega$ と $0 \neq w = (w_1, \cdots, w_n) \in \mathbb{C}^n$ に対して

$$\sum_{j,k=1}^{n} \frac{\partial^2 \rho(z)}{\partial z_j \partial \bar{z}_k} w_j \bar{w}_k > 0$$

が成り立つことである.

証明 $v, w \in \mathbb{C}^n$ と $v + \zeta w \in \Omega$ を満たす ζ に対して, $\tilde{\rho}(\zeta) = \rho(v + \zeta w)$ と定義する. すると,

$$\frac{\partial^2 \tilde{\rho}}{\partial \zeta \partial \bar{\zeta}}(\zeta) = \sum_{j,k=1}^{n} \frac{\partial^2 \rho}{\partial z_j \partial \bar{z}_k}(v + \zeta w) w_j \bar{w}_k$$

となるから, (i) は練習問題 1.10 から, (ii) は定義から, それぞれ成り立つ. (証明終)

補題 1.5 $\Omega \subset \mathbb{C}^n$ は開集合で, $\varphi_j(\xi)$ $(j = 1, \cdots, n)$ は Ω における正則関数とする.

$$\eta_j = \varphi_j(\xi_1, \cdots, \xi_n), \quad j = 1, \cdots, n \tag{1.9}$$

$$\xi_k = x_k + i x_{n+k}, \quad \eta_k = y_k + i y_{n+k} \quad (1 \leq k \leq n)$$

とおくと, (1.9) は

$$y_k = f_k(x_1, \cdots, x_{2n}), \quad k = 1, \cdots, 2n \tag{1.10}$$

と表すことができる. J_φ によって写像 (1.9) の関数行列を表わし, J_f によって写像 (1.10) の関数行列を表わすことにする. すなわち, $J_\varphi = (\partial \varphi_j / \partial \xi_k)$, $J_f = (\partial f_j / \partial x_k)$ とする. すると,

$$|\det J_\varphi|^2 = \det J_f \tag{1.11}$$

が成り立つ.

証明　$\partial\varphi_j/\partial\bar{\xi}_k = 0\ (k = 1, \cdots, n)$ となる. 合成関数の微分の公式を用いると,

$$\frac{\partial\eta_j}{\partial x_k} = \sum_{\ell=1}^{n} \frac{\partial\varphi_j}{\partial\xi_\ell}\frac{\partial\xi_\ell}{\partial x_k} + \sum_{\ell=1}^{n} \frac{\partial\varphi_j}{\partial\bar{\xi}_\ell}\frac{\partial\bar{\xi}_\ell}{\partial x_k} = \sum_{\ell=1}^{n} \frac{\partial\varphi_j}{\partial\xi_\ell}\frac{\partial\xi_\ell}{\partial x_k}$$

となるから,

$$\left(\frac{\partial\eta_j}{\partial x_k}\right) = \left(\frac{\partial\eta_j}{\partial\xi_k}\right)\left(\frac{\partial\xi_j}{\partial x_k}\right) = J_\varphi\left(\frac{\partial\xi_j}{\partial x_k}\right)$$

となる. また, $\eta_j = y_j + iy_{n+j}$ であるから, 合成関数の微分の公式から,

$$\frac{\partial\eta_j}{\partial x_k} = \sum_{\ell=1}^{2n} \frac{\partial\eta_j}{\partial y_\ell}\frac{\partial y_\ell}{\partial x_k}$$

となるから,

$$\left(\frac{\partial\eta_j}{\partial x_k}\right) = \left(\frac{\partial\eta_j}{\partial y_k}\right)\left(\frac{\partial y_j}{\partial x_k}\right) = \left(\frac{\partial\eta_j}{\partial y_k}\right)J_f$$

となる. よって, $J_\varphi\left(\frac{\partial\xi_j}{\partial x_k}\right) = \left(\frac{\partial\eta_j}{\partial y_k}\right)J_f$ となる. 一方, $1 \le \ell \le n$ のとき,

$$\frac{\partial\eta_j}{\partial y_\ell} = \frac{\partial(y_j + iy_{n+j})}{\partial y_\ell} = \delta_{j\ell}, \quad \frac{\partial\xi_j}{\partial x_\ell} = \frac{\partial(x_j + ix_{n+j})}{\partial x_\ell} = \delta_{j\ell}$$

が成り立つ. ここで, $\delta_{j\ell}$ は Kronecker のデルタ記号である. 同様に, $n < \ell \le 2n$ のとき, $\frac{\partial\eta_j}{\partial y_\ell} = \frac{\partial\xi_j}{\partial x_\ell} = i\delta_{\ell,n+j}$ となるから, E_n を n 次単位行列とすると, $\left(\frac{\partial\eta_j}{\partial y_k}\right) = \left(\frac{\partial\xi_j}{\partial x_k}\right) = (E_n, iE_n)$ が成り立つ. すると, $J_\varphi(E_n, iE_n) = (E_n, iE_n)J_f$ を得る. 共役複素数をとると, $\bar{J}_\varphi(E_n, -iE_n) = (E_n, -iE_n)J_f$ となる. よって,

$$\begin{pmatrix} J_\varphi & 0 \\ 0 & \bar{J}_\varphi \end{pmatrix}\begin{pmatrix} E_n & iE_n \\ E_n & -iE_n \end{pmatrix} = \begin{pmatrix} E_n & iE_n \\ E_n & -iE_n \end{pmatrix}J_f$$

が成り立つ. 行列式の基本的な性質を利用すると,

$$\begin{vmatrix} E_n & iE_n \\ E_n & -iE_n \end{vmatrix} = \begin{vmatrix} 2E_n & 0 \\ E_n & -iE_n \end{vmatrix} = |2E_n|\,|-iE_n| = (-2i)^n \neq 0$$

となるから, $|\det J_\varphi|^2 = \det J_\varphi \det \bar{J}_\varphi = \det J_f$ が成り立つ. (証明終)

補題 1.6 $|z_1|, \cdots, |z_n|$ にだけ関係する実数値関数 $\Phi \in C_c^\infty(\mathbb{C}^n)$ で, 条件

$$\Phi \geq 0, \quad \int_{\mathbb{C}^n} \Phi(z) dV(z) = 1, \quad \mathrm{supp}(\Phi) \Subset \{z \in \mathbb{C}^n \mid |z| < 1\}$$

を満たすものが存在する.

証明 $0 < r < 1$ とする. 実数 t に対して, $g(t) = \exp(\frac{1}{t-r})$ $(t < r)$, $g(t) = 0$ $(t \geq r)$ と定義すると, $g \in C^\infty(\mathbb{R})$ となる. $z \in \mathbb{C}^n$ に対して,

$$c = \int_{\mathbb{C}^n} g(|z|^2) dV(z), \quad \Phi(z) = \frac{1}{c} g(|z|^2)$$

とおくと, $\Phi(z)$ は $|z_1|, \cdots, |z_n|$ にだけ関係し, $\Phi \in C^\infty(\mathbb{C}^n)$, $\mathrm{supp}(\Phi) \Subset \{|z| < 1\}$, $\int_{\mathbb{C}^n} \Phi dV = 1$ となる. (証明終)

Ω 上の局所可積分関数の全体の集合を $L^1_{\mathrm{loc}}(\Omega)$ で表す. Φ は補題 1.6 の条件を満たす関数とする. $u \in L^1_{\mathrm{loc}}(\Omega)$ と $\varepsilon > 0$ に対して,

$$\begin{aligned}
\Omega_\varepsilon &= \{z \in \Omega \mid d(z, \partial\Omega) > \varepsilon\}, \\
u_\varepsilon(z) &= \int_{|\zeta| < 1} u(z - \varepsilon\zeta) \Phi(\zeta) dV(\zeta) \qquad (z \in \Omega_\varepsilon)
\end{aligned}$$

とおく. このとき, 次の定理が成り立つ.

定理 1.6 $u \in \mathrm{PS}(\Omega)$ のとき, $u_\varepsilon \in \mathrm{PS}(\Omega_\varepsilon) \cap C^\infty(\Omega_\varepsilon)$ となる. さらに, $\varepsilon \downarrow 0$ のとき, $u_\varepsilon(z) \downarrow u(z)$ となる.

証明 練習問題 1.18 から, $u \in L^1_{\mathrm{loc}}(\Omega)$ となる. $z - \varepsilon\zeta = w$ とおくと, $dV(w) = \varepsilon^{2n} dV(\zeta)$ となる. $z \in \Omega_\varepsilon$ のとき, $\{w \in \mathbb{C}^n \mid |z - w| < \varepsilon\} \subset \Omega$ となるから,

$$\begin{aligned}
u_\varepsilon(z) &= \int_{|z-w| < \varepsilon} u(w) \Phi\left(\frac{z-w}{\varepsilon}\right) \varepsilon^{-2n} dV(w) \\
&= \int_\Omega u(w) \Phi\left(\frac{z-w}{\varepsilon}\right) \varepsilon^{-2n} dV(w)
\end{aligned}$$

と表わされる. z_j $(j = 1, \cdots, n)$ について積分記号下で微分することにより, $u_\varepsilon \in C^\infty(\Omega_\varepsilon)$ となる. $w = \zeta e^{it}$ とおくと, $|w_j| = |\zeta_j|$ $(1 \leq j \leq n)$ と

なるから, $\Phi(w) = \Phi(\zeta)$ となる. Fubini の定理と積分の変数変換の公式と,
補題 1.5 を用いることにより,

$$
\int_{|\zeta|<1} \left[\frac{1}{2\pi} \int_0^{2\pi} u(z - e^{it}\varepsilon\zeta)dt \right] \Phi(\zeta)dV(\zeta)
$$
$$
= \frac{1}{2\pi} \int_0^{2\pi} \left(\int_{|\zeta|<1} u(z - e^{it}\varepsilon\zeta)\Phi(\zeta)dV(\zeta) \right) dt
$$
$$
= \frac{1}{2\pi} \int_0^{2\pi} \left(\int_{|w|<1} u(z - \varepsilon w)\Phi(w)dV(w) \right) dt = u_\varepsilon(z)
$$

が成り立つ. $h(w) = u(z + w(-\zeta))$ とおくと, $h(w)$ は 0 の近傍で劣調和で,

$$
u_\varepsilon(z) = \int_{|\zeta|<1} \left\{ \frac{1}{2\pi} \int_0^{2\pi} h(\varepsilon e^{it})dt \right\} \Phi(\zeta)dV(\zeta)
$$

となる. 劣調和関数の性質 (練習問題 1.9 参照) から, $0 < \varepsilon_1 < \varepsilon_2$ のとき,

$$
u(z) = h(0) \le \frac{1}{2\pi} \int_0^{2\pi} h(\varepsilon_1 e^{it})dt \le \frac{1}{2\pi} \int_0^{2\pi} h(\varepsilon_2 e^{it})dt
$$

となり, $u(z) \le u_{\varepsilon_1}(z) \le u_{\varepsilon_2}(z)$ となる. 一方, $u(z)$ は上半連続であるか
ら, $\overline{\lim_{\varepsilon \to 0}} u_\varepsilon(z) \le u(z)$ となる (練習問題 1.1 参照). すると,

$$
u(z) \le \lim_{\varepsilon \to 0} u_\varepsilon(z) = \overline{\lim_{\varepsilon \to 0}} u_\varepsilon(z) \le u(z)
$$

となる. よって, $\varepsilon \downarrow 0$ のとき, $u_\varepsilon(z) \downarrow u(z)$ となる. $a \in \Omega_\varepsilon$, $w \in \mathbb{C}^n$ とす
る. $u(a - \varepsilon\zeta + \eta w)$ は η に関して 0 の近傍で劣調和であるから, 十分小さ
い $r > 0$ に対して,

$$
\frac{1}{2\pi} \int_0^{2\pi} u_\varepsilon(a + re^{i\theta}w)d\theta
$$
$$
= \int_{|\zeta|<1} \left[\frac{1}{2\pi} \int_0^{2\pi} u(a + re^{i\theta}w - \varepsilon\zeta)d\theta \right] \Phi(\zeta)dV(\zeta)
$$
$$
\ge \int_{|\zeta|<1} u(a - \varepsilon\zeta)\Phi(\zeta)dV(\zeta) = u_\varepsilon(a)
$$

となるから, $u_\varepsilon(z)$ は Ω_ε で多重劣調和になる. (証明終)

定理 1.7　開集合 $\Omega \subset \mathbb{C}^n$ に対して, 次が成り立つ.

(i) $f \in \mathcal{O}(\Omega) \Longrightarrow |f| \in \mathrm{PS}(\Omega)$.

(ii) $\rho_j \in \mathrm{PS}(\Omega)$ $(j = 1, 2, \cdots)$ は $\rho_j(z) \geq \rho_{j+1}(z)$ $(j = 1, 2, \cdots)$ を満たすとすると, $\lim\limits_{j \to \infty} \rho_j(z) = \rho(z)$ は多重劣調和である.

(iii) $\omega \subset \mathbb{C}^m$ は開集合で, $f : \Omega \to \omega$ は正則写像とする. $\rho \in \mathrm{PS}(\omega)$ とすると, $\rho \circ f \in \mathrm{PS}(\Omega)$ となる.

(iv) $\{\rho_j(z)\}_{j \in J}$ は Ω における多重劣調和関数の族で, $\rho(z) = \sup\limits_{j \in J} \rho_j(z)$ とする. $\rho(z)$ が Ω において上半連続ならば, $\rho \in \mathrm{PS}(\Omega)$ となる.

証明 (i) $v, w \in \mathbb{C}^n$ に対して, $U = \{\zeta \in \mathbb{C} \mid v + \zeta w \in \Omega\}$ とおく. $\zeta \in U$ に対して, $\varphi(\zeta) = f(v + \zeta w)$ とおくと, $\varphi(\zeta)$ は U で正則になるから, $a \in U$ に対して, $r > 0$ を十分小さくとると, Cauchy の積分公式から,

$$|\varphi(a)| = \left| \frac{1}{2\pi i} \int_{|\zeta - a| = r} \frac{\varphi(\zeta)}{\zeta - a} d\zeta \right| \leq \frac{1}{2\pi} \int_0^{2\pi} |\varphi(a + re^{i\theta})| d\theta$$

となり, $|\varphi(\zeta)|$ は劣調和になる. よって, $|f(z)|$ は Ω で多重劣調和になる. (ii) 最初に劣調和関数列 $\{u_j(z)\}$ が $u_j(z) \geq u_{j+1}(z)$ を満たすならば, 極限関数 $u(z)$ は劣調和になることを示す. r は任意の実数とする. $u(z_0) < r$ とすると, j が十分大きいとき, $u_j(z_0) < r$ となる. u_j は上半連続であるから, z_0 の近傍 U が存在して, $z \in U$ のとき, $u_j(z) < r$ となる. $u(z) \leq u_j(z) < r$ $(z \in U)$ となるから, $\{z \in \Omega \mid u(z) < r\}$ は開集合である. よって, $u(z)$ は上半連続である. 定理 1.4(ii) から, $a \in \Omega$ と $0 < r < d(a, \partial\Omega)$ を満たす任意の r に対して, $u_j(a) \leq \frac{1}{2\pi} \int_0^{2\pi} u_j(a + re^{i\theta}) d\theta$ が成り立つ. $j \to \infty$ とすると, Lebesgue の単調収束定理から, $u(a) \leq \frac{1}{2\pi} \int_0^{2\pi} u(a + re^{i\theta}) d\theta$ となるから, $u(z)$ は劣調和である. $v, w \in \mathbb{C}^n$ に対して, $U = \{\zeta \in \mathbb{C} \mid v + \zeta w \in \Omega\}$ とおく. $\zeta \in U$ に対して, $\varphi_j(\zeta) = \rho_j(v + \zeta w)$ とおく. すると, $\{\varphi_j(\zeta)\}$ は U で劣調和な関数の減少列であるから, $\lim\limits_{j \to \infty} \varphi_j(\zeta) = \rho(v + \zeta w)$ は劣調和である. よって, $\rho \in \mathrm{PS}(\Omega)$ となる.

(iii) 最初に ρ は ω で C^2 級多重劣調和であると仮定して証明する.

$$\sum_{j,k=1}^{n} \frac{\partial^2(\rho \circ f)(z)}{\partial z_j \partial \bar{z}_k} w_j \bar{w}_k$$

$$= \sum_{i,\ell=1}^{m} \frac{\partial^2 \rho(f(z))}{\partial w_i \partial \bar{w}_\ell} \left(\sum_{j=1}^{n} \frac{\partial f_i(z)}{\partial z_j} w_j \right) \overline{\left(\sum_{k=1}^{n} \frac{\partial f_\ell(z)}{\partial z_k} w_k \right)} \geq 0$$

となり, 定理 1.5 から, $\rho \circ f$ は多重劣調和になる. 次に一般の場合を証明
する. 定理 1.6 から, $\rho_\varepsilon \in C^\infty(\omega_\varepsilon)$ は ω_ε で多重劣調和であるから, Ω のコ
ンパクト部分集合 K に対して $\varepsilon > 0$ を十分小さくとると, $\rho_\varepsilon \circ f(z)$ は K
の近傍で多重劣調和になる. $\varepsilon \downarrow 0$ のとき, $\rho_\varepsilon \circ f(z) \downarrow \rho \circ f(z)$ となるから,
(ii) から, $\rho \circ f \in PS(\Omega)$ となる.

(iv) $\zeta \in U$ に対して, $\varphi_j(\zeta) = \rho_j(v + \zeta w)$ $(j \in J)$ と定義する. $\varphi_j(\zeta)$
は U で劣調和であるから, $a \in U$ と r $(0 < r < d(a, \partial U))$ に対して,
$\varphi_j(a) \leq \frac{1}{2\pi} \int_0^{2\pi} \varphi_j(a + re^{i\theta})d\theta$ が成り立つ. $\varphi(\zeta) = \rho(v + \zeta w)$ とおく.
$\sup_{j \in J} \varphi_j(\zeta) = \varphi(\zeta)$ であるから, $\varepsilon > 0$ に対して, j_0 が存在して, $\varphi(a) - \varepsilon < \varphi_{j_0}(a)$ となる. すると,

$$\begin{aligned} \varphi(a) &< \varphi_{j_0}(a) + \varepsilon \leq \frac{1}{2\pi} \int_0^{2\pi} \varphi_{j_0}(a + re^{i\theta})d\theta + \varepsilon \\ &\leq \frac{1}{2\pi} \int_0^{2\pi} \varphi(a + re^{i\theta})d\theta + \varepsilon \end{aligned}$$

を得る. $\varepsilon > 0$ は任意であるから, $\varphi(a) \leq \frac{1}{2\pi} \int_0^{2\pi} \varphi(a + re^{i\theta})d\theta$ が成り立
ち, $\varphi(z)$ は U で劣調和になるから, $\rho \in PS(\Omega)$ となる. (証明終)

1.3　正則領域と弱正則領域

この節では, 正則凸領域の概念を導入して, 正則領域と弱正則領域は同
値であることを示す.

定義 1.8 $\Omega \subset \mathbb{C}^n$ は開集合とする.

(1) Ω が正則領域 (domain of holomorphy) であるとは, Ω のどの境界点を越えても正則に拡張できない Ω で正則な関数 $f(z)$ が存在することである.

(2) Ω が弱正則領域 (weak domain of holomorphy) であるとは, 任意の $p \in \partial\Omega$ に対して, p を越えて正則に拡張できない Ω で正則な関数 $f_p(z)$ が存在することである.

正則領域は弱正則領域であるが, 弱正則領域と正則領域が同値であることは定理 1.10 で示す.

定義 1.9 $\Omega \subset \mathbb{C}^n$ は開集合とする.

(1) Ω のコンパクト部分集合 K に対して,

$$\widehat{K}_\Omega^{\mathcal{O}} = \{z \in \Omega \mid |f(z)| \leq \sup_{\zeta \in K} |f(\zeta)|, \quad \forall f \in \mathcal{O}(\Omega)\}$$

と定義する. $\widehat{K}_\Omega^{\mathcal{O}}$ を K の正則凸包 (または K の $\mathcal{O}$-包) という. 定義から, $\widehat{K}_\Omega^{\mathcal{O}}$ は Ω の閉部分集合で, $K \subset \widehat{K}_\Omega^{\mathcal{O}}$ となる.

(2) Ω が正則凸領域 (holomorphically convex domain) であるとは, 任意のコンパクト集合 $K \subset \Omega$ に対して, $\widehat{K}_\Omega^{\mathcal{O}}$ がコンパクト集合になることである.

注意 1.2 正則領域, 弱正則領域, 正則凸領域は連結であることは仮定しない.

定義 1.10 $K \subset \mathbb{C}^n$ はコンパクト集合とする. K を含む最小の凸集合を $\widetilde{K}$ によって表す. $\widetilde{K}$ を K の凸包 (convex hull) という.

定理 1.8 $\Omega \subset \mathbb{C}^n$ は開集合とする. 次が成り立つ.

(i) K と L は Ω のコンパクト部分集合で, $K \subset L$ とすると, $\widehat{K}_\Omega^{\mathcal{O}} \subset \widehat{L}_\Omega^{\mathcal{O}}$.

(ii) $K \subset \Omega$ はコンパクト集合とする. $N = \widehat{K}_\Omega^{\mathcal{O}}$ とおく. N がコンパクト集合ならば, $\widehat{N}_\Omega^{\mathcal{O}} = N$ となる.

(iii) $K \subset \mathbb{C}^n$ はコンパクト集合とする. すると, $\widehat{K}_{\mathbb{C}^n}^{\mathcal{O}} \subset \widetilde{K}$ となる.

(iv) $K \subset \Omega_1 \subset \Omega_2$ ならば, $\widehat{K}^{\mathcal{O}}_{\Omega_1} \subset \widehat{K}^{\mathcal{O}}_{\Omega_2}$ となる.

証明　(i) $z \in \widehat{K}^{\mathcal{O}}_{\Omega}$ とする. すると, 任意の $f \in \mathcal{O}(\Omega)$ に対して,

$$|f(z)| \le \sup_{\zeta \in K} |f(\zeta)| \le \sup_{\zeta \in L} |f(\zeta)|$$

となるから, $z \in \widehat{L}^{\mathcal{O}}_{\Omega}$ となる. よって, (i) が成り立つ.

(ii) 定義から, $N \subset \widehat{N}^{\mathcal{O}}_{\Omega}$ となる. $z \in \widehat{N}^{\mathcal{O}}_{\Omega}$ と $f \in \mathcal{O}(\Omega)$ に対して,

$$|f(z)| \le \sup_{\zeta \in \widehat{K}^{\mathcal{O}}_{\Omega}} |f(\zeta)| \le \sup_{\zeta \in K} |f(\zeta)|$$

となるから, $z \in \widehat{K}^{\mathcal{O}}_{\Omega} = N$ を得る. よって, $\widehat{N}^{\mathcal{O}}_{\Omega} \subset N$ が成り立つから (ii) が成り立つ.

(iii) $w \notin \widetilde{K}$ と仮定する. すると, w を通る超平面 $\ell : \sum\limits_{j=1}^{2n} a_j x_j = b$ で, $\widetilde{K}$ と交わらないものが存在する. $z^0 \in K$ とする. $z^0_j = x^0_j + i x^0_{n+j}$ とするとき, $\sum\limits_{j=1}^{2n} a_j x^0_j < b$ と仮定してよい. $w_j = u_j + i u_{n+j}$ とすると, 超平面 ℓ は w を通るから, $\sum\limits_{j=1}^{2n} a_j u_j = b$ となる. $\alpha_j = a_j + i a_{n+j}$, $f(z) = \exp\left(\sum\limits_{j=1}^{n} \bar{\alpha}_j z_j - b\right)$ とおくと, $f \in \mathcal{O}(\mathbb{C}^n)$ となる. $z_j = x_j + i x_{n+j}$ とすると, $\mathrm{Re}\sum\limits_{j=1}^{n} \bar{\alpha}_j z_j = \sum\limits_{j=1}^{2n} a_j x_j$ であるから, $|f(z^0)| = \exp\left(\sum\limits_{j=1}^{2n} a_j x^0_j - b\right) < 1$ が成り立つ. よって, $\sup\limits_{z \in K}|f(z)| < 1$ となる. また, $|f(w)| = 1$ となる. $\sup\limits_{z \in K}|f(z)| < |f(w)|$ となるから, $w \notin \widehat{K}^{\mathcal{O}}_{\mathbb{C}^n}$. よって, $\widehat{K}^{\mathcal{O}}_{\mathbb{C}^n} \subset \widetilde{K}$.

(iv) 定義から明らかである. (証明終)

系 1.1　$\Omega \subset \mathbb{C}^n$ は開集合で, K は Ω のコンパクト部分集合とする. すると, $\widehat{K}^{\mathcal{O}}_{\Omega}$ は有界集合である.

証明　$\widetilde{K}$ を K の凸包とする. 定理 1.8 から, $\widehat{K}^{\mathcal{O}}_{\Omega} \subset \widehat{K}^{\mathcal{O}}_{\mathbb{C}^n} \subset \widetilde{K}$ となる. $\widetilde{K}$ は有界であるから, $\widehat{K}^{\mathcal{O}}_{\Omega}$ は有界である. (証明終)

補題 1.7　$\Omega \subset \mathbb{C}^n$ $(\Omega \ne \mathbb{C}^n)$ は開集合とする. $r = (r_1, \cdots, r_n)$, $r_j > 0$ $(j = 1, \cdots, n)$ と $a \in \Omega$ に対して,

$$\delta^{(r)}_{\Omega}(a) = \sup\{\lambda \mid \lambda > 0, \, P(a, \lambda r) \subset \Omega\}$$

と定義する. すると, $d(a,\partial\Omega) = \inf\limits_{|r|=1} \delta_\Omega^{(r)}(a)$ となる.

証明 $\delta = d(a,\partial\Omega)$, $\eta = \inf\limits_{|r|=1} \delta_\Omega^{(r)}(a)$ とおく. $|r| = 1$ のとき, $z \in P(a,\delta r)$ とすると, $|z - a| < \delta$ となるから, $P(a,\delta r) \subset B(a,\delta) \subset \Omega$ となる. すると, $\delta \leq \delta_\Omega^{(r)}(a)$ となり, $\delta \leq \eta$ となる. 次に, $\delta \geq \eta$ を示す. $\delta < \mu$ を満たす μ を任意にとる. すると, $B(a,\mu) \not\subset \overline{\Omega}$ となるから, $w \notin \Omega$, $|w_i - a_i| > 0$ $(i = 1,\cdots,n)$, $|w - a| < \mu$ となる w が存在する. $s_i = |w_i - a_i|/|w - a|$, $s = (s_1,\cdots,s_n)$ とおく. すると, $|s| = 1$, $|w_i - a_i| < s_i\mu$ $(i = 1,\cdots,n)$ となるから, $w \in P(a,\mu s)$ となり, $P(a,\mu s) \not\subset \Omega$ となるから, $\eta \leq \delta_\Omega^{(s)}(a) \leq \mu$ が成り立つ. $\mu \to \delta$ とすると, $\eta \leq \delta$ が成り立つ. よって, $\eta = \delta$ となる. (証明終)

補題 1.8 $r = (r_1,\cdots,r_n)$, $r_i > 0$ $(1 \leq i \leq n)$ を固定する. $\Omega \subset \mathbb{C}^n$ は開集合で, K は Ω のコンパクト部分集合とする. $\eta > 0$ は $\delta_\Omega^{(r)}(z) \geq \eta$ $(\forall z \in K)$ を満たすと仮定する. すると, 任意の $a \in \widehat{K}_\Omega^{\mathcal{O}}$ と $f \in \mathcal{O}(\Omega)$ に対して, $f(z)$ は $P(a,\eta r)$ で正則になる.

証明 η' は $0 < \eta' < \eta$ を満たすとする. すると, $\eta' < \delta_\Omega^{(r)}(z)$ $(z \in K)$ となるから, $P(z,\eta'r) \Subset \Omega$ $(z \in K)$ となる. $Q = \overline{\bigcup\limits_{z \in K} P(z,\eta'r)}$ とおくと, Q は Ω のコンパクト部分集合である. $f \in \mathcal{O}(\Omega)$ とする. $M = \sup\limits_{z \in Q}|f(z)|$ とおく. $z \in K$ のとき, $\gamma_j = \{\zeta_j \mid |\zeta_j - z_j| = r_j\eta'\}$, $j = 1,\cdots,n$ とすると, Cauchy の積分公式から

$$\partial^\alpha f(z) = \frac{\alpha!}{(2\pi i)^n}\int_{\gamma_1}\cdots\int_{\gamma_n}\frac{f(\zeta)}{(\zeta_1 - z_1)^{\alpha_1+1}\cdots(\zeta_n - z_n)^{\alpha_n+1}}d\zeta_1\cdots d\zeta_n$$

が成り立つ. すると, $|\partial^\alpha f(z)| \leq \alpha!M/(\eta'r)^\alpha$ が得られる. よって, $a \in \widehat{K}_\Omega^{\mathcal{O}}$ のとき,

$$|\partial^\alpha f(a)| \leq \sup\limits_{z \in K}|\partial^\alpha f(z)| \leq \frac{\alpha!M}{(\eta'r)^\alpha}$$

が成り立つから, $a \in \widehat{K}_\Omega^{\mathcal{O}}$, $z \in P(a,\eta'r)$ のとき,

$$\sum_\alpha \left|\frac{\partial^\alpha f(a)}{\alpha!}(z-a)^\alpha\right| \leq \sum_\alpha M\left(\frac{|z_1 - a_1|}{\eta'r_1}\right)^{\alpha_1}\cdots\left(\frac{|z_n - a_n|}{\eta'r_n}\right)^{\alpha_n} < \infty$$

となり, $\sum_{\alpha}(\partial^\alpha f(a)/\alpha!)(z-a)^\alpha$ は $P(a,\eta'r)$ で収束する. $z \in P(a,\eta'r)$ に対して, $\varphi(z) = \sum_{\alpha}(\partial^\alpha f(a)/\alpha!)(z-a)^\alpha$ と定義すると, 補題 1.2 から, $\varphi(z)$ は $P(a,\eta'r)$ で正則になり, べき級数展開の一意性から, a の近傍で $\varphi = f$ となる. よって, $f(z)$ は $P(a,\eta'r)$ で正則になる. η' は $\eta' < \eta$ である限り任意であるから, $f(z)$ は $P(a,\eta r)$ で正則になる. (証明終)

定理 1.9　$\Omega \subset \mathbb{C}^n$ が弱正則領域ならば, Ω の任意のコンパクト部分集合 K に対して, $d(K,\partial\Omega) = d(\widehat{K}_\Omega^{\mathcal{O}},\partial\Omega)$ が成り立つ.

証明　$K \subset \widehat{K}_\Omega^{\mathcal{O}} \subset \Omega$ であるから, $d(K,\partial\Omega) \geq d(\widehat{K}_\Omega^{\mathcal{O}},\partial\Omega)$ が成り立つ. $\xi = d(K,\partial\Omega)$ とおく. $\xi > d(\widehat{K}_\Omega^{\mathcal{O}},\partial\Omega)$ と仮定する. すると, $a \in \widehat{K}_\Omega^{\mathcal{O}}$ が存在して, $d(a,\partial\Omega) < \xi$ が成り立つ. 補題 1.7 から, $\inf_{|r|=1} \delta_\Omega^{(r)}(a) < \xi$ となるから, $r\ (|r|=1)$ が存在して, $\delta_\Omega^{(r)}(a) < \xi$ が成り立つ. よって, $P(a,\xi r) \not\subset \Omega$ となる. $z \in K$ とすると,

$$\xi = d(K,\partial\Omega) \leq d(z,\partial\Omega) = \inf_{|r|=1} \delta_\Omega^{(r)}(z) \leq \delta_\Omega^{(r)}(z)$$

となるから, $\xi \leq \delta_\Omega^{(r)}(z)\ (\forall z \in K)$ となる. 補題 1.8 から, すべての $f \in \mathcal{O}(\Omega)$ は $P(a,\xi r)$ で正則になる. $P(a,\xi r)$ は $\partial\Omega$ 上の点 b を含んでいるから, すべての $f \in \mathcal{O}(\Omega)$ は b の近傍で正則になる. これは Ω が弱正則領域であることに矛盾する. よって, $\xi = d(\widehat{K}_\Omega^{\mathcal{O}},\partial\Omega)$ となる. (証明終)

定義 1.11　$\{z_n\}$ は複素数列とする. $P_n = (1+z_1)\cdots(1+z_n)$ とおく. $\lim_{n\to\infty} P_n = P$ が存在するとき, $P = \prod_{n=1}^{\infty}(1+z_n)$ と定義する. $\prod_{n=1}^{\infty}(1+z_n)$ を無限乗積という.

　次の補題が成立する. 証明は例えば Rudin[RU] を参照されたい.

補題 1.9　$\{f_k(z)\}$ は集合 $E \subset \mathbb{R}^n$ 上で定義された有界関数列で, $\sum_{j=1}^{\infty}|f_j(z)|$ は E 上で一様収束すると仮定する. このとき, 次が成り立つ.

(i) $\prod_{j=1}^{\infty}(1+f_j(z))$ は E 上で一様収束する.

(ii) $f(z) = \prod_{j=1}^{\infty}(1+f_j(z))$ とおく. $z_0 \in E$ に対して, $f(z_0) = 0$ となるための必要十分条件は, $f_n(z_0) = -1$ となる n が存在することである.

(iii) $\{k_j\}$ は $\{1, 2, \cdots\}$ の置換とすると, $\prod_{j=1}^{\infty}(1 + f_j(z)) = \prod_{j=1}^{\infty}(1 + f_{k_j}(z))$.

定理 1.10 Ω は $\mathbb{C}^n$ の開集合とする. 次は同値になる.

 (i) Ω は弱正則領域である.

 (ii) Ω は正則凸領域である.

 (iii) Ω は正則領域である.

 (iv) X が Ω の疎 (discrete) な無限集合ならば, $f \in \mathcal{O}(\Omega)$ が存在して, $f(z)$ は X 上で非有界になる.

証明 (i) $\Longrightarrow$ (ii). 定理 1.8 から $0 < d(K, \partial\Omega) = d(\widehat{K}_\Omega^{\mathcal{O}}, \partial\Omega)$ が成り立つから, $\widehat{K}_\Omega^{\mathcal{O}}$ はコンパクト集合である. したがって, Ω は正則凸である.

(ii) $\Longrightarrow$ (iii). Ω の任意の連結成分 Ω' で正則で, Ω' のどんな境界点を越えても正則に拡張できない関数が存在することを示せばよいから, Ω は連結であると仮定してよい. Ω のコンパクト部分集合列 $\{K_n\}$ は, $\Omega = \bigcup_{n=1}^{\infty} K_n$, $K_n \subset \overset{\circ}{K}_{n+1}$ を満たすとする. $T_n = (\widehat{K}_n)_\Omega^{\mathcal{O}}$ とおくと, 仮定から T_n はコンパクト集合であるから, 定理 1.8 から, $T_n \subset T_{n+1}$, $T_n = (\widehat{T}_n)_\Omega^{\mathcal{O}}$, $\Omega = \bigcup_{n=1}^{\infty} T_n$ が成り立つ. 可算集合 $D \subset \Omega$ を, $\overline{D} = \Omega$ を満たすようにとる (例えば, D として Ω に含まれる有理点の全体とすればよい). $D = \{\xi_m\}_{m=1}^{\infty}$ とする. B_m は ξ_m を中心とし, Ω に含まれる最大の球とする. $\eta_m \in B_m \backslash T_m$ をとる. $\eta_m \notin T_m$ であるから, $f_m \in \mathcal{O}(\Omega)$ が存在して, $|f_m(\eta_m)| > \sup_{\zeta \in T_m} |f_m(\zeta)|$ が成り立つ. $g_m(z) = f_m(z)/f_m(\eta_m)$ とおくと, $g_m \in \mathcal{O}(\Omega)$, $g_m(\eta_m) = 1$, $\sup_{\zeta \in T_m} |g_m(\zeta)| < 1$ が成り立つ. 自然数 k_m を十分大きくとると, $g_m^{k_m}(\eta_m) = 1$, $\sup_{\zeta \in T_m} |g_m^{k_m}(\zeta)| < 1/(m2^m)$ となる. $\varphi_m(z) = g_m^{k_m}(z)$ とおくと, $\varphi_m \in \mathcal{O}(\Omega)$, $\sup_{\zeta \in T_m} |\varphi_m(\zeta)| < 1/(m2^m)$, $\varphi_m(\eta_m) = 1$ となる. $\varphi(z) = \prod_{j=1}^{\infty}(1 - \varphi_j(z))^j$ と定義する. すると, $z \in T_m$ のとき,

$$m|\varphi_m(z)| + (m+1)|\varphi_{m+1}(z)| + \cdots \leq \frac{1}{2^m} + \frac{1}{2^{m+1}} + \cdots$$

が成り立つから, 任意の自然数 m に対して, $\sum_{j=1}^{\infty} j|\varphi_j(z)|$ は T_m 上で一様
収束する. よって, 補題 1.9 から, $\prod_{j=1}^{\infty}(1-\varphi_j(z))^j$ は T_m 上で一様収束す
るから, $\varphi(z)$ は Ω で正則である. $|\varphi_m(z)| < 1\ (\forall z \in T_1)$ であるから, 補
題 1.9 から, $\prod_{j=1}^{\infty}(1-\varphi_j(z))^j \neq 0\ (\forall z \in T_1)$ となる. すると, Ω で $\varphi \not\equiv 0$
となる. 領域 V が存在して, $\phi \neq \Omega \cap V \neq V$ を満たし, $\varphi(z)$ が $\Omega \cup V$
で正則になると仮定する. $V \cap \Omega = W$ とおく. $\zeta \in \partial W \cap \partial \Omega$ とする.
$D \cap W$ は W において稠密であるから, D の部分列 $\{\xi_{m_j}\}$ で, ζ に収束す
るものが存在する. B_{m_j} は ξ_{m_j} を中心とし, Ω に含まれる球であるから,
j を十分大きくとると, $B_{m_j} \subset W$ となる. $\eta_{m_j} \in B_{m_j} \backslash T_{m_j}$ であるから,
$\eta_{m_j} \to \zeta$ となる. 任意の $k = (k_1, \cdots, k_n)$ に対して, j を十分大きくとる
と, $|k| = k_1 + \cdots + k_n < m_j$ となる.

$$\frac{\partial^{|k|}\varphi(z)}{\partial z^k} = \frac{\partial^{|k|}}{\partial z^k}\left\{\left(\prod_{m \neq m_j}(1-\varphi_m(z))^m\right)(1-\varphi_{m_j}(z))^{m_j}\right\}$$

が成り立つから, $\frac{\partial^{|k|}\varphi}{\partial z^k}(\eta_{m_j}) = 0\ (|k| < m_j)$ を得る. ここで, $j \to \infty$ とする
と, $\eta_{m_j} \to \zeta$ となるから, 任意の $k = (k_1, \cdots, k_n)$ に対して, $\frac{\partial^{|k|}\varphi}{\partial z^k}(\zeta) = 0$
が成り立つ. $\varphi(z)$ は ζ を中心とする十分小さな半径 r の開円板 $B(\zeta, r)$ に
おいて正則であるから, $\varphi(z)$ を $B(\zeta, r)$ において ζ を中心とするべき級数
に展開すると, $\varphi(z) = 0\ (z \in B(\zeta, r))$ となる. $\Omega \cup B(\zeta, r)$ は連結であるか
ら, $\Omega \cup B(\zeta, r)$ で $\varphi \equiv 0$ となるから矛盾である. したがって, $\varphi(z)$ は Ω で
正則で, $\partial\Omega$ のどの点の近傍でも正則にならないので, Ω は正則領域である.
(iii)$\Longrightarrow$(i) は明らか. (証明終)

(i)$\Longrightarrow$(iv). Ω のコンパクト部分集合の列 $\{K_n\}$ で, $\Omega = \bigcup_{m=1}^{\infty} K_m$, $K_m \subset$
K_{m+1} を満たすものをとる. 仮定から, $T_m = (\widehat{K_m})_\Omega^{\mathcal{O}}$ はコンパクトで,
$\Omega = \bigcup_{m=1}^{\infty} T_m$, $T_m \subset T_{m+1}$ となる. $T_m \subset \overset{\circ}{T}_{m+1}$ と仮定してよい. $X \subset \Omega$
は疎な無限集合とすると, $X = \{\xi_m\}_{m=1}^{\infty}$ と表わされる. $\{T_n\}$ の部分列
$\{T_{m_j}\}$ と, $\{\xi_m\}$ の部分列 $\{\xi_{\nu_j}\}$ で, $\xi_{\nu_j} \in T_{m_{j+1}} - T_{m_j}$ を満たすものをとる.
簡単のため, ξ_{ν_j} を ξ_j, T_{m_j} を T_j と書き直す. すると, $\xi_j \in T_{j+1} - T_j$ となる.
$(\widehat{T_j})_\Omega^{\mathcal{O}} = T_j \not\ni \xi_j$ であるから, $f_j \in \mathcal{O}(\Omega)$ が存在して, $|f_j(\xi_j)| > \sup_{\zeta \in T_j}|f_j(\zeta)|$

が成り立つ. α_j を, $|f_j(\xi_j)| > \alpha_j > \sup\limits_{\zeta \in T_j} |f_j(\zeta)|$ を満たすようにとる. $h_j = f_j/\alpha_j$ とおくと, $|h_j(\xi_j)| > 1,\ \sup\limits_{\zeta \in T_j} |h_j(\zeta)| < 1$ となる. 十分大きな k_j に対して, $\varphi_j(z) = h_j(z)^{k_j}$ とおくと, $\varphi_j \in \mathcal{O}(\Omega)$ で,

$$\sup_{\zeta \in T_j} |\varphi_j(\zeta)| < \frac{1}{2^j}, \quad |\varphi_j(\xi_j)| > j+1 + \sum_{k=1}^{j-1} |\varphi_k(\xi_j)| \quad (j = 1, 2, \cdots)$$

が成り立つ. $\varphi(z) = \sum\limits_{k=1}^{\infty} \varphi_k(z)$ とおくと, $\varphi \in \mathcal{O}(\Omega)$ となる. また,

$$|\varphi(\xi_j)| = \left| \sum_{k=1}^{\infty} \varphi_k(\xi_j) \right| \geq |\varphi_j(\xi_j)| - \left| \sum_{k \neq j} \varphi_k(\xi_j) \right|$$

$$\geq j+1 + \sum_{k=1}^{j-1} |\varphi_k(\xi_j)| - \sum_{k \neq j} |\varphi_k(\xi_k)| = j+1 - \sum_{k>j} |\varphi_k(\xi_j)|$$

が成り立つ. $\xi_j \in T_{j+1}$ であるから, $\xi_j \in T_k\ (k \geq j+1)$ を得る. よって, $k \geq j+1$ のとき, $|\varphi_k(\xi_j)| \leq \sup\limits_{\zeta \in T_k} |\varphi_k(\zeta)| < 1/2^k$ となるから, $\sum\limits_{k>j} |\varphi_k(\xi_j)| \leq \sum\limits_{k>j} 1/2^k < 1$ が成り立つ. すると, $|\varphi(\xi_j)| \geq j$ となり, $\lim\limits_{j \to \infty} |\varphi(\xi_j)| = \infty$ を得る. よって, $\varphi(z)$ は X において有界ではない.

(iv)$\Longrightarrow$(i). (i) は成り立たないと仮定すると, コンパクト集合 $K \subset \Omega$ で, $\widehat{K}_\Omega^{\mathcal{O}}$ はコンパクトにならないものが存在する. $\widehat{K}_\Omega^{\mathcal{O}}$ は Ω の閉部分集合であるから, $\xi_k \in \widehat{K}_\Omega^{\mathcal{O}}\ (k = 1, 2, \cdots)$ が存在して, $d(\xi_k, \partial\Omega) \to 0\ (k \to \infty)$ となる. すると, 任意の $f \in \mathcal{O}(\Omega)$ に対して, $|f(\xi_k)| \leq \sup\limits_{z \in K} |f(z)| < \infty$ が成り立つ. $X = \{\xi_i\}$ は Ω の疎な無限集合で, 任意の $f \in \mathcal{O}(\Omega)$ は X において有界であるから, (iv) は成り立たない.

系 1.2 $\mathbb{C}^n$ の凸領域は正則領域である.

証明 $\Omega \subset \mathbb{C}^n$ は凸領域で, $K \subset \Omega$ はコンパクト集合とすると, $K \subset \widehat{K}_\Omega^{\mathcal{O}} \subset \widehat{K}_{\mathbb{C}^n}^{\mathcal{O}} \subset \widetilde{K}$ となる. また, Ω は凸開集合であるから, $\widetilde{K}$ は Ω のコンパクト部分集合になる. よって, $\widehat{K}_\Omega^{\mathcal{O}}$ はコンパクト集合になるから, 定理 1.10 から, Ω は正則領域である. (証明終)

1.4　擬凸開集合

定義 1.12 (擬凸開集合)　$\Omega \subset \mathbb{C}^n$ は開集合で, $\Omega \neq \mathbb{C}^n$ とする. 練習問題 1.5 より, $d(z, \partial\Omega)$ は Ω で連続である. Ω が擬凸開集合 (pseudoconvex open set) であるとは, $-\log d(z, \partial\Omega)$ が Ω で多重劣調和になることをいう. $\mathbb{C}^n$ は擬凸であると定義する.

定理 1.11　次が成り立つ.

(i) $\Omega \subset \mathbb{C}^n$ と $G \subset \mathbb{C}^m$ は擬凸開集合とする. すると, $\Omega \times G$ は $\mathbb{C}^{n+m}$ における擬凸開集合である.

(ii) $\{\Omega_j\}_{j \in J}$ は $\mathbb{C}^n$ における擬凸開集合族とすると, $\underset{j \in J}{\cap}\, \Omega_j$ の内部 Ω は擬凸開集合である.

証明　(i) $\partial(\Omega \times G) = (\partial\Omega \times \overline{G}) \cup (\overline{\Omega} \times \partial G)$ となるから, $(z, w) \in \Omega \times G$ に対して, $d((z, w), \partial(\Omega \times G)) = \min\{d(z, \partial\Omega), d(w, \partial G)\}$ が成り立つ. よって,

$$-\log d((z, w), \partial(\Omega \times G)) = \sup\{-\log d(z, \partial\Omega),\ -\log d(w, \partial G)\}$$

となる. 定理 1.7(iv) から, $-\log d((z, w), \partial(\Omega \times G))$ は $\Omega \times G$ において多重劣調和であるから, $\Omega \times G$ は擬凸開集合である.

(ii) $z \in \Omega$ に対して, $d(z, \partial\Omega) = \underset{j \in J}{\inf}\, d(z, \partial\Omega_j)$ となるから,

$$-\log d(z, \partial\Omega) = \underset{j \in J}{\sup}\{-\log d(z, \partial\Omega_j)\}$$

が成り立つ. 定理 1.7(iv) より, $-\log d(z, \partial\Omega)$ は Ω で多重劣調和であるから, Ω は擬凸開集合である. (証明終)

定義 1.13　$\Omega \subset \mathbb{C}^n$ は開集合で, $K \subset \Omega$ はコンパクト集合とする.

$$\widehat{K}_\Omega^P = \{z \in \Omega \mid \rho(z) \leq \max_{\zeta \in K} \rho(\zeta),\ \forall \rho \in \mathrm{PS}(\Omega)\}$$

と定義する. 定義から, $K \subset \widehat{K}_\Omega^P$ となる. $\rho \in \mathrm{PS}(\Omega)$ がすべて連続関数ならば, $\widehat{K}_\Omega^P$ は閉集合になるが, $\rho(z)$ は連続とは限らないので, $\widehat{K}_\Omega^P$ は Ω の閉集合になるとは限らない. $K = \widehat{K}_\Omega^P$ のとき, K は PS-凸であるという.

補題 1.10 $\Omega \subset \mathbb{C}^n$ は開集合, $K \subset \Omega$ はコンパクト集合とすると, $\widehat{K}_\Omega^P \subset \widehat{K}_\Omega^{\mathcal{O}}$ となる.

証明 定理 1.6 から, $f \in \mathcal{O}(\Omega)$ ならば, $|f| \in \mathrm{PS}(\Omega)$ となるから, 補題は成り立つ. (証明終)

定義 1.14 $t \in A$ を実助変数とする複素数値関数 $g_j(\zeta, t)$, $j = 1, \cdots, n$ が t を固定するとき, $\{\zeta \in \mathbb{C} \mid |\zeta| \leq 1\}$ の近傍で正則かつ定数ではないとする. $g = (g_1, \cdots, g_n)$ とするとき,

$$F(t) = \{g(\zeta, t) \mid |\zeta| \leq 1\}, \quad b(t) = \{g(\zeta, t) \mid |\zeta| = 1\}$$

と定義する. $F(t) \subset \Omega$ $(\forall t \in A)$ となるとき, $\{F(t)\}_{t \in A}$ を Ω に対する解析的閉円板族という.

定義 1.15 (岡擬凸開集合) 開集合 $\Omega \subset \mathbb{C}^n$ が岡擬凸であるとは, Ω に対する任意の解析的閉円板族 $\{F(t)\}_{t \in A}$ に対して

$$\underset{t \in A}{\cup} b(t) \Subset \Omega \implies \underset{t \in A}{\cup} F(t) \Subset \Omega$$

を満たすことである.

定理 1.12 岡擬凸開集合の増加列の和集合は岡擬凸である.

証明 $\{\Omega_j\}$ は岡擬凸開集合の増加列とする. $\Omega = \overset{\infty}{\underset{j=1}{\cup}} \Omega_j$ とおく. $\underset{t \in A}{\cup} b(t) \Subset \Omega$ とする. $\underset{t \in A}{\cup} b(t)$ は Ω のコンパクト部分集合に含まれるから, j を大きくとると, $\underset{t \in A}{\cup} b(t) \Subset \Omega_j$ となる. Ω_j は岡擬凸であるから, $\underset{t \in A}{\cup} F(t) \Subset \Omega_j \subset \Omega$ となる. よって, Ω は岡擬凸である. (証明終)

定理 1.13 $\Omega \subset \mathbb{C}^n$ は開集合とする. 次は同値である.

(i) Ω は擬凸である.

(ii) Ω 上の連続な多重劣調和関数 $\rho(z)$ が存在して, 任意の実数 α に対して, $\Omega_\alpha = \{z \in \Omega \mid \rho(z) < \alpha\} \Subset \Omega$ が成り立つ.

(iii) $K \subset \Omega$ がコンパクト集合ならば, $\widehat{K}_\Omega^P \Subset \Omega$.

(iv) Ω は岡擬凸である.

証明　[a] $\Omega \neq \mathbb{C}^n$ の場合.

(i) $\Longrightarrow$ (ii). $\rho(z) = \max\{|z|^2, \, -\log d(z,\partial\Omega)\}$ とおくと, $\rho(z)$ は Ω で連続で, 定理 1.7 より, $\rho \in \mathrm{PS}(\Omega)$ となる. $z \in \Omega$, $\rho(z) < \alpha$ と仮定すると, $|z|^2 < \alpha$, $-\log d(z,\partial\Omega) < \alpha$ となるから, Ω_α は有界集合で, $d(z,\partial\Omega) > e^{-\alpha}$ となり, $\Omega_\alpha \Subset \Omega$ を得る.

(ii)$\Longrightarrow$(iii). $\rho \in \mathrm{PS}(\Omega) \cap C(\Omega)$ が存在して, 任意の実数 α に対して, $\Omega_\alpha = \{z \in \Omega \mid \rho(z) < \alpha\} \Subset \Omega$ が成り立つと仮定する. $K \subset \Omega$ はコンパクトとする. $\alpha = \sup_{\zeta \in K} \rho(\zeta) + 1$ とおく. すると,

$$\widehat{K}_\Omega^P \subset \{z \in \Omega \mid \rho(z) \leq \sup_{\zeta \in K} \rho(\zeta)\} \subset \Omega_\alpha \Subset \Omega$$

となるから, (iii) が成り立つ.

(iii)$\Longrightarrow$(iv). $t \in A$ とする. $g_j(\zeta, t)$ は $\{\zeta \in \mathbb{C} \mid |\zeta| \leq 1\}$ の近傍で正則で, $g = (g_1, \cdots, g_n)$, $\bigcup_{t \in A}\{g(\zeta, t) \mid |\zeta| \leq 1\} \subset \Omega$, $b(t) = \{g(\zeta, t) \mid |\zeta| = 1\}$ とする. $\bigcup_{t \in A} b(t) \Subset \Omega$ と仮定する. $\rho \in \mathrm{PS}(\Omega)$ とすると, $\rho \circ g(\zeta, t)$ は $|\zeta| \leq 1$ の近傍で劣調和である. $K = \overline{\{g(\zeta, t) \mid |\zeta| = 1, \, t \in A\}}$ とすると, K は Ω のコンパクト部分集合であるから, 劣調和関数に関する最大値の原理 (定理 1.3) より, $|\zeta| \leq 1$ のとき,

$$\rho(g(\zeta, t)) = \rho \circ g(\zeta, t) \leq \sup_{|\zeta|=1} \rho \circ g(\zeta, t) \leq \sup_{z \in K} \rho(z)$$

となるから, $g(\zeta, t) \in \widehat{K}_\Omega^P$ となる. $\widehat{K}_\Omega^P \Subset \Omega$ であるから, $\bigcup_{t \in A} F(t) \Subset \Omega$ となり, Ω は岡擬凸である.

(iv)$\Longrightarrow$(i). $z_0 \in \Omega$ とする. $a \in \mathbb{C}^n$ に対して, $\psi(\zeta) = -\log d(z_0 + a\zeta, \partial\Omega)$ とおく. 劣調和の概念は局所的であるから, $\psi(\zeta)$ が 0 の近傍で劣調和になることを示せばよい. $|a|$ を十分小さくとると, $\{z_0 + a\zeta \mid |\zeta| \leq 1\} \subset \Omega$ となる. $h(\zeta)$ は $|\zeta| \leq 1$ の近傍で調和とするとき

$$h(\zeta) \geq \psi(\zeta) \, (|\zeta| = 1) \Longrightarrow h(\zeta) \geq \psi(\zeta) \, (|\zeta| \leq 1)$$

が成り立つことを示せばよい. $|\zeta| \leq 1$ の近傍における $h(\zeta)$ の共役調和関数 (練習問題 1.12 参照) を $h^*(\zeta)$ とすると, $f(\zeta) = h(\zeta) + ih^*(\zeta)$ は $|\zeta| \leq 1$ の

近傍で正則関数になる. $|\zeta| = 1$ のとき, $h(\zeta) \geq \psi(\zeta) = -\log d(z_0 + a\zeta, \partial\Omega)$ となるから, $d(z_0 + a\zeta, \partial\Omega) \geq e^{-h(\zeta)} = |e^{-f(\zeta)}|$ となる. $\xi \in \mathbb{C}^n$ は $|\xi| = 1$ を満たすとする. $|\zeta| \leq 1, 0 \leq t \leq 1$ に対して, $g(\zeta, t) = z_0 + a\zeta + t\xi e^{-f(\zeta)}$ とおく. $|\zeta| = 1$ のとき

$$|z_0 + a\zeta - g(\zeta, t)| = t|e^{-f(\zeta)}| \leq d(z_0 + a\zeta, \partial\Omega)$$

となる. よって, $\{g(\zeta, t) \mid |\zeta| = 1, \ 0 \leq t \leq 1\} \Subset \Omega$ となる. $A = [0, 1]$, $b(t) = \{g(\zeta, t) \mid |\zeta| = 1\}$ とおくと, $\underset{t \in A}{\cup} b(t) \Subset \Omega$ となる. Ω は岡擬凸であるから, $\underset{t \in A}{\cup} F(t) \Subset \Omega$ となる. よって,

$$\{g(\zeta, t) = z_0 + a\zeta + t\xi e^{-f(\zeta)} \mid |\zeta| \leq 1, 0 \leq t \leq 1\} \Subset \Omega$$

となる. ξ と t は $|\xi| = 1, 0 < t \leq 1$ である限り任意であるから, $z_0 + a\zeta$ を中心とし, 半径 $|e^{-f(\zeta)}|$ の球は Ω に含まれる. よって, $|\zeta| \leq 1$ のとき, $d(z_0 + a\zeta, \partial\Omega) \geq |e^{-f(\zeta)}| = e^{-h(\zeta)}$ となる. すると, $|\zeta| \leq 1$ のとき, $\psi(\zeta) = -\log d(z_0 + a\zeta, \partial\Omega) \leq h(\zeta)$ となるから, $\psi(\zeta)$ は劣調和となり, Ω は擬凸になる.

[b] $\Omega = \mathbb{C}^n$ の場合. 定義から, Ω は擬凸である. $K \subset \mathbb{C}^n$ はコンパクト集合とする. 系 1.1 から, $\widehat{K}_\Omega^O$ は有界集合である. $\widehat{K}_\Omega^P \subset \widehat{K}_\Omega^O$ であるから, $\widehat{K}_\Omega^P \Subset \Omega$ となる. $\rho(z) = |z|^2$ とすると, $\rho \in \mathrm{PS}(\Omega)$ で, 任意の実数 α に対して, $\Omega_\alpha \Subset \mathbb{C}^n$ となるから, (i), (ii), (iii) は成り立つ. (iv) は [a] の場合の (iii)$\Longrightarrow$(iv) の証明から成り立つ. (証明終)

系 1.3　$\Omega \subset \mathbb{C}^n$ が正則領域ならば, Ω は擬凸開集合である.

証明　$K \subset \Omega$ はコンパクト集合とする. 定理 1.9 より, $\widehat{K}_\Omega^O$ はコンパクトである. 補題 1.10 より, $\widehat{K}_\Omega^P \subset \widehat{K}_\Omega^O$ であるから, $\widehat{K}_\Omega^P \Subset \Omega$ となる. 定理 1.13 から, Ω は擬凸である. (証明終)

系 1.4　正則領域の増加列の和集合は正則領域である.

証明　定理 1.12 と定理 1.13 から成り立つ. (証明終)

定理 1.14　$\Omega \subset \mathbb{C}^n$ は開集合とする. 各点 $p \in \partial\Omega$ に対して, p の近傍 ω が存在して, $\Omega \cap \omega$ が擬凸になるならば, Ω は擬凸になる.

証明　$z_0 \in \partial\Omega$ とする. 仮定から, z_0 の近傍 ω が存在して, $\Omega \cap \omega$ は擬凸であるから, z が十分 z_0 に近いとき, $-\log d(z, \partial\Omega) = -\log d(z, \partial(\Omega \cap \omega))$ は多重劣調和関数になる. したがって, $-\log d(z, \partial\Omega)$ は $\partial\Omega$ の各点の近傍で多重劣調和である. すると, 閉集合 $F \subset \Omega$ が存在して, $-\log d(z, \partial\Omega)$ は $\Omega \backslash F$ で多重劣調和になる. $F \cap \{|z|^2 \le t\} = \phi$ のときは, $f(t) = 0$, $F \cap \{|z|^2 \le t\} \ne \phi$ のときは $f(t) = \sup\{-\log d(z, \partial\Omega \mid z \in F, |z|^2 \le t\}$ とおく. 練習問題 1.4 から, $\chi(t) > f(t)$ を満たす凸増加関数 $\chi \in C^\infty(\mathbb{R})$ が存在する. $\varphi(z) = \chi(|z|^2) + |z|^2$ とすると,

$$\sum_{j,k=1}^n \frac{\partial^2 \chi(|z|^2)}{\partial z_j \partial \bar{z}_k} w_j \bar{w}_k = \chi''(|z|^2)|\sum_{j=1}^n \bar{z}_j w_j|^2 + \chi'(|z|^2)|w|^2 \ge 0$$

となるから, $\varphi(z)$ は $\mathbb{C}^n$ で連続多重劣調和である. $z \in F$ のとき, $\chi(|z|^2) > f(|z|^2) \ge -\log d(z, \partial\Omega)$ となるから, $\varphi(z) > -\log d(z, \partial\Omega)$ となり, $|z| \to \infty$ のとき, $\varphi(z) \to \infty$ を満たす. $u(z) = \sup\{\varphi(z), -\log d(z, \partial\Omega)\}$ とおくと, F で $\varphi(z) > -\log d(z, \partial\Omega)$ であるから, F の近傍で $u(z) = \varphi(z)$ となり, $u(z)$ は F の近傍で多重劣調和である. $\Omega \backslash F$ では $-\log d(z, \partial\Omega)$ は多重劣調和であるから, $u(z)$ は 2 つの連続多重劣調和関数の上限となり, $\Omega \backslash F$ で連続多重劣調和になる. よって, $u(z)$ は Ω で連続多重劣調和である. 実数 α に対して, $\Omega_\alpha = \{z \in \Omega \mid u(z) < \alpha\}$ とおく. Ω_α が有界でないと仮定すると, $z_j \in \Omega_\alpha$ $(j = 1, 2, \cdots)$ が存在して, $|z_j| \to \infty$ となるから, $\varphi(z_j) \to \infty$ となり, $\varphi(z_j) \le u(z_j) < \alpha$ となって, 矛盾が生じる. よって, Ω_α は有界集合である. また, $z \in \Omega_\alpha$ のとき, $d(z, \partial\Omega) > e^{-\alpha}$ となるから $\Omega_\alpha \Subset \Omega$ となる. 定理 1.13 から Ω は擬凸である. (証明終)

次に, 複素関数に関する Taylor の公式について述べる.

補題 1.11　$\rho(z)$ は $p \in \mathbb{C}^n$ の近傍で C^2 級とする. $w_j = x_j + ix_{j+n}$ とすると, 次が成り立つ.

$$\frac{1}{2}\sum_{j,k=1}^{2n} \frac{\partial^2 \rho(p)}{\partial x_j \partial x_k} x_j x_k = \operatorname{Re} \sum_{j,k=1}^n \frac{\partial^2 \rho(p)}{\partial z_j \partial z_k} w_j w_k + \sum_{j,k=1}^n \frac{\partial^2 \rho(p)}{\partial z_j \partial \bar{z}_k} w_j \bar{w}_k.$$

$$(1.12)$$

証明 $n=1$ の場合を示す. $w = x_1 + ix_2$ とすると,

$$\frac{\partial \rho}{\partial x_1} = \frac{\partial}{\partial w} + \frac{\partial}{\partial \bar{w}}, \quad \frac{\partial \rho}{\partial x_2} = i\left(\frac{\partial}{\partial w} - \frac{\partial}{\partial \bar{w}}\right), \quad \frac{\partial^2}{\partial x_1^2} = \left(\frac{\partial}{\partial w} + \frac{\partial}{\partial \bar{w}}\right)^2,$$

$$\frac{\partial^2}{\partial x_1 \partial x_2} = i\left(\frac{\partial^2}{\partial w^2} - \frac{\partial^2}{\partial \bar{w}^2}\right), \quad \frac{\partial^2}{\partial x_2^2} = -\left(\frac{\partial}{\partial w} - \frac{\partial}{\partial \bar{w}}\right)^2$$

となることから成り立つ. (証明終)

補題 1.12 (Taylor の公式) (i) $\Omega \subset \mathbb{R}^n$ は開集合で, $f \in C^k(\Omega)$ とする. 点 $x \in \Omega$ と点 $x + h \in \Omega$ を結ぶ線分 ℓ は Ω に含まれるとする. すると, θ $(0 < \theta < 1)$ が存在して, 次が成り立つ.

$$f(x+h) = f(x) + \sum_{j=1}^{k-1} \frac{1}{j!}\left(h_1\frac{\partial}{\partial x_1} + \cdots + h_n\frac{\partial}{\partial x_n}\right)^j f(x)$$

$$+ \frac{1}{k!}\left(h_1\frac{\partial}{\partial x_1} + \cdots + h_n\frac{\partial}{\partial x_n}\right)^k f(x_1 + \theta h_1, \cdots, x_n + \theta h_n)$$

(ii) $\Omega \subset \mathbb{C}^n$ は開集合で, $f \in C^1(\Omega)$ とする. $z, \zeta \in \Omega$ に対して, z と ζ を結ぶ線分 ℓ は Ω に含まれるとする. すると, 点 $p \in \ell$ が存在して, 次が成り立つ.

$$f(z) = f(\zeta) + \sum_{j=1}^{n} \frac{\partial f}{\partial \zeta_j}(p)(z_j - \zeta_j) + \sum_{j=1}^{n} \frac{\partial f}{\partial \bar{\zeta}_j}(p)(\bar{z}_j - \bar{\zeta}_j).$$

(iii) $\Omega \subset \mathbb{C}^n$ は開集合で, $f \in C^2(\Omega)$ とする. $z, \zeta \in \Omega$ に対して, z と ζ を結ぶ線分 ℓ は Ω に含まれるとする. すると, 点 $p \in \ell$ が存在して, 次が成り立つ.

$$f(z) - f(\zeta) = \sum_{j=1}^{n} \frac{\partial f(\zeta)}{\partial \zeta_j}(z_j - \zeta_j) + \sum_{j=1}^{n} \frac{\partial f(\zeta)}{\partial \bar{\zeta}_j}(\bar{z}_j - \bar{\zeta}_j)$$

$$+ \frac{1}{2}\sum_{j,k=1}^{n}\left(\frac{\partial^2 f(p)}{\partial \zeta_j \partial \zeta_k}(z_j - \zeta_j)(z_k - \zeta_k) + \frac{\partial^2 f(p)}{\partial \bar{\zeta}_j \partial \bar{\zeta}_k}(\bar{z}_j - \bar{\zeta}_j)(\bar{z}_k - \bar{\zeta}_k)\right)$$

$$+ \sum_{j,k=1}^{n} \frac{\partial^2 f(p)}{\partial \zeta_j \partial \bar{\zeta}_k}(z_j - \zeta_j)(\bar{z}_k - \bar{\zeta}_k). \tag{1.13}$$

証明　(i) $g(t) = f(x_1 + th_1, \cdots, x_n + th_n)$ とおいて, 1 変数の場合の Taylor の公式を適用すれば, θ $(0 < \theta < 1)$ が存在して,

$$g(t) = g(0) + g'(0)t + \frac{g''(0)}{2!}t^2 + \cdots + \frac{g^{(k-1)}(0)}{(k-1)!}t^{k-1} + \frac{g^{(k)}(\theta t)}{k!}t^k$$

が成り立つ. $t = 1$ とすると,

$$g(1) = g(0) + g'(0) + \frac{g''(0)}{2!} + \cdots + \frac{g^{(k-1)}(0)}{(k-1)!} + \frac{g^{(k)}(\theta)}{k!}$$

となるから, 求める等式を得る.

(ii) (i) から,

$$f(x + h) = f(x) + \sum_{j=1}^{2n} h_j \frac{\partial f}{\partial x_j}(x + \theta h) \qquad (0 < \exists \theta < 1)$$

が成り立つ. ここで,

$$x + \theta h = p, \quad x_{2j-1} + h_{2j-1} + i(x_{2j} + h_{2j}) = z_j, \quad x_{2j-1} + ix_{2j} = \zeta_j$$

とおくと, $z_j - \zeta_j = h_{2j-1} + ih_{2j}$ となるから,

$$\sum_{j=1}^{n} \frac{\partial f}{\partial \zeta_j}(p)(z_j - \zeta_j) + \sum_{j=1}^{n} \frac{\partial f}{\partial \bar{\zeta}_j}(p)(\bar{z}_j - \bar{\zeta}_j) = \sum_{j=1}^{2n} h_j \frac{\partial f}{\partial x_j}(p)$$

が成り立つ. よって, 求める等式を得る.

(iii) (i) と (ii) から明らかである. (証明終)

補題 1.13　$\Omega \subset \mathbb{C}^n$ は開集合で, $\rho \in C^2(\Omega)$ は実数値関数とする. $\zeta, z \in \Omega$ に対して,

$$F(z, \zeta) = 2 \sum_{j=1}^{n} \frac{\partial \rho(\zeta)}{\partial \zeta_j}(\zeta_j - z_j) - \sum_{j,k=1}^{n} \frac{\partial^2 \rho(\zeta)}{\partial \zeta_j \partial \zeta_k}(\zeta_j - z_j)(\zeta_k - z_k) \quad (1.14)$$

と定義する. $F(z, \zeta)$ を ρ の Levi 多項式という. すると, $\zeta, z \in \Omega$ に対して, 次が成り立つ.

$$\rho(z) = \rho(\zeta) - \operatorname{Re} F(z, \zeta) + \sum_{j,k=1}^{n} \frac{\partial^2 \rho(\zeta)}{\partial \zeta_j \partial \bar{\zeta}_k}(z_j - \zeta_j)(\bar{z}_k - \bar{\zeta}_k) + o(|\zeta - z|^2).$$

$$(1.15)$$

証明 $\overline{\frac{\partial \rho}{\partial \zeta_j}} = \frac{\partial \rho}{\partial \zeta_j}$ に注意すれば, (1.13) から (1.15) が成り立つ. (証明終)

定義 1.16   開集合 $\Omega \Subset \mathbb{R}^n$ が C^k $(k \geq 1)$ 境界をもつとは, $\partial\Omega$ の近傍 U と $\rho \in C^k(U)$ が存在して,

$$U \cap \Omega = \{z \in U \mid \rho(x) < 0\}, \quad d\rho(x) \neq 0 \ (x \in U)$$

が成り立つことである. ここで, $d\rho(x) = \sum\limits_{j=1}^{n} \frac{\partial \rho}{\partial x_j}(x)dx_j$ と定義する. このとき, ρ を Ω の定義関数という.

補題 1.14 $\Omega \subset \mathbf{R}^n$ は C^k $(k \geq 1)$ 境界をもつ領域とする. $\rho(x)$ は Ω の定義関数とする. $f(x)$ は $\partial\Omega$ の近傍で定義された実数値 C^k 級関数で, $f(x) = 0$ $(x \in \partial\Omega)$ を満たすとする. すると, $p \in \partial\Omega$ に対して, p の近傍 U と, U における C^{k-1} 級関数 $h(x)$ が存在して, $f(x) = \rho(x)h(x)$ $(x \in U)$ が成り立つ.

証明 $p = 0$ と仮定してよい. $d\rho(x) \neq 0$ $(x \in \partial\Omega)$ であるから, p の近傍 U が存在して, $x_n = \rho(x)$ とおくとき, $x' = (x_1, \cdots, x_{n-1})$ を選んで, (x', x_n) は U において座標系を構成すると仮定してよい. $f(x', 0) = 0$ であるから,

$$
\begin{aligned}
f(x', x_n) &= f(x', x_n) - f(x', 0) = \int_0^1 \frac{d}{dt}\{f(x', tx_n)\}dt \\
&= x_n \int_0^1 \frac{\partial f}{\partial x_n}(x', tx_n)dt
\end{aligned}
$$

を得る. $h(x', x_n) = \int_0^1 \frac{\partial f}{\partial x_n}(x', tx_n)dt$ とおくと, $h(x)$ は U において C^{k-1} 級で, $f(x) = \rho(x)h(x)$ $(x \in U)$ となる. (証明終)

定理 1.15 $\Omega \subset \mathbb{C}^n$ は C^2 境界をもつ開集合で, $\rho \in C^2(U)$ は Ω の定義関数とする. すると, Ω が擬凸開集合であるための必要十分条件は, $z \in \partial\Omega$ と $w = (w_1, \cdots, w_n) \in \mathbb{C}^n$ が $\sum\limits_{j=1}^{n} \frac{\partial \rho(z)}{\partial z_j}w_j = 0$ を満たすならば,

$$\sum_{j,k=1}^{n} \frac{\partial^2 \rho(z)}{\partial z_j \partial \bar{z}_k}w_j \bar{w}_k \geq 0 \tag{1.16}$$

が成り立つことである.

証明　条件 (1.16) は Ω の定義関数 $\rho(z)$ の取り方に関係しない (練習問題
1.17 参照). $\delta(z) = d(z, \partial\Omega)$ とおく. 練習問題 1.22 から, $\partial\Omega$ の近傍 U が
存在して, $\rho(z) = -\delta(z)$ $(z \in U \cap \Omega)$, $\rho(z) = \delta(z)$ $(z \in U \cap \Omega^c)$ とおくと,
$\rho \in C^2(U)$ となる. また, $\rho(z)$ は Ω の定義関数になる.

　Ω は擬凸とする. $-\log\delta(z)$ は Ω で多重劣調和であるから, $z \in U \cap \Omega$ に
対して,

$$
\begin{aligned}
0 &\leq \sum_{j,k=1}^n \frac{\partial^2(-\log\delta(z))}{\partial z_j \partial\bar{z}_k} w_j \bar{w}_k \\
&= -\frac{1}{\delta(z)} \sum_{j,k=1}^n \frac{\partial^2\delta(z)}{\partial z_j \partial\bar{z}_k} w_j \bar{w}_k + \frac{1}{\delta(z)^2}\left| \sum_{j=1}^n \frac{\partial\delta(z)}{\partial z_j} w_j \right|^2
\end{aligned}
$$

が成り立つ. よって, $\sum_{j=1}^n \frac{\partial\rho(z)}{\partial z_j} w_j = 0$ ならば, $\sum_{j,k=1}^n \frac{\partial^2\rho(z)}{\partial z_j \partial\bar{z}_k} w_j \bar{w}_k \geq 0$ とな
る. 今, $z_0 \in \partial\Omega$ と $w_0 = (w_1^0, \cdots, w_n^0) \in \mathbb{C}^n$ が存在して,

$$
\sum_{j=1}^n \frac{\partial\rho(z_0)}{\partial z_j} w_j^0 = 0, \quad \sum_{j,k=1}^n \frac{\partial^2\rho(z_0)}{\partial z_j \partial\bar{z}_k} w_j^0 \bar{w}_k^0 < 0
$$

を満たすとする. すると, $z_0 \in V \subset U$, $w_0 \in W$ となる開集合 V, W を十
分小さくとると, $z \in V$, $w \in W$ に対して, $\sum_{j,k=1}^n \frac{\partial^2\rho(z)}{\partial z_j \partial\bar{z}_k} w_j \bar{w}_k < 0$ となる.
$z \in V \cap \Omega$, $z \in W$ が存在して, $\sum_{j=1}^n \frac{\partial\rho(z)}{\partial z_j} w_j = 0$ となるから, 矛盾である.
よって, (1.16) を得る.

　逆に, (1.16) が満たされると仮定する. $z \in U$ に対して, $\delta(z) = d(z, \partial\Omega)$
とおく. また, $z \in \Omega \cap U$, $w \in \mathbb{C}^n$, $\tau \in \mathbb{C}$, $z + \tau w \in \Omega \cap U$ に対して,
$\varphi(\tau) = \log\delta(z + \tau w)$ と定義する. $-\varphi(\tau)$ が劣調和であることを示せばよ
い. $\partial^2\varphi(0)/\partial\tau\partial\bar{\tau} = c > 0$ と仮定して矛盾を導く. (1.15) から,

$$
\varphi(\tau) = \varphi(0) + \mathrm{Re}\left(2\frac{\partial\varphi(0)}{\partial\tau}\tau + \frac{\partial^2\varphi(0)}{\partial\tau^2}\tau^2 \right) + \frac{\partial^2\varphi(0)}{\partial\tau\partial\bar{\tau}}|\tau|^2 + o(|\tau|^2)
$$

を得る. $A = 2\partial\varphi(0)/\partial\tau$, $B = \partial^2\varphi(0)/\partial\tau^2$ とおくと,

$$
\varphi(\tau) = \log\delta(z) + \mathrm{Re}(A\tau + B\tau^2) + c|\tau|^2 + o(|\tau|^2) \tag{1.17}
$$

と表わされる. $z \in \Omega$ を $\partial\Omega$ の近くにとり, $z_0 \in \partial\Omega$ は $\delta(z) = |z - z_0|$ を満たす点とする.

$$\psi(\tau) = z + \tau w + (z_0 - z)e^{A\tau + B\tau^2}$$

とおく. $w_0 \in \partial\Omega$ は $\delta(\psi(\tau)) = |\psi(\tau) - w_0|$ を満たす点とする. すると,

$$
\begin{aligned}
|(z + \tau w) - \psi(\tau)| + \delta(\psi(\tau)) &= |(z + \tau w) - \psi(\tau)| + |\psi(\tau) - w_0| \\
&\geq |(z + \tau w) - w_0| \geq \delta(z + \tau w)
\end{aligned}
$$

となるから,

$$|(z_0 - z)e^{A\tau + B\tau^2}| + \delta(\psi(\tau)) \geq \delta(z + \tau w)$$

となる. すると,

$$
\begin{aligned}
\delta(\psi(\tau)) &\geq \delta(z + \tau w) - |z - z_0||e^{A\tau + B\tau^2}| \\
&= \delta(z + \tau w) - \delta(z)|e^{A\tau + B\tau^2}|
\end{aligned}
$$

が成り立つ. また, $\varphi(\tau) = \log \delta(z + \tau w)$ より, (1.17) を用いると,

$$\delta(z + \tau w) = e^{\varphi(\tau)} = \delta(z)|e^{A\tau + B\tau^2}|e^{c|\tau|^2 + o(|\tau|^2)}$$

となる. $\delta_0 > 0$ を十分小さくとると, $c_1 > 0$ が存在して, $|\tau| < \delta_0$ のとき, $c|\tau|^2 + o(|\tau|^2) \geq c_1|\tau|^2$ が成り立つから,

$$\delta(\psi(\tau)) \geq \delta(z)|e^{A\tau + B\tau^2}|\left(e^{c_1|\tau|^2} - 1\right) \tag{1.18}$$

となる. (1.18) から, $0 < |\tau| < \delta_0$ のとき, $\delta(\psi(\tau)) > 0$ となる. よって, 複素1次元の曲面 $\{\psi(\tau) \mid |\tau| < \delta_0\}$ と $\partial\Omega$ との共通部分はただ一点 $\{z_0\}$ であるから, 曲面 $\{\psi(\tau) \mid |\tau| < \delta_0\}$ は z_0 で $\partial\Omega$ に接していることが分かる. $f(\tau) = \delta(\psi(\tau))$ とおくと, $f(0) = 0$ で, $f(\tau) > 0$ $(0 < |\tau| < \delta_0)$ となるから, $f(\tau)$ は $\tau = 0$ で極小値をとる. すると, $\frac{\partial f}{\partial \tau}(0) = 0$, $\frac{\partial f}{\partial \bar{\tau}}(0) = 0$, $\frac{\partial^2 f}{\partial \tau \partial \bar{\tau}}(0) = \frac{1}{4}\left(\frac{\partial^2 f}{\partial x^2}(0) + \frac{\partial^2 f}{\partial y^2}(0)\right) \geq 0$ となる. $\frac{\partial^2 f}{\partial \tau \partial \bar{\tau}}(0) = 0$ となったとすると, (1.15) から,

$$f(\tau) = \text{Re}\left(\frac{\partial^2 f}{\partial \tau^2}(0)\tau^2\right) + o(|\tau|^2) \tag{1.19}$$

となる. 今, $\frac{\partial^2 f}{\partial \tau^2}(0) = 0$ となったとすると, (1.19) から, $f(\tau) = o(|\tau|^2)$ となるが, (1.18) から, $|\tau|$ を十分小さくとると,

$$
\begin{aligned}
f(\tau) &= \delta(\psi(\tau)) \geq \delta(z)|e^{A\tau + B\tau^2}| \left(e^{c_1|\tau|^2} - 1 \right) \\
&\geq c_1|\tau|^2\delta(z)|e^{A\tau + B\tau^2}| \geq \frac{c_1}{2}|\tau|^2\delta(z) \quad (1.20)
\end{aligned}
$$

となるから, 矛盾である. よって, $\frac{\partial^2 f}{\partial \tau^2}(0) \neq 0$ となる. すると, (1.19) から, $f(\tau)$ は τ の値によって, 正にも負にもなり, (1.20) に矛盾する. よって, $\frac{\partial^2 f}{\partial \tau \partial \bar{\tau}}(0) > 0$ となる. $\rho(z) = -\delta(z)$ $(z \in \Omega \cap W)$, $\rho(z) = \delta(z)$ $(z \in \Omega^c \cap W)$ と定義すると, $\rho(z)$ は Ω の定義関数で, $f(\tau) = \delta(\psi(\tau)) = -\rho(\psi(\tau))$ となる. $\psi(\tau) = (\psi_1(\tau), \cdots, \psi_n(\tau))$ とおくと, $\psi_j(\tau)$ $(1 \leq j \leq n)$ は正則関数であるから

$$
\frac{\partial f(\tau)}{\partial \tau} = -\sum_{j=1}^{n} \frac{\partial \rho(\psi(\tau))}{\partial z_j} \frac{\partial \psi_j(\tau)}{\partial \tau},
$$

となるが,

$$
\frac{\partial^2 f(\tau)}{\partial \tau \partial \bar{\tau}} = -\sum_{j=1}^{n} \sum_{k=1}^{n} \frac{\partial^2 \rho(\psi(\tau))}{\partial z_j \partial \bar{z}_k} \frac{\partial \bar{\psi}_k(\tau)}{\partial \bar{\tau}} \frac{\partial \psi_j(\tau)}{\partial \tau}
$$

となるから, $w_j = \partial \psi_j(0)/\partial \tau$ とおくと,

$$
\frac{\partial f(0)}{\partial \tau} = -\sum_{j=1}^{n} \frac{\partial \rho(z_0)}{\partial z_j} w_j = 0, \quad \frac{\partial^2 f(0)}{\partial \tau \partial \bar{\tau}} = -\sum_{j,k=1}^{n} \frac{\partial^2 \rho(z_0)}{\partial z_j \partial \bar{z}_k} w_j \bar{w}_k > 0
$$

となるが, これは (1.16) に矛盾する. よって, $c = \partial^2 \varphi(0)/\partial \tau \partial \bar{\tau} \leq 0$ となるから, $-\log d(z, \partial \Omega)$ は多重劣調和関数になり, Ω は擬凸である. (証明終)

1.5 Hartogs の拡張定理

定理 1.16 $\Omega \subset \mathbb{C}$ は区分的に滑らかな境界をもつ有界領域とする. すると, $u \in C^1(\overline{\Omega})$ と $z \in \Omega$ に対して

$$
u(z) = \frac{1}{2\pi i} \left\{ \int_{\partial \Omega} \frac{u(\zeta)}{\zeta - z} d\zeta + \iint_{\Omega} \frac{\partial u(\zeta)/\partial \bar{\zeta}}{\zeta - z} d\zeta \wedge d\bar{\zeta} \right\} \quad (1.21)
$$

が成り立つ. ここで, $d\zeta \wedge d\bar\zeta = -2idx \wedge dy$ である.

証明 $z \in \Omega$ とする. 十分小さな $\varepsilon > 0$ に対して, $\Omega_\varepsilon = \{\zeta \in \Omega \mid |\zeta - z| > \varepsilon\}$ とすると, $\partial\Omega_\varepsilon = \partial\Omega - \{\zeta \mid |\zeta - z| = \varepsilon\}$ であるから,

$$\int_{\partial\Omega_\varepsilon} \frac{u(\zeta)}{\zeta - z}d\zeta = \int_{\partial\Omega} \frac{u(\zeta)}{\zeta - z}d\zeta - \int_{|\zeta - z| = \varepsilon} \frac{u(\zeta)}{\zeta - z}d\zeta$$

が成り立つ. 一方, Stokes の公式から,

$$\int_{\partial\Omega_\varepsilon} \frac{u(\zeta)}{\zeta - z}d\zeta = \iint_{\Omega_\varepsilon} \frac{\partial}{\partial\bar\zeta}\left(\frac{u(\zeta)}{\zeta - z}\right) d\bar\zeta \wedge d\zeta = -\iint_{\Omega_\varepsilon} \frac{\frac{\partial u(\zeta)}{\partial\bar\zeta}}{\zeta - z}d\zeta \wedge d\bar\zeta$$

が成り立つ. ここで, $\varepsilon \to 0$ とすると, (1.21) が成り立つ. (証明終)

補題 1.15 $U \subset \mathbb{C}^n$ は開集合で, K は U のコンパクト部分集合とする. すると, 実数値関数 $f \in C^\infty(\mathbb{C}^n)$ が存在して,

(1) $0 \le f \le 1$ (2) $f(z) = 1$ $(\forall z \in K)$ (3) $f(z) = 0$ $(\forall z \in \mathbb{C}^n \backslash U)$

を満たす.

証明 (i) $K = \bar{B}(0, r)$, $U = B(0, R)$, $r < R$ の場合.

$$g_1(x) = \begin{cases} \exp(-\frac{1}{x - r^2})\exp(-\frac{1}{R^2 - x}) & (r^2 < x < R^2) \\ 0 & (その他の場合) \end{cases}$$

とおくと, $g_1 \in C^\infty(\mathbb{R})$, $g_1(x) = 0$ $(x \le r^2$ または $x \ge R^2)$ となる.

次に, $g_2(x) = \int_x^{R^2} g_1(t)dt \left(\int_{r^2}^{R^2} g_1(t)dt\right)^{-1}$ とおくと, $g_2 \in C^\infty(\mathbb{R})$ で, $0 \le g_2 \le 1$ を満たし, $x < r^2$ のとき, $g_2(x) = 1$, $x > R^2$ のとき, $g_2(x) = 0$ となる. $f(z) = g_2(|z|^2)$ とおくと, $f \in C^\infty(\mathbb{C}^n)$ で, (1), (2), (3) が成り立つ.

(ii) 一般の場合. $K_i \subset U_i$ となる有限個の同心球 K_i, U_i で, $K \subset \bigcup_i K_i$, $U_i \subset U$ を満たすものをとる. $f_i(z)$ は K_1 と U_i に対して (1) で作った関数とする. $f(z) = 1 - \prod_i(1 - f_i(z))$ とおくと, f は (1), (2), (3) を満たす. (証明終)

定義 1.17 Ω は $\mathbb{R}^n$ の開集合とする.

(1) Ω 上の可測関数 f に対して, $\|f\|_{L^1(\Omega)} = \int_\Omega |f(x)|dx_1 \cdots dx_n$ と定義する.

(2) Ω 上の $(0,1)$ 形式 $f = \sum_{j=1}^{n} f_j d\bar{z}_j$ に対して, $\mathrm{supp}(f) = \bigcup_{j=1}^{n} \mathrm{supp}(f_j)$ と定義する.

定理 1.17 Ω は $\mathbb{C}^n$ の開集合とする. $K \subset \Omega$ はコンパクト集合で, ω は, $K \subset \omega \subset \Omega$ を満たす開集合とする. すると, 次が成り立つ.

$$\sup_{z \in K} |\partial^\alpha f(z)| \le C_\alpha \|f\|_{L^1(\omega)} \qquad (f \in \mathcal{O}(\Omega)). \tag{1.22}$$

証明 [1] $n=1$ の場合. $\psi \in C_c^\infty(\omega)$ を K の近傍で $\psi = 1$ となるように選ぶ (補題 1.15 参照). コンパクト集合 K' と区分的に滑らかな境界をもつ開集合 ω' を $K \subset \overset{\circ}{K'} \subset K' \subset \omega' \Subset \omega$ を満たし, K' 上で $\psi = 1$, ω'^c で $\psi = 0$ となるようにとる. $f \in \mathcal{O}(\Omega)$ とすると, $\frac{\partial(\psi f)}{\partial \bar\zeta} = f\frac{\partial \psi}{\partial \bar\zeta}$ となるから, (1.21) において $u = \psi f$, $\Omega = \omega'$ とすると, K' において $\psi = 1$ であるから, $z \in K$ のとき,

$$f(z) = \frac{1}{2\pi i} \iint_{\omega' \setminus K'} \frac{\partial \psi(\zeta)}{\partial \bar\zeta} \frac{f(\zeta)}{\zeta - z} d\zeta \wedge d\bar\zeta$$

となる. z に関して j 回微分すると, 積分記号下で微分することにより,

$$f^{(j)}(z) = \frac{j!}{2\pi i} \iint_{\omega' \setminus K'} \frac{\partial \psi(\zeta)}{\partial \bar\zeta} \frac{f(\zeta)}{(\zeta - z)^{j+1}} d\zeta \wedge d\bar\zeta.$$

定数 $C > 0$ が存在して, $z \in K$ と $\zeta \in \omega' \setminus K'$ に対して, $|z - \zeta| \ge C$ となる. よって, 定数 $C_j > 0$ が存在して,

$$|f^{(j)}(z)| \le C_j \iint_{\omega' \setminus K'} |f(\zeta)| dxdy \le C_j \iint_\omega |f(\zeta)| dxdy$$

が成り立つから, (1.22) を得る.

[2] ω が多重円板の場合. $\omega = P(a,r) = B(a_1, r_1) \times \cdots \times B(a_n, r_n)$ とする. コンパクト集合 $K_i \subset B(a_i, r_i)$ が存在して, $K \subset K_1 \times \cdots \times K_n$ となる. [1] の方法を繰り返し適用すると, $K_j \subset K_j' \subset \omega_j' \subset B(a_j, r_j)$ が存在して, $j = (j_1, \cdots, j_n)$ とするとき,

$$\partial^j f(z) = \frac{j!}{(2\pi i)^n} \int_{(\omega_1' \setminus K_1') \times \cdots \times (\omega_n' \setminus K_n')} \frac{f(\zeta_1, \cdots, \zeta_n)}{(\zeta_1 - z_1)^{j_1+1} \cdots (\zeta_n - z_n)^{j_n+1}}$$

$$\times d\zeta_1 \wedge d\bar\zeta_1 \wedge \cdots \wedge d\zeta_n \wedge d\bar\zeta_n$$

となるから，求める不等式を得る．

[3] 一般の場合．有限個の多重円板 P_i $(i=1,\cdots,N)$ が存在して，$\bar P_i \subset \omega$，$K \subset \bigcup_{i=1}^{N} P_i$ となるから，[2] と同様にして，定理は成り立つ．(証明終)

定理 1.18 $k \geq 1$ とする．$\Omega \subset \mathbb{C}$ は開集合で，$\varphi \in C_c^k(\Omega)$ とする．

$$u(z) = \frac{1}{2\pi i} \iint \frac{\varphi(\zeta)}{\zeta - z} d\zeta \wedge d\bar\zeta \tag{1.23}$$

とすると，$u \in C^k(\Omega)$ で，$\frac{\partial u}{\partial \bar z} = \varphi$ が成り立つ．

証明 $\mathrm{supp}(\varphi) = K$ とおくと，K はコンパクト集合である．$\zeta \in K, z \in K^c$ のとき，$\zeta - z \neq 0$ となるから，(1.23) の右辺の z に関する微分は積分記号下で微分できる．すると，$\frac{\partial u}{\partial \bar z} = 0$ となるから，$u(z)$ は K^c で正則になる．座標変換 $z - \zeta = w$ を行うと，

$$u(z) = -\frac{1}{2\pi i} \iint \frac{\varphi(z-w)}{w} dw \wedge d\bar w$$

となる．$\frac{1}{w}$ は任意のコンパクト集合上で積分可能であるから，積分記号下で微分することにより，$u \in C^k$ となる．補題 1.1 の合成関数の微分の公式から，$\frac{\partial}{\partial \bar z}\{\varphi(z-w)\} = \frac{\partial \varphi}{\partial \bar\zeta}(z-w)$ であるから，

$$\frac{\partial u(z)}{\partial \bar z} = -\frac{1}{2\pi i} \iint \frac{\frac{\partial \varphi}{\partial \bar\zeta}(z-w)}{w} dw \wedge d\bar w = \frac{1}{2\pi i} \iint \frac{\frac{\partial \varphi(\zeta)}{\partial \bar\zeta}}{\zeta - z} d\zeta \wedge d\bar\zeta$$

となる．定理 1.16 において Ω を $\mathrm{supp}(\varphi)$ を含む開円板にとり，u を φ に置き換えると，$\frac{\partial u(z)}{\partial \bar z} = \varphi(z)$ となる．(証明終)

定理 1.19 $k \geq 1$ とする．$(0,1)$ 形式 $f = \sum_{j=1}^{n} f_j d\bar z_j$ $(f_j \in C_c^k(\mathbb{C}^n))$ が $\bar\partial f = 0$ を満たすならば，$u \in C_c^k(\mathbb{C}^n)$ が存在して，$\bar\partial u = f$ が成り立つ．

証明

$$\begin{aligned}
u(z) &= \frac{1}{2\pi i} \iint \frac{f_1(\tau, z_2, \cdots, z_n)}{\tau - z_1} d\tau \wedge d\bar\tau \\
&= -\frac{1}{2\pi i} \iint \frac{f_1(z_1 - \tau, z_2, \cdots, z_n)}{\tau} d\tau \wedge d\bar\tau
\end{aligned}$$

とおくと, 2 番目の定義式から, 積分記号下で微分することにより, $u \in$
$C^k(\mathbb{C}^n)$ となる. 定理 1.18 から, $\frac{\partial u}{\partial \bar{z}_1} = f_1$ となる. $\bar{\partial} f = 0$ であるから,
$\frac{\partial f_1}{\partial \bar{z}_\ell} = \frac{\partial f_\ell}{\partial \bar{z}_1}$ となる (定義 3.8 参照). すると, $\ell > 1$ のとき,

$$
\begin{aligned}
\frac{\partial u(z)}{\partial \bar{z}_\ell} &= \frac{1}{2\pi i} \iint \frac{\partial f_1(\tau, z_2, \cdots, z_n)}{\partial \bar{z}_\ell} \frac{1}{\tau - z_1} d\tau \wedge d\bar{\tau} \\
&= \frac{1}{2\pi i} \iint \frac{\partial f_\ell(\tau, z_2, \cdots, z_n)}{\partial \bar{z}_1} \frac{1}{\tau - z_1} d\tau \wedge d\bar{\tau} = f_\ell(z)
\end{aligned}
$$

となる. ここで, 最後の等式は (1.21) から成り立つ. よって, $\bar{\partial} u = f$ と
なる. $z \notin \text{supp}(f)$ のとき, $\bar{\partial} u(z) = 0$ となるから, $u(z)$ はコンパクト
集合 $\text{supp}(f)$ の外側で正則になる. $|z_2| + \cdots + |z_n|$ が十分大きいときは
$f_1(\tau, z_2, \cdots, z_n) = 0$ となるから, u の定義式から, $u(z) = 0$ となる. する
と, 補題 1.4 から, 十分大きな半径の球の外では $u = 0$ となるから, $\text{supp}(u)$
はコンパクト集合である. (証明終)

定理 1.20 (Hartogs の拡張定理) $\Omega \subset \mathbb{C}^n$ は開集合で, $n > 1$ とする. K
は Ω のコンパクト部分集合で, $\Omega \backslash K$ は連結であると仮定する. すると,
$\Omega \backslash K$ で正則な関数 f に対して, Ω で正則な関数 $\hat{f}$ が存在して, $\Omega \backslash K$ 上で
$f = \hat{f}$ が成り立つ.

証明 $\varphi \in C_c^\infty(\Omega)$ は K の近傍で 1 となる関数とする. $f_0 = (1 - \varphi)f$ と
おく. K 上で $f_0 = 0$ と定義すれば, $f_0 \in C^\infty(\Omega)$ となる. $v \in C^\infty(\mathbb{C}^n)$ を
うまく選んで, $\hat{f} = f_0 - v$ が定理の条件を満たすようにしたい. $\Omega \backslash K$ で
$\bar{\partial} f = 0$ であるから, $(1 - \varphi)\bar{\partial} f = 0$ と仮定してよい. すると,

$$
\bar{\partial} f_0 = -f\bar{\partial}\varphi + (1 - \varphi)\bar{\partial} f = -f\bar{\partial}\varphi
$$

となる. $\text{supp}(\varphi) = K_1$ とおくと, K_1 はコンパクト集合で, $K \subset K_1 \subset \Omega$
となる. K の近傍と K_1^c で $\bar{\partial}\varphi = 0$ となるから, $g = -f\bar{\partial}\varphi$, $g = \sum_{j=1}^{n} g_j d\bar{z}_j$
とおいたとき, $g \in C_c^\infty(\mathbb{C}^n)$ となる. 定理 1.19 から $\bar{\partial} v = g$ を満たす
$v \in C_c^\infty(\mathbb{C}^n)$ が存在する. すると, $\bar{\partial}\hat{f} = \bar{\partial} f_0 - \bar{\partial} v = 0$ となるから, $\hat{f}$ は
Ω で正則である. v は K_1 の外側で正則で, $\text{supp}(v)$ はコンパクトであるか
ら, v は K_1^c の非有界な連結成分 C の上で 0 になる. $\partial C \subset \Omega \backslash \overset{\circ}{K}_1$ である
から, $V \subset \Omega \backslash K_1$ となる開集合 V が存在して, V 上で $v = 0$, $f_0 = f$ とな

る. すると, V 上で, $\hat{f} = f$ となる. $V \subset \Omega \backslash K$ で, $\Omega \backslash K$ は連結であるから, $\Omega \backslash K$ で $\hat{f} = f$ となる. (証明終)

1.6 Hartogs の定理

この節では定理 1.1 の証明を行う.

補題 1.16 $f(z)$ は $B(0,r) \subset \mathbb{C}$ で正則で, 定数 $M > 0$ が存在して, $|f(z)| \le M$ を満たすとする. すると, 次が成り立つ.

$$|f(z_1) - f(z_2)| \le 2Mr\frac{|z_2 - z_1|}{|r^2 - \bar{z}_1 z_2|} \qquad (z_1, z_2 \in B(0,r)).$$

証明 $w_1 = f(z_1)$, $w_2 = f(z_2)$ とおく. 1 次分数変換 $\Phi : B(0,r) \to B(0,1)$ と $\Psi : B(0,M) \to B(0,1)$ を

$$\Phi(z) = \frac{r(z - z_1)}{r^2 - \bar{z}_1 z}, \quad \Psi(w) = \frac{M(w - w_1)}{M^2 - \bar{w}_1 w}$$

によって定義する. $\Psi \circ f \circ \Phi^{-1} : B(0,1) \to B(0,1)$ は 0 を 0 に写す正則関数であるから, Schwarz の補題から, $|\Psi \circ f \circ \Phi^{-1}(z)| \le |z|$ が成り立つ. $z = \Phi(z_2)$ とおくと, $z_2 = \Phi^{-1}(z)$ となり, $|\Psi(w_2)| \le |\Phi(z_2)|$ となるから, 求める不等式を得る. (証明終)

補題 1.17 $f(z)$ は開集合 $\Omega \subset \mathbb{C}^n$ 上で定義された有界関数で, 各変数 z_j $(j = 1,2,\cdots,n)$ について 1 変数関数として正則とする. すると, $f(z)$ は Ω で連続になる.

証明 $f(z)$ は有界であるから, 定数 $M > 0$ が存在して, $|f(z)| \le M$ が成り立つ. 問題は局所的であるから, $\Omega = P(0,r)$ $(r = (r_1, \cdots, r_n))$ と仮定してよい. 補題 1.16 を用いると,

$$
\begin{aligned}
|f(z) - f(\zeta)| &= |f(z_1, \cdots, z_n) - f(\zeta_1, \cdots, \zeta_n)| \\
&\le \sum_{j=1}^{n} |f(\zeta_1, \cdots, \zeta_{j-1}, z_j, \cdots, z_n) - f(\zeta_1, \cdots, \zeta_j, z_{j+1}, \cdots, z_n)| \\
&\le \sum_{j=1}^{n} 2M\frac{r_j|z_j - \zeta_j|}{|r_j^2 - \bar{\zeta}_j z_j|}
\end{aligned}
$$

となるから, $z \to \zeta$ のとき, $f(z) \to f(\zeta)$ が成り立つ. よって, $f(z)$ は Ω で連続である. (証明終)

補題 1.18 $\Omega \subset \mathbb{C}$ は開集合で, $\{v_k\}$ は Ω における劣調和関数列とする. $\{v_k\}$ は Ω の任意のコンパクト部分集合で上に一様有界で, 定数 C が存在して, $\varlimsup_{k\to\infty} v_k(z) \le C \ (\forall z \in \Omega)$ が成り立つと仮定する. すると, 任意の $\varepsilon > 0$ と Ω の任意のコンパクト部分集合 K に対して, 正の整数 N が存在して, $k > N$ ならば, $v_k(z) \le C + \varepsilon \ (\forall z \in K)$ が成り立つ.

証明 $K \subset \Omega$ はコンパクト集合とする. コンパクト集合 K_1 を, $K \subset \overset{\circ}{K_1} \subset K_1 \subset \Omega$ を満たすようにとる. $\{v_k(z)\}$ は Ω において上に一様有界であると仮定してよい. すると, 定数 M が存在して, $v_k(z) \le M \ (z \in \Omega, k = 1, 2, 3, \cdots)$ が成り立つ, $v_k(z)$ の代わりに, $v_k(z) - M$ を考えることにより. $v_k(z) \le 0 \ (z \in \Omega, k = 1, 2, 3, \cdots)$ と仮定してよい. $r > 0$ を $K \subset \{z \in \Omega \mid d(z, \partial\Omega) > 3r\}$ となるように十分小さくとる. すると, $z \in K$ と $0 < \rho \le r$ に対して, $2\pi v_k(z) \le \int_0^{2\pi} v_k(z + \rho e^{i\theta}) d\theta$ が成り立つ. 上式の両辺に ρ をかけて, ρ について 0 から r まで積分すると,

$$\pi r^2 v_k(z) \le \iint_{|z-w|<r} v_k(w) du dv \qquad (w = u + iv)$$

が成り立つ. Fatou の補題を用いると,

$$\varlimsup_{k\to\infty} \iint_{|z-w|<r} v_k(w) du dv \le \iint_{|z-w|<r} \varlimsup_{k\to\infty} v_k(w) du dv \le \pi C r^2$$

となる. $z \in K$ に対して, 正の整数 $k_0(z)$ が存在して, $k \ge k_0(z)$ ならば,

$$\int_{|z-w|<r} v_k(w) du dv \le \pi \left(C + \frac{\varepsilon}{2} \right) r^2$$

となる. $0 < \delta < r$ とする. $|z - w| < \delta$ となる w に対して

$$\{z' \mid |z' - z| < r\} \subset \{z' \mid |z' - w| < r + \delta\}$$

となるから, $v_k \le 0$ であることから, $k \ge k_0(z)$ ならば,

$$\begin{aligned} \pi(r+\delta)^2 v_k(w) &\le \iint_{|z'-w|<r+\delta} v_k(z') dx' dy' \\ &\le \iint_{|z-z'|<r} v_k(z') dx' dy' \le \pi \left(C + \frac{\varepsilon}{2} \right) r^2 \end{aligned}$$

が成り立つ. よって, $k \geq k_0(z)$ のとき, $v_k(w) \leq (r/(r+\delta))^2 (C + (\varepsilon/2))$ を得る. δ を十分小さくとると, $k \geq k_0(z)$, $|w-z| < \delta$ のとき, $v_k(w) < C+\varepsilon$ が成り立つ. K はコンパクト集合であるから, $z^1, \cdots, z^m \in K$ が存在して, $K \subset \bigcup_{i=1}^{m} B(z^i, \delta)$ となる. $N = \max_{1 \leq i \leq m} \{k_0(z^i)\}$ とする. $w \in K$ とすると, i が存在して, $w \in B(z^i, \delta)$ となるから, $|w - z^i| < \delta$ となり, $v_k(w) < C+\varepsilon$ $(k > N)$ となる. (証明終)

定理 1.21 $f(z,w)$ は $P(a,R) = \{(z,w) \mid |z - a_1| < R, |w - a_2| < R\}$ において各変数 z と w に関して正則とする. $r > 0$ が存在して, $f(z,w)$ は $P' = \{(z,w) \mid |z - a_1| < r, |w - a_2| < R\}$ において有界であるとする. すると, $f(z,w)$ は $P(a,R)$ で連続になる.

証明 $a = (a_1, a_2) = 0$ と仮定してよい. $f(z,w)$ は固定した $w \in B(0,R)$ に対して, z の関数として $B(0,R)$ で正則であるから,

$$f(z,w) = \sum_{j=0}^{\infty} c_j(w) z^j \qquad ((z,w) \in P(0,R)) \tag{1.24}$$

と表される. 項別微分することにより, $c_j(w) = \frac{1}{j!} \frac{\partial^j f(0,w)}{\partial z^j}$ と表される. $0 < R' < R$ とする. 固定した w に対して, $f(z,w)$ は z の関数として $B(0,R)$ で正則であるから, $B' = B(0,R')$ とおくと,

$$c_j(w) = \frac{1}{j!} \frac{\partial^j f(0,w)}{\partial z^j} = \frac{1}{2\pi i} \int_{\partial B'} \frac{f(\zeta,w)}{\zeta^{j+1}} d\zeta \tag{1.25}$$

となる. 積分記号下で微分することにより, $\frac{\partial c_j(w)}{\partial \bar{w}} = 0$ となるから, $c_j(w)$ は $B(0,R)$ において正則になる. (1.25) から,

$$|c_j(w)| \leq \frac{1}{R'^j} \sup_{z \in B(0,R')} |f(z,w)| \tag{1.26}$$

となる. $0 < R_1 < R_2 < R' < R$ とする. すると, 固定した w $(|w| < R)$ に対して,

$$|c_j(w)| R_2^j \leq \left| \frac{R_2}{R'} \right|^j \sup_{z \in B(0,R')} |f(z,w)| \to 0 \quad (j \to \infty)$$

となるから, j が十分大きいならば,

$$|c_j(w)|R_2^j < 1 \tag{1.27}$$

となる. 仮定から, 定数 $M > 0$ が存在して, $|f(z,w)| \leq M$ $((z,w) \in P')$ となる. $0 < r' < r$ とする. (1.26) は $R' = r'$ のときも成り立つから, $|c_j(w)| \leq M/r'^j$ が成り立つ. $r' \to r$ とすると, $|c_j(w)|r^j \leq M$ $(|w| < R)$ が成り立つ. $j > 0$ に対して, $\varphi_j(w) = \frac{1}{j}\log|c_j(w)|$ と定義すると, $\varphi_j(w)$ は $|w| < R$ における劣調和関数である. $|w| < R$ のとき,

$$\varphi_j(w) = \frac{1}{j}\log|c_j(w)| \leq -\log r + \frac{1}{j}\log M \leq -\log r + \log M$$

となるから, $\{\varphi_j(w)\}$ は $|w| < R$ において上に一様有界である. j を十分大きくとると, (1.27) から, $\varphi_j(w) < -\log R_2$ となるから, 補題 1.18 から, j をさらに大きくとると, $\varphi_j(w) \leq -\log R_1$ $(|w| < R_1)$ となる. すると, $|c_j(w)|R_1^j \leq 1$ $(|w| < R_1)$ が成り立つ. 任意のコンパクト集合 $K \subset P(0,R)$ に対して, $K \subset P(0,R'')$, $R'' < R_1$ となるように, R'', R_1 を選ぶ. すると, $(z,w) \in K$ のとき,

$$|c_j(w)z^j| = |c_j(w)|R_1^j\left(\frac{|z|}{R_1}\right)^j \leq \left(\frac{R''}{R_1}\right)^j$$

となるから, (1.24) の右辺の級数は K 上で一様収束する, よって, $f(z,w)$ は K 上で連続になる. K は任意であるから, $f(z,w)$ は $P(0,R)$ で連続である. (証明終)

定理 1.22　$f(z,w)$ は開集合 $\Omega \subset \mathbb{C}^2$ において各変数 z と w について正則とする. 多重円板 $P = P_1 \times P_2$ は $\overline{P} \subset \Omega$ を満たすとする. すると, 開円板 $P_j' \subset P_j$ $(j = 1,2)$ が存在して, $P_2 = P_2'$ を満たし, かつ $f(z,w)$ は $P' = P_1' \times P_2'$ において有界になる.

証明　自然数 m に対して,

$$E_m(w) = \{z \in P_1 \mid |f(z,w)| \leq m\}, \quad E_m = \bigcap_{w \in P_2} E_m(w)$$

とおく. すると, E_m は P_1 の閉集合である. よって, E_m^c は P_1 の開集合になる. $z \in P_1$ とすると, $f(z,w)$ は w について正則であるから, 正の整

数 m が存在して, $w \in \overline{P_2}$ のとき, $|f(z,w)| \leq m$ となる. すると, $z \in E_m$ となるから, $z \in \bigcup_{m=1}^{\infty} E_m$ となる. よって, $\bigcup_{m=1}^{\infty} E_m = P_1$ となる. E_m ($m = 1, 2, \cdots$) はすべて内点をもたないとすると, E_m^c はすべて稠密な開集合になる. Baire の定理 (練習問題 1.3) から, $\bigcap_{m=1}^{\infty} E_m^c$ は稠密な集合になる. 一方, $\bigcap_{m=1}^{\infty} E_m^c = \left(\bigcup_{m=1}^{\infty} E_m \right)^c = \phi$ となるから矛盾である. よって, m が存在して, E_m は内点をもつ. すると, 多重円板 $P' = P_1' \times P_2'$ を $P' \subset E_m \times P_2$, $P_2' = P_2$ となるように選ぶことができる. すると, $(z,w) \in P'$ のとき, $z \in E_m$ となるから, $|f(z,w)| \leq m$ となるから, $f(z,w)$ は P' で有界になる. (証明終)

定理 1.1 の証明　$n = 2$ の場合を証明する. $\zeta^0 = (\zeta_1^0, \zeta_2^0) \in \Omega$ とする. $R > 0$ を $\overline{P}(\zeta^0, 2R) = \{(\zeta_1, \zeta_2) \mid |\zeta_1 - \zeta_1^0| \leq 2R, |\zeta_2 - \zeta_2^0| \leq 2R\} \subset \Omega$ となるように選ぶ. 定理 1.22 から, $z_1^0 \in P_1(\zeta_1^0, R)$ と $r > 0$ が存在して, $P_1' = B(z_1^0, r) \subset P_1(\zeta_1^0, R)$ を満たし, かつ, $f(z,w)$ は $P_1' \times P_2(\zeta_2^0, 2R)$ で有界になる. $z_2^0 = \zeta_2^0, z_0 = (z_1^0, z_2^0)$ とする. すると, 定理 1.21 から, $f(z,w)$ は $P(z_0, 2R)$ で連続になる. $\zeta^0 \in P(z_0, 2R)$ だから, $f(z,w)$ は ζ^0 で連続である. (証明終)

1.7　双正則写像

定義 1.18　D_1 と D_2 は $\mathbb{C}^n$ の開集合とする. 写像 $F : D_1 \to D_2$ が双正則写像 (biholomorphic mapping) であるとは, $F : D_1 \to D_2$ は正則かつ全単射で, 逆写像 $F^{-1} : D_2 \to D_1$ も正則写像になることである.

定理 1.23　$\Omega \subset \mathbb{C}^n$ は開集合で, $F = (f_1, \cdots, f_n) : \Omega \to \mathbb{C}^n$ は正則写像とする. $z_0 \in \Omega$, $F(z_0) = w_0$ とする. $\det J_F(z_0) \neq 0$ ならば, z_0 の近傍 U と w_0 の近傍 V が存在して, $F : U \to V$ は双正則写像になる. ここで, $J_F = \left(\frac{\partial f_j}{\partial z_k} \right)$ である.

証明　$F : W \subset \mathbb{R}^{2n} \to \mathbb{R}^{2n}$ と考えると, 補題 1.5 から, F の z_0 における実関数行列式 $\neq 0$ となるから, 実解析学においてよく知られた定理より, z_0 の近傍 U と w_0 の近傍 V が存在して, U で, $\det J_F \neq 0$ となり, かつ

$F : U \to V$ は C^1 同型となる. $F^{-1}(w) = (g_1(w), \cdots, g_n(w))$ とすると, $F^{-1} \circ F(z) = z$ であるから, $g_j(f_1(z), \cdots, f_n(z)) = z_j$ となる. $\bar{z}_k$ で微分すると,

$$0 = \frac{\partial z_j}{\partial \bar{z}_k} = \sum_{\ell=1}^{n} \frac{\partial g_j}{\partial \bar{w}_\ell}(F(z)) \frac{\partial \bar{f}_\ell}{\partial \bar{z}_k}(z) \qquad (j, k = 1, \cdots, n)$$

となるから, Cramer の公式から, $\frac{\partial g_j}{\partial \bar{w}_\ell}(F(z)) = 0/\det\overline{J_F(z)} = 0$ となり, $g_j(w)$ は V で正則になる. (証明終)

定理 1.24　$\Omega \subset \mathbb{C}^n$ は開集合とする. 正則写像 $F : \Omega \to \mathbb{C}^n$ が単射ならば, 任意の $z \in \Omega$ に対して, $\det J_F(z) \neq 0$ となる.

証明　n に関する帰納法で証明する. 練習問題 1.13 より, $n = 1$ のとき定理は成立する. $n - 1$ のとき成り立つと仮定する. この仮定の下で次の命題 1.1 を証明する.

命題 1.1　$\Omega \subset \mathbb{C}^n$ は開集合で, $a \in \Omega$, 正則写像 $F : \Omega \to \mathbb{C}^n$ は単射とする. $J_F(a) \neq \mathbf{0}$ ならば, $\det J_F(a) \neq 0$ となる.

命題 1.1 の証明　$F = (f_1, \cdots, f_n)$ とする. $J_F(a) \neq \mathbf{0}$ であるから, $\frac{\partial f_n}{\partial z_n}(a) \neq 0$ と仮定してよい. $\varphi(z) = (z_1, \cdots, z_{n-1}, f_n(z))$ とおく. すると, $\det J_\varphi(a) = \frac{\partial f_n}{\partial z_n}(a) \neq 0$ となる. 定理 1.23 より, a の近傍 U と $\varphi(a) = b$ の近傍 V が存在して, $\varphi : U \to V$ は双正則写像になる. $\varphi(z) = w$ とおくと, $z = \varphi^{-1}(w)$, $f_n(z) = w_n$ であるから, $f_n(\varphi^{-1}(w)) = f_n(z) = w_n$ となる. $\widetilde{F} = F \circ \varphi^{-1}$ とおくと, $\widetilde{F}$ は V 上で単射になる. また,

$$\widetilde{F}(w) = F(\varphi^{-1}(w)) = (f_1(\varphi^{-1}(w)), \cdots, f_{n-1}(\varphi^{-1}(w)), w_n)$$

となる. $f_j(\varphi^{-1}(w)) = g_j(w)$ $(j = 1, \cdots, n-1)$ とおくと, $g_1, \cdots, g_{n-1}$ は $b = \varphi(a)$ の近傍で正則で, $\widetilde{F}(w) = (g_1(w), \cdots, g_{n-1}(w), w_n)$ と表される. $w' = (w_1, \cdots, w_{n-1})$, $G(w') = (g_1(w', b_n), \cdots, g_{n-1}(w', b_n))$ とおく. すると, G は $b' = (b_1, \cdots, b_{n-1})$ のある近傍で単射になる. 帰納法の仮定より, $0 \neq \det J_G(b') = \det J_{\widetilde{F}}(b)$ となる. 一方, $\widetilde{F}(w) = (f_1(\varphi^{-1}(w), \cdots, f_n(\varphi^{-1}(w))$ であるから,

$$0 \neq \det J_{\widetilde{F}}(b) = \det J_F(a) \det J_{\varphi^{-1}}(b)$$

となり, $\det J_F(a) \neq 0$ となる. (命題 1.1 の証明終)

定理 1.24 の証明を続ける. $h = \det J_F \in \mathcal{O}(\Omega)$, $Z(h) = \{z \in \Omega \mid h(z) = 0\}$ とおく. $Z(h) \neq \phi$ と仮定する. すると, $Z(h)$ は $n-1$ 次元部分多様体 M を含む. 命題 1.1 より, $J_F(z) = \mathbf{0}$ $(z \in Z(h))$ となるから, $z \in M$ に対して, $J_F(z) = 0$ となる. すると, $\frac{\partial f_i(z)}{\partial z_j} = 0$ $(z \in M, i, j = 1, \cdots, n)$ となるから, F は M 上で局所定数になる. $\dim_{\mathbb{C}} M = n-1 > 0$ であるから, F が単射であることに矛盾する. よって, $\det J_F(z) \neq 0$ $(\forall z \in \Omega)$ となる. (証明終)

定理 1.25 $\Omega \subset \mathbb{C}^n$ は開集合とする. 正則写像 $F : \Omega \to \mathbb{C}^n$ が単射ならば, $F : \Omega \to F(\Omega)$ は双正則写像である.

証明 定理 1.24 より, $\det J_F(z) \neq 0$ $(\forall z \in \Omega)$ となる. 定理 1.23 より, $z \in \Omega$ に対して, z の近傍 U_z と $F(z)$ の近傍 $V_{F(z)}$ が存在して, $F : U_z \to V_{F(z)}$ は全単射で, $F^{-1} : V_{F(z)} \to U_z$ は正則写像になる. $\Omega = \bigcup_{z \in \Omega} U_z$, $F(\Omega) = \bigcup_{z \in \Omega} V_{F(z)}$ となるから, $F(\Omega)$ は開集合で, $F^{-1} : F(\Omega) \to \Omega$ は正則写像になる. (証明終)

練習問題 1

1.1 $\Omega \subset \mathbb{R}^n$ は開集合とする. このとき, 次を示せ.

(1) Ω 上の関数 $u : \Omega \to \{-\infty\} \cup \mathbb{R}$ が上半連続であるための必要十分条件は次が成り立つことである.

$$\limsup_{x \to a, x \in \Omega} u(x) := \lim_{\delta \to 0} \left(\sup_{|x-a| < \delta} \right) u(x) \leq u(a). \qquad (1.28)$$

(2) Ω 上の上半連続関数 $u : \Omega \to \{-\infty\} \cup \mathbb{R}$ は $u \not\equiv -\infty$ のとき, Ω のコンパクト部分集合 K 上で最大値をとる.

1.2 $(x, y) \in \mathbb{R}^2$ に対して, $f(x, y) = \frac{xy}{x^2+y^2}$ $((x, y) \neq (0, 0))$, $f(0, 0) = 0$ と定義すると, $f(x, y)$ は x と y について偏微分可能であるが, $(0, 0)$ で連続ではないことを示せ.

1.3 (Baire の定理) X は完備距離空間とする. すると, X の稠密な開部分集合の可算個の共通部分は X において稠密であることを示せ.

1.4 f は $\mathbb{R}$ 上の負でない実数値関数で, $\mathbb{R}$ の任意のコンパクト集合上で有界とする. すると, $\chi \in C^\infty(\mathbb{R})$ が存在して, $\chi \geq f, \chi' \geq f, \chi'' \geq 0$ を満たすことを示せ. さらに, t_0 が存在して, $f(t) = 0$ $(t \leq t_0)$ となるときは, $\chi(t) = 0$ $(t \leq t_0 - 5)$ を満たすようにできることを示せ.

1.5 Ω は $\mathbb{C}^n$ の開集合で, $\Omega \neq \mathbb{C}^n$ とする. $\varphi(z) = d(z, \partial\Omega)$ $(z \in \Omega)$ と定義すると, $\varphi(z)$ は Ω で連続であることを示せ.

1.6 $a \in \mathbb{R}$ とする. $f(x)$ は $x = a$ で微分可能で, $f(a) = 0$ とする. $h(x)$ は $x = a$ で連続とする. $\varphi(x) = f(x)h(x)$ とすると. $\varphi(x)$ は $x = a$ で微分可能で, $\varphi'(a) = h(a)f'(a)$ が成り立つことを示せ.

1.7 $u(z)$ は $\partial B(a, R)$ 上の実数値連続関数とする. $z \in B(a, R)$ に対して,

$$U(z) = \frac{1}{2\pi} \int_0^{2\pi} \frac{R^2 - |z-a|^2}{|a + Re^{i\varphi} - z|^2} u(a + Re^{i\varphi}) d\varphi \qquad (1.29)$$

と定義すると, $U(z)$ は $B(a, R)$ で調和関数になることを示せ. さらに, $z \in \partial B(a, R)$ に対して $U(z) = u(z)$ と定義すると, $U(z)$ は閉円板 $\bar{B}(a, R)$ において連続になることを示せ. (1.29) の右辺の積分を Poisson 積分という.

1.8 (Krantz[KR]) $\Omega \subset \mathbb{C}$ は開集合とする. $f : \Omega \to \mathbb{R} \cup \{-\infty\}$ は上半連続かつ上に有界とする. すると, 上に有界な実数値連続関数列 $\{f_j(z)\}$ で, 次を満たすものが存在することを示せ.

$$f_1(z) \geq f_2(z) \geq f_3(z) \geq \cdots, \qquad f_j(z) \to f(z) \qquad (z \in \Omega).$$

1.9 Ω は複素平面上の開集合で, $u(z)$ は Ω における劣調和関数とする. $a \in \Omega$ と $0 < r < d(a, \partial\Omega)$ を満たす r に対して

$$A(r) = \frac{1}{2\pi} \int_0^{2\pi} u(a + re^{i\theta}) d\theta$$

と定義すると, $0 < r_1 < r_2 < d(a, \partial\Omega)$ ならば $A(r_1) \leq A(r_2)$ が成り立つことを示せ.

1.10 $\Omega \subset \mathbb{C}$ は開集合とする. 実数値関数 $u \in C^2(\Omega)$ が劣調和関数であるための必要十分条件は, $\frac{\partial^2 u(z)}{\partial z \partial \bar{z}} \geq 0$ $(z \in \Omega)$ であることを示せ.

1.11 (開写像定理) $\Omega \subset \mathbb{C}$ は開集合で, $f(z)$ は Ω で正則で, 定数ではないとする. すると, $f(\Omega)$ は開集合であることを示せ.

1.12 単連結領域 $\Omega \subset \mathbb{C}$ で $u(z)$ は調和とする. すると, Ω における調和関数 $u^*(z)$ が存在して, $f(z) = u(z) + iu^*(z)$ は Ω で正則になる. $u^*(z)$ を $u(z)$ の共役調和関数という.

1.13 $\Omega \subset \mathbb{C}$ は開集合とする. $f(z)$ は Ω で正則で, かつ $f : \Omega \to \mathbb{C}$ は単射とする. すると, $f'(z) \neq 0$ $(\forall z \in \Omega)$ となることを示せ.

1.14 (Riemann の除去可能定理) $f(z)$ は $0 < |z - a| < R$ で正則で, かつ, L^2 可積分とする. すると, $f(z)$ は $|z - a| < R$ で正則になることを示せ (すなわち, a は $f(z)$ の除去可能な特異点である).

1.15 $g(z)$ は開集合 $\Omega \subset \mathbb{C}^n$ における恒等的に 0 ではない正則関数とする. $X = \{z \in \Omega \mid g(z) = 0\}$ とする. $f(z)$ は $\Omega \backslash X$ で正則で, そこで局所 L^2 可積分とする. すると, Ω で正則な関数 $\tilde{f}(z)$ が存在して, $\Omega \backslash X$ で $f = \tilde{f}$ となることを示せ.

1.16 $\Omega \subset \mathbb{C}^n$ は開集合で, $f_j \in \mathcal{O}(\Omega)$ $(j = 1, \cdots, N)$ とする. すると, $\log(|f_1|^2 + \cdots + |f_N|^2)$ は Ω で多重劣調和であることを示せ.

1.17 定理 1.15 において, 条件 (1.16) は定義関数の取り方には関係しないことを示せ.

1.18 u は開集合 $\Omega \subset \mathbb{C}^n$ 上の多重劣調和関数で, $u \not\equiv -\infty$ とする. このとき次を示せ.

   (1) $u \in L^1_{\text{loc}}(\Omega)$.

   (2) $\{z \in \Omega \mid u(z) = -\infty\}$ は Lebesgue 測度 0 である.

1.19 (Krantz and Parks[KRP]) $0 < \varepsilon < 1, a > 0$ とする. $f(x) = |x|^{2-\varepsilon}$ $(-1 < x < 1)$ と定義すると, $\gamma : y = f(x)$ は C^1 曲線であるが,

$P(0,a)$ から γ への最短距離を与える点が γ 上に少なくとも 2 点存在することを示せ.

1.20 C は平面上の C^1 曲線とする. 点 A(a,b) は C 上にない固定した点とする. P $\in C$ は A から C までの最短距離を与える点とする. すると, 直線 AP は P における曲線 C の法線になることを示せ.

1.21 $\Omega \subset \mathbb{C}^n$ は C^k $(k \geq 2)$ 境界をもつ領域とする. すると, $\partial\Omega$ の近傍 U が存在して, 各点 $z \in U$ に対して, $|z - w| = d(z, \partial\Omega)$ となる $w \in \partial\Omega$ がただ 1 つ存在することを示せ.

1.22 $\Omega \subset \mathbb{C}^n$ は C^k $(k \geq 2)$ 境界をもつ領域とする. すると, $\partial\Omega$ の近傍 U が存在して, U 上の関数 $\delta(z)$ を

$$\delta(z) = \begin{cases} -d(z, \partial\Omega) & (z \in \Omega \cap U) \\ d(z, \partial\Omega) & (z \in U \backslash \Omega) \end{cases}$$

と定義すると, $\delta(z)$ は U 上の C^k 級関数で, $|\nabla\delta(z)| = 1$ $(z \in \partial\Omega)$ となることを示せ.

1.23 $\mathcal{F} = \{f_\lambda\}_{\lambda \in \Lambda}$ は開集合 $\Omega \subset \mathbb{C}^n$ で正則な関数の族とする. このとき, 次を示せ.

(1) $\mathcal{F}$ は Ω の任意のコンパクト部分集合上で一様に有界であるとする. すると, $\mathcal{F}$ は Ω の任意のコンパクト部分集合上で同程度連続になる.

(2) (Montel の定理) $\mathcal{F}$ が Ω の任意のコンパクト部分集合上で一様に有界ならば, $\mathcal{F}$ の任意の関数列は Ω の任意のコンパクト部分集合上で一様収束する部分列を含む.

第2章 強擬凸領域と強凸領域

2.1 強擬凸領域

定義 2.1 (強擬凸領域) $\Omega \Subset \mathbb{C}^n$ は有界領域とする. Ω が強擬凸であるとは, $\partial\Omega$ の近傍 U と, U における C^2 級強多重劣調和関数 $\rho(z)$ が存在して, $\Omega \cap U = \{z \in U \mid \rho(z) < 0\}$ が成り立つことである.

注意 2.1 強擬凸領域の定義において有界領域であることは仮定するが, 境界が滑らか (すなわち, $\partial\Omega$ 上で $d\rho \neq 0$) は仮定しない. 境界が滑らかでない強擬凸領域が存在する (練習問題 2.1 参照).

定理 2.1 $\Omega \subset \mathbb{C}^n$ は開集合とする. $\rho(z)$ は Ω で強多重劣調和とする. すると, Ω における連続関数 $m(z) > 0$ が存在して, 次が成り立つ.

$$\sum_{j,k=1}^{n} \frac{\partial^2 \rho(z)}{\partial z_j \partial \bar{z}_k} w_j \bar{w}_k \geq m(z)|w|^2 \qquad (z \in \Omega, \ w \in \mathbb{C}^n).$$

証明 $z \in \Omega$, $w = (w_1, \cdots, w_n) \in \mathbb{C}^n$ に対して,

$$f(z,w) = \sum_{j,k=1}^{n} \frac{\partial^2 \rho(z)}{\partial z_j \partial \bar{z}_k} w_j \bar{w}_k$$

とおくと, $w \neq 0$ のとき, $f(z,w) > 0$ となるから, $m(z) = \inf_{|w|=1} f(z,w)$ とおくと, $m(z) > 0$ である. 次に, $m(z)$ は Ω で連続になることを示す. $z_0 \in \Omega$ とする. $r > 0$ を, $\bar{B}(z_0, r) \subset \Omega$ となるようにとる. $K = \bar{B}(z_0, r) \times \{w \in \mathbb{C}^n \mid |w| = 1\}$ とおくと, $f(z,w)$ はコンパクト集合 K において連続であるから, K で一様連続になる. 任意の $\varepsilon > 0$ に対して, δ $(0 < \delta < r/2)$ が存在して, $(z,w) \in K$, $(z',w') \in K$, $|(z,w) - (z',w')| < \delta$

ならば, $|f(z,w) - f(z',w')| < \varepsilon$ となる. $|z_1 - z_0| < \delta$ とする. w_0, w_1 ($|w_0| = |w_1| = 1$) が存在して,

$$m(z_0) = \inf_{|w|=1} f(z_0,w) = f(z_0,w_0),$$
$$m(z_1) = \inf_{|w|=1} f(z_1,w) = f(z_1,w_1)$$

と表されるから,

$$f(z_1,w_1) - \varepsilon \le f(z_1,w_0) - \varepsilon < f(z_0,w_0) \le f(z_0,w_1) \le f(z_1,w_1) + \varepsilon$$

が成り立つ. すると, $|m(z_1) - m(z_0)| < \varepsilon$ となるから, $m(z)$ は Ω で連続になる. 一方, $w \ne 0$ のとき,

$$\sum_{j,k=1}^{n} \frac{\partial^2 \rho(z)}{\partial z_j \partial \bar{z}_k} \left(\frac{w_j}{|w|}\right) \left(\frac{\bar{w}_k}{|w|}\right) \ge m(z)$$

となるから, 求める不等式を得る. (証明終)

系 2.1　Ω は $\mathbb{C}^n$ における開集合で, K は Ω のコンパクト部分集合とする. $\rho(z)$ は Ω で強多重劣調和とする. すると, 定数 $C = C(K) > 0$ が存在して, $z \in K$ と $w = (w_1, \cdots, w_n) \in \mathbb{C}^n$ に対して, 次が成り立つ.

$$\sum_{j,k=1}^{n} \frac{\partial^2 \rho(z)}{\partial z_j \partial \bar{z}_k} w_j \bar{w}_k \ge C|w|^2.$$

証明　定理 2.1 において, $C = \inf_{z \in K} m(z)$ とおけばよい. (証明終)

定理 2.2　$\Omega \subset \mathbb{C}^n$ は擬凸開集合とすると, Ω 上の C^∞ 級強多重劣調和関数 $\rho(z)$ が存在して, 任意の実数 C に対して, $\Omega_C = \{z \in \Omega \mid \rho(z) < C\} \Subset \Omega$ が成り立つ.

証明　$\delta(z) = d(z, \partial\Omega)$ とおくと, $-\log\delta(z)$ は Ω で連続多重劣調和である.

$$\varphi(z) = -\log\delta(z) + |z|^2, \qquad \Omega_C = \{z \in \Omega \mid \varphi(z) < C\}$$

と定義する. $z \in \Omega_C$ のとき, $|z|^2 < C$, $d(z,\partial\Omega) > e^{-C}$ となるから, $\Omega_C \Subset \Omega$ となる. $z \in \overline{\Omega}_j$ のとき, $\{\zeta = z - \varepsilon_j w \mid |w| \le 1\} \Subset \Omega_{j+1}$ を満たす

ように $\varepsilon_j > 0$ を十分小さくとる. Φ は補題 1.6 における関数とするとき,

$$\varphi_j^{(\varepsilon_j)}(z) = \int_{|w|<1} \varphi(z - \varepsilon_j w)\Phi(w)dV(w) + \varepsilon_j|z|^2$$

とおく. 変数変換 $z - \varepsilon_j w = \zeta$ を行うと, $dV(w) = \varepsilon_j^{-2n}dV(\zeta)$ となるから, $|\zeta - z| \geq \varepsilon_j$ のとき $\Phi(\frac{z-\zeta}{\varepsilon_j}) = 0$ を考慮すると,

$$\varphi_j^{(\varepsilon_j)}(z) = \int_{\Omega_{j+1}} \varphi(\zeta)\Phi\left(\frac{z-\zeta}{\varepsilon_j}\right)\varepsilon_j^{-2n}dV(\zeta) + \varepsilon_j|z|^2 \qquad (j = 0,1,\cdots)$$

となる. z に関して積分記号下で微分することにより, $\varphi_j^{(\varepsilon_j)} \in C^\infty(\mathbb{C}^n)$ となる. 定理 1.6 から, $\varphi_j^{(\varepsilon_j)}(z)$ は $\overline{\Omega}_j$ の近傍で強多重劣調和で, $\varepsilon_j \downarrow 0$ (j は動かさない) のとき, $\varphi_j^{(\varepsilon_j)}(z) \downarrow \varphi(z)$ となる. Dini の定理 (練習問題 2.7) から, $\varepsilon_j \downarrow 0$ のとき $\{\varphi_j^{(\varepsilon_j)}\}$ は φ に $\overline{\Omega}_j$ 上で一様収束するから, $\varepsilon_j > 0$ を十分小さくとると, $\overline{\Omega}_j$ で $\varphi \leq \varphi_j^{(\varepsilon_j)} < \varphi + 1$ となる. $\chi \in C^\infty(\mathbb{R})$ は $t \leq 0$ のとき $\chi(t) = 0$, $t > 0$ のとき $\chi(t) > 0$, $\chi'(t) > 0$, $\chi''(t) > 0$ を満たすとする (練習問題 2.4 参照). $\Psi_j(z) = \chi(\varphi_j^{(\varepsilon_j)}(z) + 2 - j)$ $(j = 0,1,2,\cdots)$ とおく. すると, $z \in \overline{\Omega}_j$ のとき,

$$\sum_{i,k=1}^n \frac{\partial^2 \Psi_j(z)}{\partial z_i \partial \bar{z}_k} w_i \bar{w}_k = \chi''(\varphi_j^{(\varepsilon_j)} + 2 - j)\left|\sum_{i=1}^n \frac{\partial \varphi_j^{(\varepsilon_j)}(z)}{\partial z_i}w_i\right|^2$$

$$+ \chi'(\varphi_j^{(\varepsilon_j)} + 2 - j)\sum_{i,k=1}^n \frac{\partial^2 \varphi_j^{(\varepsilon_j)}(z)}{\partial z_i \partial \bar{z}_k}w_i\bar{w}_k \geq 0 \qquad (2.1)$$

となる. よって, $\Psi_j(z)$ は $\overline{\Omega}_j$ の近傍で多重劣調和で, $\Psi_j(z) \geq 0$ となる. $\overline{\Omega}_j \setminus \Omega_{j-1}$ において, $j - 1 \leq \varphi(z) \leq j$ で, $\varphi(z) \leq \varphi_j^{(\varepsilon_j)}(z) < \varphi(z) + 1$ であるから, $1 \leq \varphi_j^{(\varepsilon_j)}(z) + 2 - j \leq 3$ となる. すると, $\overline{\Omega}_j \setminus \Omega_{j-1}$ の近傍において, $w = (w_1, \cdots, w_n) \neq 0$ のとき, (2.1) から, $\sum_{i,k=1}^n \frac{\partial^2 \Psi_j(z)}{\partial z_i \partial \bar{z}_k}w_i\bar{w}_k > 0$ となる. よって, $\Psi_j(z)$ は $\overline{\Omega}_j \setminus \Omega_{j-1}$ の近傍で強多重劣調和である. $a_1 > 0$ に対して, $\overline{\Omega}_0$ の近傍で, $\varphi_0^{(\varepsilon_0)} + a_1\Psi_1 \geq \varphi$ となり, かつ, そこで $\varphi_0^{(\varepsilon_0)} + a_1\Psi_1$ は強多重劣調和である. $\Psi_1(z)$ は $\overline{\Omega}_1 \setminus \Omega_0$ の近傍で強多重劣調和であるから, 系 2.1 から, 定数 $C > 0$ が存在して, $\overline{\Omega}_1 \setminus \Omega_0$ の近傍で, $\sum_{i,j=1}^n \frac{\partial^2 \Psi_1(z)}{\partial z_i \partial \bar{z}_j}w_i\bar{w}_j \geq C|w|^2$

となる. $a_1 > 0$ を十分大きくとると, $\overline{\Omega}_1 \backslash \Omega_0$ の近傍で, $w \neq 0$ のとき, $C_1 > 0$ が存在して

$$a_1 \sum_{i,j=1}^n \frac{\partial^2 \Psi_1}{\partial z_i \partial \bar{z}_j}(z) w_i \bar{w}_j + \sum_{i,j=1}^n \frac{\partial^2 \varphi_0^{(\varepsilon_0)}}{\partial z_i \partial \bar{z}_j}(z) w_i \bar{w}_j \geq a_1 C |w|^2 - C_1 |w|^2 > 0$$

が成り立つ. よって, $u_1 = \varphi_0^{(\varepsilon_0)} + a_1 \Psi_1$ は $\overline{\Omega}_1$ の近傍で強多重劣調和で, $u_1 \geq \varphi$ となる. この操作を繰り返すと, 正数 $a_1, \cdots, a_m$ が存在して, $u_m = \varphi_0^{(\varepsilon_0)} + \sum_{j=1}^m a_j \Psi_j$ は $\overline{\Omega}_m$ の近傍で強多重劣調和で, $u_m \geq \varphi$ となる. $z \in \overline{\Omega}_j$ のとき, $k \geq j+3$ ならば, $\varphi_k^{(\varepsilon_k)}(z) + 2 - k < \varphi(z) + 3 - k \leq 0$ となるから, $\Psi_k(z) = 0$ となる. よって, $\rho = \varphi_0^{(\varepsilon_0)} + \sum_{k=1}^\infty a_k \Psi_k$ とすると, $\rho(z)$ は Ω で強多重劣調和で, $\rho \in C^\infty(\Omega)$, $\rho \geq \varphi$ となるから, 実数 C に対して, $\{z \in \Omega \mid \rho(z) < C\} \subset \{z \in \Omega \mid \varphi(z) < C\} \Subset \Omega$ が成り立つ. （証明終）

定理 2.3 $\Omega \Subset \mathbb{C}^n$ は C^2 境界をもつ領域で, U は $\partial\Omega \subset U$ を満たす開集合とする. $\rho \in C^2(U)$ は Ω の定義関数とする. ρ が次の条件 (S) を満たすならば, Ω は強擬凸領域である.

(S) $\sum_{j=1}^n \frac{\partial\rho}{\partial z_j}(z) w_j = 0$ を満たす任意の $z \in \partial\Omega$ と $w \in \mathbb{C}^n \backslash \{0\}$ に対して,

$$\sum_{j,k=1}^n \frac{\partial^2 \rho}{\partial z_j \partial \bar{z}_k}(z) w_j \bar{w}_k > 0.$$

証明 $A > 0$ に対して, $\tilde{\rho}(z) = \rho(z) e^{A\rho(z)}$ とおくと, $\tilde{\rho}$ は Ω の定義関数になる. $P \in \partial\Omega$ とする. すると,

$$\sum_{j,k=1}^n \frac{\partial^2 \tilde{\rho}}{\partial z_j \partial \bar{z}_k}(P) w_j \bar{w}_k$$
$$= e^{A\rho(P)} \left(\sum_{j,k=1}^n \frac{\partial^2 \rho}{\partial z_j \partial \bar{z}_k}(P) w_j \bar{w}_k + 2A \left| \sum_{j=1}^n \frac{\partial\rho}{\partial z_j}(P) w_j \right|^2 \right) \quad (2.2)$$

が成り立つ.

$$K = \{ w \in \mathbb{C}^n \mid |w| = 1, \ \sum_{j,k=1}^n \frac{\partial^2 \rho}{\partial z_j \partial \bar{z}_k}(P) w_j \bar{w}_k \leq 0 \}$$

とおくと, K はコンパクト集合である. さらに, $|w| = 1$ のとき,

$$\sum_{j=1}^{n} \frac{\partial \rho}{\partial z_j}(P)w_j = 0 \Longrightarrow \sum_{j,k} \frac{\partial^2 \rho}{\partial z_j \partial \bar{z}_k}(P)w_j \bar{w}_j > 0$$

となるから, 対偶をとることにより,

$$K \subset \{w \in \mathbb{C}^n \mid |w| = 1, \ \sum_{j=1}^{n} \frac{\partial \rho}{\partial z_j}(P)w_j \neq 0\}$$

となる. よって, $\min\limits_{w \in K} | \sum\limits_{j=1}^{n} \frac{\partial \rho}{\partial z_j}(P)w_j| = m > 0$ となる. そこで,

$$A = -\frac{\min\limits_{w \in K} \sum\limits_{j,k=1}^{n} \frac{\partial^2 \rho}{\partial z_j \partial \bar{z}_k}(P)w_j \bar{w}_k}{m^2} + 1$$

とおくと, $A > 0$ で, $w \in K$ のとき, (2.2) から,

$$\sum_{j,k=1}^{n} \frac{\partial^2 \tilde{\rho}}{\partial z_j \partial \bar{z}_k}(P)w_j \bar{w}_k$$

$$\geq e^{A\rho(P)} \left(\min_{w \in K} \sum_{j,k=1}^{n} \frac{\partial^2 \rho}{\partial z_j \partial \bar{z}_k}(P)w_j \bar{w}_k + 2Am^2 \right)$$

$$= e^{A\rho(P)}(-Am^2 + m^2 + 2Am^2) > 0$$

となる. $|w| = 1$, $w \notin K$ のときは, $\sum\limits_{j,k=1}^{n} \frac{\partial^2 \rho}{\partial z_j \partial \bar{z}_k}(P)w_j \bar{w}_k > 0$ となるから,

(2.2) から, $\sum\limits_{j,k=1}^{n} \frac{\partial^2 \tilde{\rho}}{\partial z_j \partial \bar{z}_k}(P)w_j \bar{w}_k > 0$ となる. したがって, $|w| = 1$ のとき,

$\sum\limits_{j,k=1}^{n} \frac{\partial^2 \tilde{\rho}}{\partial z_j \partial \bar{z}_k}(P)w_j \bar{w}_k > 0$ となるから, Ω は強擬凸領域である. (証明終)

定理 2.4 $\Omega \Subset \mathbb{C}^n$ は強擬凸領域とする. すると, 各点 $p \in \partial\Omega$ に対して, p の近傍 ω が存在して, $\Omega \cap \omega$ は正則領域になる.

証明 U と ρ は定義 2.1 におけるものとする. $p \in \partial\Omega$ を中心とする球 $W = B(p,r)$ を $W \Subset U$ となるようにとる. すると, 系 2.1 と (1.15) から, 定数 $c > 0$ と $\varepsilon > 0$ が存在して, $\zeta \in W$, $|\zeta - z| < \varepsilon$ ならば,

$$\text{Re}F(z,\zeta) \geq \rho(\zeta) - \rho(z) + c|z - \zeta|^2 \tag{2.3}$$

が成り立つ. ここで, $F(z,\zeta)$ は Levi 多項式である. $F(z,\zeta)$ は z に関して $\mathbb{C}^n$ で正則で, $F(\zeta,\zeta) = 0$ となる. (2.3) から, $\zeta \in \partial\Omega \cap W$, $z \in \Omega$ かつ $|z-\zeta| < \varepsilon$ ならば, $\mathrm{Re}F(z,\zeta) > 0$ となる. $\omega = B(p,\frac{\varepsilon}{2})$ とする. $\zeta \in \omega\cap\partial\Omega$ に対して, $f_\zeta(z) = 1/F(z,\zeta)$ とおくと, $f_\zeta(z)$ は $\Omega \cap \omega$ において正則で, ζ を特異点にもつ. また, ω は凸領域であるから, 正則領域である (系 1.2). よって, ω の任意の境界点を越えて解析接続できない ω で正則な関数が存在する. 従って, 任意の $\zeta \in \partial(\Omega\cap\omega)$ に対して, ζ を越えて解析接続できない $\Omega\cap\omega$ で正則な関数が存在するから, $\Omega\cap\omega$ は正則領域である. (証明終)

系 2.2 強擬凸領域は擬凸領域である.

証明 Ω は強擬凸領域とすると, 定理 2.4 から, 各点 $p \in \partial\Omega$ に対して, p の近傍 ω が存在して, $\Omega\cap\omega$ は正則領域になる. すると, $\Omega\cap\omega$ は擬凸開集合になる. 定理 1.14 から, Ω は擬凸領域である. (証明終)

次に, 擬凸領域は滑らかな境界をもつ強擬凸領域の増加列の和集合として表されることを示す.

定理 2.5 (Sard の定理) $\Omega \subset \mathbb{R}^n$ は開集合で, $F = (f_1,\cdots,f_n) : \Omega \to \mathbb{R}^n$ は C^1 級写像とする. $A = \{x \in \Omega \mid \det J_F(x) = 0\}$ とすると, $F(A)$ は $\mathbb{R}^n$ における測度 0 の集合である.

証明 Q は Ω に含まれる 1 辺が ℓ の n 次元閉区間とする. $a \in A$ に対して, 簡単のため, $\left(\frac{\partial f_n}{\partial x_1}(a),\cdots,\frac{\partial f_n}{\partial x_n}(a)\right) = \mathbf{0}$ と仮定する. $F(A\cap Q)$ の測度が 0 であることを示せばよい. $f_n(x) - f_n(a) = o(|x-a|)$ となる. また, 平均値の定理から, θ_j $(0 < \theta_j < 1)$ が存在して,

$$f_j(x) - f_j(a) = \sum_{k=1}^n \frac{\partial f_j}{\partial x_k}(a + \theta_j(x-a))(x_k - a_k) \quad (1 \le j \le n-1)$$

が成り立つ. $\varepsilon > 0$ とする. Q_ε を $\mathbb{R}^n$ における a を含む 1 辺が ε の n 次元閉区間とする. $M = \max_{j,k} \sup_{x\in Q} \left|\frac{\partial f_j(x)}{\partial x_k}\right|$ とする. $x \in Q_\varepsilon$ のとき,

$$|f_j(x) - f_j(a)| \le Mn\varepsilon \quad (j = 1,\cdots,n-1)$$
$$|f_n(x) - f_n(a)| \le \lambda(\varepsilon)\varepsilon$$

となる. ここで, $\lambda(\varepsilon) \to 0$ $(\varepsilon \to 0)$ である. $F(Q_\varepsilon)$ の測度を $\mu(F(Q_\varepsilon))$ で

表すと

$$\mu(F(Q_\varepsilon)) \leq 2\lambda(\varepsilon)\varepsilon(2Mn\varepsilon)^{n-1} = 2^n M^{n-1} n^{n-1} \lambda(\varepsilon)\varepsilon^n$$

を得る. Q を 1 辺が ε の区間に分割すると, Q は $(\ell/\varepsilon)^n$ 個の小区間 Q_i に分割される. Q_i が A の点を含まない場合は除いて考える. $F(A\cap Q)$ の測度を $\mu(F(A\cap Q))$ で表すと,

$$\mu(F(A\cap Q)) \leq \left(\frac{\ell}{\varepsilon}\right)^n \times 2^n M^{n-1} n^{n-1} \lambda(\varepsilon)\varepsilon^n = (2\ell)^n (Mn)^{n-1} \lambda(\varepsilon)$$

となる. $\varepsilon \to 0$ とすると, $\lambda(\varepsilon) \to 0$ となるので, $\mu(F(A\cap Q)) = 0$ となる.
(証明終)

補題 2.1 $\Omega \subset \mathbb{R}^n$ は開集合で, $f : \Omega \to \mathbb{R}$ は C^2 級関数とする. $a \in \Omega$ は $\mathrm{grad}f(a) = \mathbf{0}$, $\det\left(\frac{\partial^2 f}{\partial x_j \partial x_k}(a)\right) \neq 0$ を満たすとする. すると, a の近傍 U が存在して, $\mathrm{grad}f(x) = \mathbf{0}$ となる点 x は U には a 以外には存在しない. ここで, $\mathrm{grad}f = (\frac{\partial f}{\partial x_1}, \cdots, \frac{\partial f}{\partial x_n})$ である.

証明 $A = \left(\frac{\partial^2 f}{\partial x_i \partial x_j}(a)\right)$ とすると, $|A| \neq 0$ である. 単位行列を (δ_{ij}) で表す. A は対称行列であるから, 直交行列 $P = (a_{ij})$ が存在して, $P^{-1}AP = (\lambda_i \delta_{ij})$ となる. すると, $0 \neq |A| = \lambda_1 \cdots \lambda_n$ となる. 座標変換 $y = y(x) = P^{-1}x$ を行うと, $x = Py$ であるから, $x_j = \sum_{k=1}^n a_{jk}y_k$, $\frac{\partial x_j}{\partial y_i} = a_{ji}$ となる. $g(y) = f(Py)$ とおくと,

$$\frac{\partial g(y)}{\partial y_i} = \sum_{j=1}^n \frac{\partial f(x)}{\partial x_j}\frac{\partial x_j}{\partial y_i} = \sum_{j=1}^n \frac{\partial f(x)}{\partial x_j} a_{ji} \tag{2.4}$$

となるから,

$$\frac{\partial^2 g(y)}{\partial y_i \partial y_k} = \sum_{j=1}^n \sum_{\ell=1}^n \frac{\partial^2 f(x)}{\partial x_\ell \partial x_j} a_{\ell k} a_{ji}$$

が成り立つ. $b = y(a)$ とすると,

$$\frac{\partial^2 g(b)}{\partial y_i \partial y_k} = \sum_{j=1}^n \sum_{\ell=1}^n \frac{\partial^2 f(a)}{\partial x_\ell \partial x_j} a_{\ell k} a_{ji} = {}^t PAP = P^{-1}AP = \lambda_i \delta_{ik}$$

となる. よって, $\left(\frac{\partial^2 g(b)}{\partial y_j \partial y_k}\right)$ は $\lambda_1, \cdots, \lambda_n$ を対角成分とする対角行列である. (2.4) から, $\operatorname{grad} g(b) = 0$ であるから,

$$
\begin{aligned}
\frac{\partial g(y)}{\partial y_j} &= \sum_{k=1}^{n} \frac{\partial^2 g(b)}{\partial y_j \partial y_k}(y_k - b_k) + o(|y - b|) \\
&= \frac{\partial^2 g(b)}{\partial y_j^2}(y_j - b_j) + o(|y - b|) = \lambda_j(y_j - b_j) + o(|y - b|)
\end{aligned}
$$

となる. $\lambda = \min_j |\lambda_j| > 0$ とすると,

$$
\sum_{j=1}^{n} \left| \frac{\partial g(y)}{\partial y_j} \right| \geq \lambda \sum_{j=1}^{n} |y_j - b_j| - |\lambda(y)||y - b|
$$

となる. ここで, $\lambda(y) \to 0 \; (y \to b)$ となる. よって, $y(\neq b)$ を十分 b に近くとると, $|\operatorname{grad} g(y)| > 0$ が成り立つから, $x \neq a$ を十分 a に近くとると, (2.4) から, $|\operatorname{grad} f(x)| > 0$ が成り立つ. (証明終)

定理 2.6 (Morse の補題) $\Omega \subset \mathbb{R}^n$ は開集合で, $g : \Omega \to \mathbb{R}$ は C^2 級関数とする. すると, 測度 0 の集合 $E \subset \mathbb{R}^n$ が存在して, 任意の $u \in \mathbb{R}^n \backslash E$ に対して, $g_u(x) = g(x) - \sum_{j=1}^{n} u_j x_j$ とするとき, $\{x \in \Omega \mid \operatorname{grad} g_u(x) = 0\}$ は Ω において集積点をもたない.

証明 $F : \Omega \to \mathbb{R}^n$ を $F(x) = \left(\frac{\partial g(x)}{\partial x_1}, \cdots, \frac{\partial g(x)}{\partial x_n}\right)$ によって定義する. $A = \{x \in \Omega \mid \det J_F(x) = 0\}$ とおくと, Sard の定理から, $E = F(A)$ の測度は 0 である. $u \in \mathbb{R}^n \backslash E$ とする. $x \in A$ ならば, $F(x) \in E$ となるから, $L_u = \{x \in \Omega \mid F(x) = u\}$ は A の点を含まない. すなわち, $x \in L_u$ に対して,

$$
0 \neq J_F(x) = \det\left(\frac{\partial^2 g(x)}{\partial x_j \partial x_k}\right) = \det\left(\frac{\partial^2 g_u(x)}{\partial x_j \partial x_k}\right)
$$

となる. 一方,

$$
\begin{aligned}
a \in L_u \quad &\Longleftrightarrow \quad F(a) = u \Longleftrightarrow \left\{ \frac{\partial g}{\partial x_1}(a) = u_1, \cdots, \frac{\partial g}{\partial x_n}(a) = u_n \right\} \\
&\Longleftrightarrow \quad \left[\frac{\partial g_u}{\partial x_1}(a) = \cdots = \frac{\partial g_u}{\partial x_n}(a) = 0 \right] \Longleftrightarrow \operatorname{grad} g_u(a) = 0
\end{aligned}
$$

となるから, $\mathrm{grad}\, g_u(a) = 0$ ならば, $\det\left(\partial^2 g_u(a)/\partial x_j \partial x_k\right) \neq 0$ となる. 補題 2.1 より, $\mathrm{grad}\, g_u(a) = 0$ となる点 a の集合は疎 (discrete) な集合である. (証明終)

定理 2.7 $\Omega \subset \mathbb{C}^n$ は擬凸領域とする. すると, Ω における C^∞ 級強多重劣調和関数 $\varphi(z)$ と, $\alpha_j \to \infty$ となる実数列 $\{\alpha_j\}$ が存在して, 次が成り立つ.

$$\Omega_{\alpha_j} = \{z \in \Omega \mid \varphi(z) < \alpha_j\} \Subset \Omega, \quad d\varphi(z) \neq 0 \ (z \in \partial\Omega_{\alpha_j}).$$

証明 定理 2.2 から, Ω における C^∞ 級強多重劣調和関数 $\rho(z)$ が存在して, 任意の実数 α に対して, $\Omega_\alpha = \{z \in \Omega \mid \rho(z) < \alpha\} \Subset \Omega$ となる. $g(z) = \rho(z) + |z|^2$ とすると, $g(z)$ は Ω で C^∞ 級強多重劣調和で, $\{z \in \Omega \mid g(z) < \alpha\} \Subset \Omega$ となる. Morse の補題から, 測度 0 の集合 E を除いた集合 $\mathbb{R}^{2n} \backslash E$ の任意の点 $c = (c_1, \cdots, c_{2n})$ に対して, $l(z) = \sum\limits_{j=1}^{2n} c_j x_j$, $\varphi(z) = g(z) + l(z)$ とすると, $\{z \in \Omega \mid \mathrm{grad}\, \varphi(z) = 0\}$ は集積点をもたないから, 高々可算集合である. よって, $|c| \leq 1$ となる $c \in \mathbb{R}^{2n} \backslash E$ が存在して, $\{z \in \Omega \mid \mathrm{grad}\, \varphi(z) = 0\}$ は高々可算集合である. すると, $|l(z)| \leq |z|$ となる. $a < b$ とする. $\alpha \in [a, b]$ となる任意の α に対して, $\mathrm{grad}\varphi(z_\alpha) = 0$ となる点 $z_\alpha \in \partial\Omega_\alpha$ があれば, $\{z_\alpha\}$ の濃度は実数の濃度になり, $\{z \in \Omega \mid \mathrm{grad}\, \varphi(z) = 0\}$ が高々可算集合であることに矛盾するから, $\alpha_j \to \infty$ となる実数列 $\{\alpha_j\}$ が存在して, $d\varphi(z) \neq 0 \ (\forall z \in \partial\Omega_{\alpha_j})$ が成り立つ. また, $\varphi(z)$ は Ω 上の C^∞ 級強多重劣調和関数である. $\max\limits_{|z| \leq 1} |l(z)| = \gamma$ とする. $|z| \geq 1$ のときは, $\ell(z) + |z|^2 \geq 0$ であるから, $\rho(z) \leq \rho(z) + |z|^2 + \ell(z) = \varphi(z)$ となり,

$$\{z \in \Omega \mid |z| \geq 1, \varphi(z) < \alpha\} \subset \{z \in \Omega \mid \rho(z) < \alpha\} \Subset \Omega$$

となる. $|z| \leq 1$ のときは, $\varphi(z) = g(z) + \ell(z) \geq g(z) - |\ell(z)| \geq g(z) - \gamma$ となるから, $\{z \in \Omega \mid |z| \leq 1, \varphi(z) < \alpha\} \subset \{z \in \Omega \mid g(z) < \alpha + \gamma\} \Subset \Omega$ となり, $\{z \in \Omega \mid \varphi(z) < \alpha\} \Subset \Omega$ となる. (証明終)

系 2.3 擬凸領域は滑らかな境界をもつ強擬凸領域の増加列の和集合として表される.

証明 定理 2.7 で, $\Omega_j = \Omega_{\alpha_j}$ とおくと, Ω_j は滑らかな境界をもつ強擬凸領域で, $\Omega_j \subset \Omega_{j+1}$, $\Omega = \bigcup\limits_{j=1}^{\infty} \Omega_j$ となる. (証明終)

2.2　強凸領域

定義 2.2 (強凸領域)　$\Omega \in \mathbb{R}^n$ は有界領域とする. U は $\partial\Omega$ を含む開集合, $\rho(x)$ は U 上の実数値 C^2 級関数で, $U \cap \Omega = \{x \in U \mid \rho(x) < 0\}$ とする. $0 \neq u = (u_1, \cdots, u_n) \in \mathbb{R}^n$ と任意の $p \in \partial\Omega$ に対して,

$$\sum_{j,k=1}^n \frac{\partial^2 \rho}{\partial x_j \partial x_k}(p) u_j u_k > 0 \qquad (2.5)$$

が成り立つとき, Ω を強凸領域という.

定義 2.3　開集合 $\Omega \subset \mathbb{R}^n$ において定義された C^2 級実数値関数 ρ が $p \in \Omega$ に対して, (2.5) を満たすとき, ρ は Ω において強凸であるという. ρ が (2.5) において $>$ を $\geq$ に置き換えた不等式を満たすとき, ρ を Ω における凸関数という.

注意 2.2　$\rho(x)$ が Ω における強凸関数ならば, 定理 2.1 と同様にして, Ω における連続関数 $m(x) > 0$ が存在して, $\sum_{j,k=1}^n \frac{\partial^2 \rho(x)}{\partial x_j \partial x_k} u_j u_k \geq m(x)|u|^2$ $(x \in \Omega, \ u \in \mathbb{R}^n)$ が成り立つ.

定理 2.8　$\Omega \in \mathbb{R}^n$ が強凸領域ならば, 幾何学的に凸である. すなわち, $P_1, P_2 \in \Omega, 0 \leq \lambda \leq 1 \Longrightarrow \lambda P_1 + (1-\lambda)P_2 \in \Omega$ となる.

証明　Ω は幾何学的に凸ではないと仮定する. すると, $P_1, P_2 \in \Omega$ $(P_1 \neq P_2)$ と, $0 < \lambda_0 < 1$ となる λ_0 が存在して, $P = \lambda_0 P_1 + (1-\lambda_0)P_2$ とおくと, $0 \leq \lambda \leq 1$ のとき, $\lambda P_1 + (1-\lambda)P_2 \in \overline{\Omega}, P \in \partial\Omega$ となる. さらに, $P_1 - P_2$ は $\partial\Omega$ の P における接空間に含まれる. $P_1 = (a_1, \cdots . a_n), P_2 = (b_1, \cdots, b_n)$, $\varphi(\lambda) = \rho(\lambda P_1 + (1-\lambda)P_2)$ とおくと, $\varphi(\lambda_0) = \rho(P) = 0, \varphi'(\lambda_0) = 0$ となるから, 定数 $C > 0$ が存在して, $|\lambda - \lambda_0| > 0$ が十分小さいとき,

$$
\begin{aligned}
\varphi(\lambda) &= \sum_{j,k=1}^n \frac{\partial^2 \rho}{\partial x_j \partial x_k}(P)(a_j - b_j)(a_k - b_k)(\lambda - \lambda_0)^2 + o(|\lambda - \lambda_0|^2) \\
&\geq C|P_1 - P_2|^2 (\lambda - \lambda_0)^2 + o(|\lambda - \lambda_0|^2) > 0
\end{aligned}
$$

となり, $\lambda P_1 + (1-\lambda)P_2 \in \overline{\Omega}$ に矛盾する. (証明終)

定義 2.4 $\Omega \subset \mathbb{R}^n$ が幾何学的に強凸であるとは, $P_1, P_2 \in \overline{\Omega}$, $P_1 \neq P_2$, $0 < \lambda < 1 \Longrightarrow \lambda P_1 + (1 - \lambda)P_2 \in \Omega$ が成り立つことである.

系 2.4 強凸領域は幾何学的に強凸である.

証明 Ω は幾何学的に強凸ではないと仮定する. Ω は幾何学的に凸であるから, $P_1, P_2 \in \partial\Omega$ $(P_1 \neq P_2)$ と $0 < \lambda_0 < 1$ となる λ_0 が存在して, $\lambda_0 P_1 + (1 - \lambda_0)P_2 \in \partial\Omega$ となる. すると, $\varphi(\lambda) = \rho(\lambda P_1 + (1 - \lambda)P_2)$ とおくと, $\varphi(\lambda_0) = \varphi'(\lambda_0) = 0$ となるから, $|\lambda - \lambda_0| > 0$ が十分小さいとき, $\varphi(\lambda) > 0$ となり, 矛盾である. (証明終)

定理 2.9 $\Omega \in \mathbb{R}^n$ は C^2 境界をもつ領域とする. $\rho(x)$ は Ω の定義関数とする.

(i) Ω が幾何学的凸であるならば, 任意の点 $P \in \partial\Omega$ と $\sum\limits_{j=1}^{n} \frac{\partial\rho}{\partial x_j}(P)u_j = 0$ を満たすすべての $u = (u_1, \cdots, u_n) \in \mathbb{R}^n$ に対して, 次が成り立つ.

$$\sum_{j,k=1}^{n} \frac{\partial^2\rho}{\partial x_j \partial x_k}(P)u_j u_k \geq 0. \tag{2.6}$$

(ii) 任意の $P \in \partial\Omega$ と $u \in \mathbb{R}^n$ に対して, (2.6) が成り立つならば, Ω は幾何学的凸である.

証明 (i) Ω は幾何学的凸とする. (2.6) が成り立たないと仮定する. すると, 点 $P \in \partial\Omega$ と $u \in \mathbb{R}^n$ が存在して,

$$\sum_{j=1}^{n} \frac{\partial\rho}{\partial x_j}(P)u_j = 0, \quad \sum_{j,k=1}^{n} \frac{\partial^2\rho}{\partial x_j \partial x_k}(P)u_j u_k = -2k < 0$$

となる. 簡単のため, $P = 0$, $\mathrm{grad}\, \rho(P) = (0, \cdots, 0, 1)$ と仮定する. $\varepsilon > 0$ に対して, $Q = tu + \varepsilon(0, \cdots, 0, 1)$ とおく. $t \in \mathbb{R}$ は後で決定する. Taylor

の公式から,

$$
\begin{aligned}
\rho(Q) &= \rho(0) + \sum_{j=1}^{n} \frac{\partial \rho}{\partial x_j}(0)Q_j + \frac{1}{2}\sum_{j,k=1}^{n}\frac{\partial^2 \rho}{\partial x_j \partial x_k}(0)Q_j Q_k + o(|Q|^2) \\
&= \varepsilon + \frac{t^2}{2}\sum_{j,k=1}^{n}\frac{\partial^2 \rho}{\partial x_j \partial x_k}(0)u_j u_k + O(\varepsilon^2) + O(\varepsilon t) + o(t^2 + \varepsilon^2) \\
&= \varepsilon - kt^2 + R(\varepsilon, t)
\end{aligned}
$$

が成り立つ. ここで, $|R(\varepsilon,t)| \le C(\varepsilon^2 + \varepsilon|t|) + c(t^2+\varepsilon^2)$ である. $C > 0$ は定数で, $c > 0$ はいくらでも小さくできる. $|t| = \sqrt{4\varepsilon/k}$ を満たすように t をとり, ε を十分小さくすると, $C(\varepsilon + |t|) < 1$, $c(\varepsilon + \frac{2}{k}) < 1$ となるから,

$$
\begin{aligned}
\rho(Q) &= \varepsilon - kt^2 + R(\varepsilon, t) \le \varepsilon - kt^2 + C(\varepsilon^2 + \varepsilon|t|) + c(\varepsilon^2 + t^2) \\
&< -3\varepsilon + C(\varepsilon^2 + \varepsilon|t|) + c\left(\varepsilon^2 + \frac{2\varepsilon}{k}\right) < -\varepsilon < 0
\end{aligned}
$$

が成り立つから, $Q \in \Omega$ となる. $Q_1 = tu + \varepsilon(0,\cdots,0,1)$, $Q_2 = -tu + \varepsilon(0,\cdots,0,1)$ とおくと, $Q_1, Q_2 \in \Omega$, $(Q_1+Q_2)/2 = \varepsilon(0,\cdots,0,1) \notin \overline{\Omega}$ となるから, Ω が凸であることに矛盾する.

(ii) $P \in \partial\Omega$ と $u \in \mathbb{R}^n$, $|u| = 1$ に対して (2.6) が成り立つと仮定する. $\varepsilon > 0$ と十分大きな正の整数 M に対して,

$$
\rho_\varepsilon(x) = \rho(x) + \frac{\varepsilon}{M}|x|^{2M}, \quad \Omega_\varepsilon = \{x \mid \rho_\varepsilon(x) < 0\}
$$

とおく. $0 \in \Omega$ と仮定する. $\partial\Omega \subset W$ となる開集合 W と $\delta > 0$ が存在して, $P \in W$ ならば, $\sum_{j=1}^{n}|\frac{\partial\rho}{\partial x_j}(P)| > \delta$ となる. $\varepsilon > 0$ を十分小さくとると, $\partial\Omega_\varepsilon \subset W$ となるから, $P^\varepsilon \in \partial\Omega_\varepsilon$ のとき,

$$
\sum_{j=1}^{n}\left|\frac{\partial \rho_\varepsilon}{\partial x_j}(P^\varepsilon)\right| \ge \sum_{j=1}^{n}|\frac{\partial\rho}{\partial x_j}(P^\varepsilon)| - \sum_{j=1}^{n}2\varepsilon|P^\varepsilon|^{2M-2}|P_j^\varepsilon| > 0
$$

となり, Ω_ε は滑らかな境界 (すなわち, $\partial\Omega_\varepsilon$ 上で $d\rho_\varepsilon \ne 0$) をもつ. $P \in \partial\Omega$

と $|u| = 1$ となる $u = (u_1, \cdots, u_n)$ に対して,

$$\sum_{j,k} \frac{\partial^2 \rho_\varepsilon}{\partial x_j \partial x_k}(P)u_j u_k$$
$$= \sum_{j,k} \frac{\partial^2 \rho}{\partial x_j \partial x_k}(P)u_j u_k + \varepsilon(M-1)|P|^{2M-4}(\sum_{j=1}^{n} P_j u_j)^2 + \varepsilon|P|^{2M-2}$$
$$\geq \varepsilon|P|^{2M-2} > 0$$

となる. すると, $\partial\Omega$ はコンパクトであるから, $\partial\Omega$ の近傍 W が存在して, $\sum_{j,k=1}^{n} \frac{\partial^2 \rho_\varepsilon}{\partial x_j \partial x_k}(Q)u_j u_k > 0$ $(Q \in W, |u| = 1)$ となる. M を十分大きくとると, $\partial\Omega_\varepsilon \subset W$ となるから, $\sum_{j,k=1}^{n} \frac{\partial^2 \rho_\varepsilon}{\partial x_j \partial x_k}(P_\varepsilon)u_j u_k > 0$ $(P_\varepsilon \in \partial\Omega_\varepsilon, |u| = 1)$ となる. よって, Ω_ε は強凸領域である. 定理 2.9 から, Ω_ε は幾何学的凸である. $\Omega = \bigcup_{\varepsilon>0} \Omega_\varepsilon$ となるから, Ω は幾何学的凸である. (証明終)

定理 2.10 C^n の強凸領域は強擬凸領域である.

証明 $p \in \partial\Omega$ とする.

$$Q_p(t) = \frac{1}{2}\sum_{j,k=1}^{n} \frac{\partial^2 \rho}{\partial \zeta_j \partial \zeta_k}(p)t_j t_k, \quad L_p(t) = \sum_{j,k=1}^{n} \frac{\partial^2 \rho}{\partial \zeta_j \partial \bar{\zeta_k}}(p)t_j \bar{t_k}$$

とおく. $t_j = x_j + ix_{n+j}$ とすると, $t \neq 0$ のとき, 補題 1.11 より,

$$2\mathrm{Re}Q_p(t) + L_p(t) = \frac{1}{2}\sum_{j,k=1}^{n} \frac{\partial^2 \rho}{\partial x_j \partial x_k}(p)x_j x_k > 0$$

となる. $Q_p(it) = -Q_p(t)$, $L_p(it) = L_p(t)$ から, $-2\mathrm{Re}Q_p(t) + L_p(t) > 0$ となる. すると, $L_p(t) > 0$ $(t \neq 0)$ となるから, Ω は強擬凸領域である. (証明終)

定理 2.11 $\Omega \Subset \mathbb{R}^n$ は強凸領域とする. すると, Ω は滑らかな境界をもつ.

証明 $\partial\Omega$ の近傍 U と強凸関数 $\rho \in C^2(U)$ が存在して, $U \cap \Omega = \{z \in U \mid \rho(z) < 0\}$ と表される. $p \in \partial\Omega$ に対して, $d\rho(p) = 0$ となると仮定する. Taylor の公式から, p の近くの点 x $(\neq p)$ に対して, 定数 $C > 0$ が存

在して,

$$\rho(x) = \sum_{j,k=1}^{n} \frac{\partial^2 \rho(p)}{\partial x_j \partial x_k}(x_j - u_j)(x_k - u_k) + o(|x - p|^2) \geq C|x - p|^2 > 0$$

となるが, p は境界上の点であるから, p のどんな近くにも, $\rho(x) > 0$ となる点と $\rho(x) < 0$ となる点 x があり, 矛盾である. (証明終)

定理 2.12 (Narasimhan の補題)　$\Omega \Subset \mathbb{C}^n$ は C^2 境界をもつ強擬凸領域とする. $p \in \partial\Omega$ とする. すると, p の近傍 U と, 双正則写像 $\varphi : U \to \varphi(U)$ が存在して, $\varphi(U \cap \Omega)$ は幾何学的強凸領域になる.

証明　強擬凸領域の定義 (定義 2.1) から, $\partial\Omega$ の近傍 W と, W における強多重劣調和関数 ρ が存在して, $\Omega \cap W = \{z \in W \mid \rho(z) < 0\}$ となる. p の近傍における局所座標を $p = 0$, $\left(\frac{\partial \rho}{\partial z_1}(p), \cdots, \frac{\partial \rho}{\partial z_n}(p) \right) = (1, 0, \cdots, 0)$ となるようにとる. すると, (1.13) から,

$$\rho(z) = 2\mathrm{Re}\left(z_1 + \frac{1}{2}\sum_{j,k=1}^{n} \frac{\partial^2 \rho(p)}{\partial z_j \partial z_k} z_j z_k \right) + \sum_{j,k=1}^{n} \frac{\partial^2 \rho(p)}{\partial z_j \partial \bar{z}_k} z_j \bar{z}_k + o(|z|^2)$$

が成り立つ. ここで,

$$w_1 = z_1 + \frac{1}{2}\sum_{j,k=1}^{n} \frac{\partial^2 \rho(p)}{\partial z_j \partial z_k} z_j z_k, \quad w_j = z_j \ (j = 2, \cdots, n)$$

とおく. これを $w = \varphi(z)$ と表すと, 関数行列式 $\det J_\varphi(p) = 1$ となるから, 定理 1.16 から, p の近傍 U を十分小さくとり, $\varphi(U) = V$ とすると, $\varphi : U \to V$ は双正則写像になる. すると,

$$\rho \circ \varphi^{-1}(w) = 2\mathrm{Re}\, w_1 + \sum_{j,k=1}^{n} \frac{\partial^2 \rho}{\partial z_j \partial \bar{z}_k}(p) w_j \bar{w}_k + o(|w|^2)$$

となる. $\tilde{\rho}(w) = \rho \circ \varphi^{-1}(w)$ とおく.

$$\frac{\partial^2 \tilde{\rho}}{\partial w_j \partial w_k}(0) = 0, \quad \frac{\partial^2 \tilde{\rho}}{\partial w_j \partial \bar{w}_k}(0) = \frac{\partial^2 \rho}{\partial z_j \partial \bar{z}_k}(p)$$

となるから, 補題 1.11 より, $w_j = x_j + ix_{n+j}$ とすると, $w \neq 0$ のとき

$$\frac{1}{2} \sum_{j,k=1}^{n} \frac{\partial^2 \tilde{\rho}}{\partial x_j \partial x_k}(0) x_j x_k$$

$$= \mathrm{Re} \sum_{j,k=1}^{n} \frac{\partial^2 \tilde{\rho}}{\partial w_j w_k}(0) w_j w_k + \sum_{j,k=1}^{n} \frac{\partial^2 \tilde{\rho}}{\partial w_j \partial \bar{w}_k}(0) w_j \bar{w}_k$$

$$= \sum_{j,k=1}^{n} \frac{\partial^2 \rho}{\partial z_j \partial \bar{z}_k}(p) w_j \bar{w}_k > 0$$

となる. したがって, 0 を中心とする開球 V を十分小さくとれば, $\tilde{\rho}$ は V で強凸関数で, $\varphi(U \cap \Omega) = \{w \in V \mid \tilde{\rho}(w) < 0\}$ となる. (証明終)

練習問題 2

2.1 $\rho(z) = (x^2 + y^2 - 2x)^2 + 12x^2 - 4y^3$ のとき, $\Omega = \{z \in \mathbb{C} \mid \rho(z) < 0\}$ と定義する.

(1) Ω は C^2 境界をもたない強擬凸領域であることを示せ.

(2) $(0,0)$ は尖点である. すなわち, 十分小さい $\delta > 0$ が存在して, $0 < |x| < \delta, 0 < y < \delta$ のとき, $\rho(x,y) = 0$ は $y = \varphi(x)$ と表され, $\varphi''(x) < 0$ となることを示せ.

2.2 n_k, m_k は正の整数とする. $z_k = x_k + iy_k$ $(k = 1, \cdots, N)$ とするとき, $\rho(z) = \sum_{k=1}^{N} (x_k^{2n_k} + y_k^{2m_k}) - 1$, $\Omega = \{z \in \mathbb{C}^N \mid \rho(z) < 0\}$ とおく. 次を示せ.

(1) Ω は C^∞ 境界をもつ凸領域である.

(2) Ω が強凸領域であるための必要十分条件は $n_k = m_k = 1$ $(k = 1, \cdots, N)$ となることである.

(3) $\max_k \{\min(n_k, m_k)\} = 1$ となるならば, Ω は強擬凸領域である. そうでない場合は Ω は強擬凸ではない.

2.3 定理 2.3 における条件 (S) は Ω の定義関数の取り方には関係しないことを示せ.

2.4 関数 $\psi(t)$ を, $\psi(t) = t\exp(-\frac{1}{t})$ $(t > 0)$, $\psi(t) = 0$ $(t \leq 0)$ と定義すると, $\psi \in C^\infty(\mathbb{R})$ を満たし, $t > 0$ のとき $\psi'(t) > 0$, $\psi''(t) > 0$ となることを示せ.

2.5 m_j $(j = 1, \cdots, n)$ は正の整数とする.

$$\Omega = \{z \in \mathbb{C}^n \mid \rho(z) = \sum_{j=1}^n |z_j|^{2m_j} - 1 < 0\}$$

とおく. 次を示せ.

(1) Ω は滑らかな境界をもつ.

(2) Ω は幾何学的に凸な領域である.

(3) Ω は $m_k \geq 2$ となる k が存在する場合は, 強擬凸領域ではない.

2.6 (1) $\Omega \Subset \mathbb{C}^n$ は強凸領域とする. すると, $\partial\Omega$ の近傍 U, 定数 $\varepsilon > 0$, $C > 0$ が存在して, $\zeta \in U$, $z \in \mathbb{C}^n$, $|z - \zeta| \leq \varepsilon$ ならば

$$\rho(z) - \rho(\zeta) \geq 2\mathrm{Re}\sum_{j=1}^n \frac{\partial\rho}{\partial\zeta_j}(\zeta)(z_j - \zeta_j) + C|z - \zeta|^2 \qquad (2.7)$$

が成り立つことを示せ.

(2) $\Omega \Subset \mathbb{C}^n$ は開集合で, $\rho(z)$ は Ω における強凸関数とする. $K \subset \Omega$ はコンパクト集合とする. すると, 定数 $C > 0$ が存在して, $z, \zeta \in K$ に対して, (2.7) が成り立つことを示せ.

2.7 (Dini の定理) $K \subset \mathbb{R}^n$ はコンパクト集合で, $\{f_j(x)\}$ は K 上の実数値連続関数列とする. $\{f_j(x)\}$ は K 上で連続関数 $f(x)$ に単調に収束すると仮定する. すると, $\{f_j(x)\}$ は $f(x)$ に K 上で一様収束することを示せ.

第3章　Skodaの割算定理

3.1　閉作用素

定義 3.1　H_1 と H_2 はヒルベルト空間とする. H_i $(i=1,2)$ における内積を $(\cdot,\cdot)_i$ によって表す. また, $\mathcal{D}$ を H_1 の稠密な部分空間とし, $T:\mathcal{D}\to H_2$ を線形作用素とするとき, $\mathcal{D}=\mathcal{D}_T$, $T(\mathcal{D})=\mathcal{R}_T$ と表す.

定義 3.2　線形作用素 $T:\mathcal{D}\to H_2$ が閉作用素であるとは,

$$\mathcal{G}_T := \{(x,Tx)\mid x\in\mathcal{D}\}\subset H_1\times H_2$$

が $H_1\times H_2$ の閉部分集合になることである.

定義 3.3　$y\in H_2$ とする. 線形作用素 $T:\mathcal{D}\to H_2$ に対して, $y\in\mathcal{D}_{T^*}$ であるとは, $c=c(y)>0$ が存在して,

$$|(Tx,y)_2|\le c\|x\|_1 \qquad (\forall x\in\mathcal{D}_T)$$

が成り立つことである.

補題 3.1　$\mathcal{D}_{T^*}$ は H_2 の部分空間である.

証明　証明は定義から明らかである. (証明終)

定理 3.1　線形作用素 $T^*:\mathcal{D}_{T^*}\to H_1$ が存在して,

$$(Tx,y)_2 = (x,T^*y)_1 \qquad (\forall x\in\mathcal{D}_T,\ \forall y\in\mathcal{D}_{T^*}) \tag{3.1}$$

が成り立つ.

証明　$y\in\mathcal{D}_{T^*}$ とする. $x\in\mathcal{D}_T$ に対して, $\varphi(x)=(Tx,y)_2$ と定義すると, φ は $\mathcal{D}_T$ 上の線形汎関数で, 定数 $c=c(y)>0$ が存在して, $|(Tx,y)_2|\le$

$c\|x\|_1$ $(\forall x \in \mathcal{D}_T)$ となるから, $|\varphi(x)| \le c\|x\|_1$ $(\forall x \in \mathcal{D}_T)$ となり, φ は $\mathcal{D}_T$ 上の有界線形汎関数になる. Hahn-Banach の定理から, φ は H_1 上の有界線形汎関数に拡張される. Riesz の表現定理から, $z \in H_1$ がただ一つ存在して, $\varphi(x) = (x, z)_1$ $(\forall x \in H_1)$ が成り立つ. よって, $x \in \mathcal{D}_T$ と $y \in \mathcal{D}_{T^*}$ に対して, $(Tx, y)_2 = (x, z)_1$ が成り立つ. $T^*(y) = z$ と定義すると, $(Tx, y)_2 = (x, T^*y)_1$ となる. 次に, T^* は線形であることを示す. $\lambda_1, \lambda_2 \in \mathbb{C}$, $y_1, y_2 \in \mathcal{D}_{T^*}$ とする. $\lambda_1 y_1 + \lambda_2 y_2 \in \mathcal{D}_{T^*}$ となるから, $x \in \mathcal{D}_T$ に対して,

$$(x, T^*(\lambda_1 y_1 + \lambda_2 y_2)) = (Tx, \lambda_1 y_1 + \lambda_2 y_2) = (x, \lambda_1 T^* y_1 + \lambda_2 T^* y_2)$$

となるから, $(x, T^*(\lambda_1 y_1 + \lambda_2 y_2)) = (x, \lambda_1 T^* y_1 + \lambda_2 T^* y_2)$ $(\forall x \in \mathcal{D}_T)$ となり, $T^*(\lambda_1 y_1 + \lambda_2 y_2) = \lambda_1 T^* y_1 + \lambda_2 T^* y_2$ となる. よって, $T^* : \mathcal{D}_{T^*} \to H_1$ は線形作用素である. (証明終)

補題 3.2　$T^* : \mathcal{D}_{T^*} \to H_1$ は閉作用素である.

証明　$\mathcal{G}_{T^*} = \{(y, T^*y) \mid y \in \mathcal{D}_{T^*}\}$ が $H_2 \times H_1$ の閉部分空間であることを示せばよい. $(y_n, z_n) \in \mathcal{G}_{T^*}$, $(y_n, z_n) \to (y_0, z_0)$ と仮定する. すると, $y_n \in \mathcal{D}_{T^*}$, $y_n \to y_0$, $z_n = T^* y_n$, $z_n \to z_0$ である. $\{z_n\}$ は収束するから, 定数 $M > 0$ が存在して, $\|z_n\| < M$ $(n = 1, 2, \cdots)$ となる. すると, $x \in \mathcal{D}_T$ に対して, 次が成り立つ.

$$|(Tx, y_n)_2| = |(x, T^* y_n)_1| = |(x, z_n)_1| \le \|x\|_1 \|z_n\|_1 \le M\|x\|_1.$$

$n \to \infty$ とすると, $|(Tx, y_0)_2| \le M\|x\|_1$ となるから, $y_0 \in \mathcal{D}_{T^*}$ を得る.

$$|(x, T^* y_n)_1 - (x, T^* y_0)_1| \le \|Tx\|_2 \|y_n - y_0\|_2 \to 0 \quad (n \to \infty)$$

となるから, $(x, z_n)_1 \to (x, T^* y_0)_1$ が成り立つ. 一方, $(x, z_n)_1 \to (x.z_0)$ であるから, $(x, z_0)_1 = (x, T^* y_0)_1$ $(\forall x \in \mathcal{D}_T)$ となり, $z_0 = T^* y_0$ を得る. よって, T^* は閉作用素である. (証明終)

補題 3.3　$\mathcal{D}_{T^*}$ が H_2 で稠密ならば, 次が成り立つ.

$$\mathcal{D}_{T^{**}} \supset \mathcal{D}_T, \quad T^{**}|_{\mathcal{D}_T} = T.$$

証明 $x \in \mathcal{D}_T$ と $y \in \mathcal{D}_{T^*}$ に対して,

$$|(T^*y, x)_1| = |(x, T^*y)_1| = |(Tx, y)_2| \le \|Tx\|_2 \|y\|_2$$

が成り立つから, $x \in \mathcal{D}_{(T^*)^*} = \mathcal{D}_{T^{**}}$ である. よって, $\mathcal{D}_T \subset \mathcal{D}_{T^{**}}$ となる. $x \in \mathcal{D}_T$ と $y \in \mathcal{D}_{T^*}$ に対して,

$$(Tx, y)_2 = (x, T^*y)_1 = \overline{(T^*y, x)_1} = \overline{(y, T^{**}x)_2} = (T^{**}x, y)_2$$

が成り立つ. $\mathcal{D}_{T^*}$ は H_2 で稠密であるから, $Tx = T^{**}x$ となる. よって, $T^{**}|_{\mathcal{D}_T} = T$ が成り立つ. (証明終)

定義 3.4 S はヒルベルト空間 H の部分集合とする. $x \in H$ が S に直交するとは, $(x, y) = 0$ $(\forall y \in S)$ が成り立つことである. このとき, $x \perp S$ と書く. S に直交する H の要素の全体を $S^\perp$ で表す. $S^\perp$ を S の直交補空間という.

補題 3.4 M はノルム空間 X の部分空間で, $x_0 \in X$ とする. このとき, $x_0 \in \overline{M}$ であるための必要十分条件は, $f(x_0) \ne 0$, $f(x) = 0$ $(\forall x \in M)$ を満たす X 上の有界線形汎関数 f が存在しないことである.

証明 $x_0 \in \overline{M}$ とする. f は X 上の有界線形汎関数で, $f(x) = 0$ $(\forall x \in M)$ を満たすとする. $x_n \in M$ $(n = 1, 2, \cdots)$ が存在して, $x_n \to x_0$ となる. 有界線形汎関数と連続線形汎関数性は同値であるから, $0 = f(x_n) \to f(x_0)$ となるから, $f(x_0) = 0$ となる. 逆に, $x_0 \notin \overline{M}$ とする. すると, $\delta > 0$ が存在して, $x \in M$ ならば, $\|x - x_9\| > \delta$ となる. $M_1 = \{\lambda x_0 + x \mid x \in M, \lambda \in \mathbb{C}\}$ とおく. $x' \in M_1$ ならば, $x' = \lambda x_0 + x$ $(x \in M)$ と書ける. M_1 上の線形汎関数 f を $f(x') = \lambda$ によって定義する. $\lambda \ne 0$ のとき, $\| - \frac{x}{\lambda} - x_0 \| > \delta$ であるから, $|\lambda|\delta \le |\lambda| \| - \frac{x}{\lambda} - x_0 \| = \|x + \lambda x_0\| = \|x'\|$ が成り立つ. すると, $|f(x')| = |\lambda| \le \frac{1}{\delta} \|x'\|$ となるから, $\|f\| \le \frac{1}{\delta}$ となる. よって, f は M_1 上の有界線形汎関数である. さらに, $f(x) = 0$ $(\forall x \in M)$, $f(x_0) = 1$ となる. Hahn-Banach の定理から, f は X 上の連続線形汎関数 F に拡張できる. すると, $F(x) = 0$ $(\forall x \in M)$, $F(x_0) = 1$ となる. (証明終)

補題 3.5 $T : \mathcal{D}_T \to H_2$ が閉作用素ならば, $\mathcal{D}_{T^*}$ は H_2 において稠密で, $T^{**} = T$ となる.

証明 $\mathcal{H} = H_1 \times H_2$ とおく. $\mathbf{x}_1, \mathbf{x}_2 \in \mathcal{H}$ に対して, $\mathbf{x}_1 = (x,y), \mathbf{x}_2 = (u,v)$ とするとき, $< \mathbf{x}_1, \mathbf{x}_2 >:= (x,u)_1 + (y,v)_2$ と定義すると, $< \cdot, \cdot >$ は $\mathcal{H}$ における内積になる. $\{\mathbf{x}_n\}$ を $\mathcal{H}$ における Cauchy 列とする. $\mathbf{x}_n = (x_n, y_n)$ $(x_n \in H_1,\ y_n \in H_2)$ とすると, $\{x_n\}$ と $\{y_n\}$ は Cauchy 列になり, 収束する. $\lim_{n\to\infty} x_n = x$, $\lim_{n\to\infty} y_n = y$ とする. $\mathbf{x} = (x,y)$ とすると, $\lim_{n\to\infty} \mathbf{x}_n = \mathbf{x}$ となり, $\{\mathbf{x}_n\}$ は収束する. よって, $\mathcal{H}$ はヒルベルト空間である. 写像 $J : \mathcal{H} \to \mathcal{H}$ を $J(x,y) = (-x,y)$ によって定義する.

$$\mathcal{G}_T := \{(x,Tx) \mid x \in \mathcal{D}_T\} \subset \mathcal{H}, \quad \mathcal{G}_T^* := \{(T^*y,y) \mid y \in \mathcal{D}_{T^*}\} \subset \mathcal{H}$$

と定義する. すると, $(y,z) \in H_1 \times H_2$ に対して,

$$\begin{aligned}
(y,z) \perp J\mathcal{G}_T &\iff\ < (-x,Tx),(y,z) >= 0 \quad (\forall x \in \mathcal{D}_T)\\
&\iff\ (x,y)_1 = (Tx,z)_2 \quad (\forall x \in \mathcal{D}_T)\\
&\iff\ z \in \mathcal{D}_{T^*}, \quad y = T^*z\\
&\iff\ (y,z) \in \mathcal{G}_T^*
\end{aligned}$$

が成り立つから,

$$(y,z) \in (J\mathcal{G}_T)^\perp \iff (y,z) \perp J\mathcal{G}_T \iff (y,z) \in \mathcal{G}_T^*$$

が成り立つ. これから, $(J\mathcal{G}_T)^\perp = \mathcal{G}_T^*$ を得る. T は閉作用素であるから, $\mathcal{G}_T$ は $\mathcal{H}$ の閉部分空間である. すると, $J\mathcal{G}_T$ は閉部分空間になり, 練習問題 3.8 から $J\mathcal{G}_T = (\mathcal{G}_T^*)^\perp$ となる. 同様にして, $\mathcal{G}_T = (J\mathcal{G}_T^*)^\perp$ を得る. $u \in H_2$ とする. $(u,v)_2 = 0\ (\forall v \in \mathcal{D}_{T^*})$ とすると, $< (0,u),(T^*v,v) >= 0$ となるから, $(0,u) \in (\mathcal{G}_T^*)^\perp$ となり, $(0,u) \in J\mathcal{G}_T$ となる. すると, $(0,u) = (-x,Tx)$ $(x \in \mathcal{D}_T)$ と書けるから, $u = 0$ となる. φ を H_2 上の有界線形汎関数とすると, Riesz の表現定理から, $z \in H_2$ が存在して, $\varphi(v) = (v,z)_2\ (\forall v \in H_2)$ が成り立つ. $\mathcal{D}_{T^*}$ 上で, $\varphi = 0$ とすると, 上で述べたことから, $z = 0$ となり, $\varphi = 0$ となる. すると, 補題 3.4 から, $\overline{\mathcal{D}_{T^*}} = H_2$ となり, $\mathcal{D}_{T^*}$ は H_2 で稠密になる. よって, $T^{**} = (T^*)^* : \mathcal{D}_{T^{**}} \to H_2$ が定義できる. $\mathcal{G}_T^{**} = \{(z,T^{**}z) \mid z \in \mathcal{D}_{T^{**}}\} \subset \mathcal{H}$ と定義する. T^* は閉作用素であるから, 上で述べたことと同様の議論によって, $(J\mathcal{G}_T^*)^\perp = \mathcal{G}_T^{**}$ が成り立つ. 一

方, $(J\mathcal{G}_T^*)^\perp = \mathcal{G}_T$ であるから, $\mathcal{G}_T = \mathcal{G}_T^{**}$ となる. よって, $\mathcal{D}_T = \mathcal{D}_{T^{**}}$ となる. 補題 3.3 から, $T = T^{**}$ となる. (証明終)

定義 3.5 線形作用素 $T : \mathcal{D}_T \to H_2$ に対して,

$$\operatorname{Ker} T = \{x \in \mathcal{D}_T \mid Tx = 0\}, \quad \operatorname{Ker} T^* = \{y \in \mathcal{D}_{T^*} \mid T^*y = 0\}$$

と定義する. $\operatorname{Ker} T$ を T の核 (または零空間) という.

補題 3.6 線形作用素 $T : \mathcal{D}_T \to H_2$ は閉作用素とする. すると, $\operatorname{Ker} T$ は閉部分空間になる. さらに, 次が成り立つ.

(i) $(\mathcal{R}_T)^\perp = \operatorname{Ker} T^*$ (ii) $\overline{\mathcal{R}_{T^*}} = (\operatorname{Ker} T)^\perp$.

証明 最初に, $\operatorname{Ker} T$ は閉部分空間になることを示す. $\operatorname{Ker} T$ が部分空間になることは明らかである. $\operatorname{Ker} T \ni u_\nu$, $u_\nu \to u$ とすると, $Tu_\nu = 0$ となるから, $(u_\nu, Tu_\nu) = (u_\nu, 0) \to (u, 0)$ となる. T は閉作用素であるから, $(u, 0) \in \mathcal{G}_T$ となる. すると, $(u, 0) = (u, Tu)$ となり, $0 = Tu$ となるから, $u \in \operatorname{Ker} T$ となる. よって, $\operatorname{Ker} T$ は閉集合である. (i) を示す. $y \in (\mathcal{R}_T)^\perp$ とする. $x \in \mathcal{D}_T$ に対して, $Tx \in \mathcal{R}_T$ となるから, $|(Tx, y)_2| = 0 \leq \|x\|_1$ となり, $y \in \mathcal{D}_{T^*}$ となる. すべての $x \in \mathcal{D}_T$ に対して, $0 = (Tx, y)_2 = (x, T^*y)_1$ となるから, $T^*y = 0$ となり, $y \in \operatorname{Ker} T^*$ となる. よって, $(\mathcal{R}_T)^\perp \subset \operatorname{Ker} T^*$ が成り立つ. 逆の包含関係を示す. $y \in \operatorname{Ker} T^*$ とする. 任意の $x \in \mathcal{D}_T$ に対して, $(Tx, y)_2 = (x, T^*y)_1 = 0$ となるから, $y \in (\mathcal{R}_T)^\perp$ を得る. よって, $\operatorname{Ker} T^* \subset (\mathcal{R}_T)^\perp$ が成り立ち, $(\mathcal{R}_T)^\perp = \operatorname{Ker} T^*$ となる. (ii) を示す. (i) から, $(\operatorname{Ker} T^*)^\perp = \overline{\mathcal{R}_T}$ が成り立つ. T^* は閉作用素であるから, T を T^* に置き換えると, 補題 3.5 から, $T^{**} = T$ となるから, $\overline{\mathcal{R}_{T^*}} = (\operatorname{Ker} T)^\perp$ が成り立つ. (証明終)

定理 3.2 $\mathcal{D}_T$ は H_1 の稠密な部分空間で, $T : \mathcal{D}_T \to H_2$ は閉作用素とする. F は H_2 の閉部分空間で, $F \supset \mathcal{R}_T$ とする. すると, 次は同値である.

(i) $F = \mathcal{R}_T$.

(ii) 定数 $c > 0$ が存在して,

$$\|y\|_2 \leq c\|T^*y\|_1 \qquad (\forall y \in F \cap \mathcal{D}_{T^*}). \tag{3.2}$$

証明 (i)$\Longrightarrow$(ii). $F = \mathcal{R}_T$ と仮定する. $z \in H_2$ とする. $z = z_1 + z_2$ ($z_1 \in F$, $z_2 \in F^{\perp}$) と表される (練習問題 3.8 参照). 仮定から, $x \in \mathcal{D}_T$ が存在して, $z_1 = Tx$ と書けるから, $y \in F \cap \mathcal{D}_{T^*}$ に対して,

$$|(y, z)_2| = |(y, z_1)_2| = |(y, Tx)_2| = |(x, T^*y)_1| \le \|x\|_1 \|T^*y\|_1 \qquad (3.3)$$

が成り立つ. $\|T^*y\|_1 = 0$ のときは, (3.3) から, $y = 0$ となるから, (3.2) は成り立つ. よって, $\|T^*y\|_1 > 0$ のとき, (3.2) を示せばよい. このときは $w = y/\|T^*y\|_1$ とおくと, (3.2) は $\|w\|_2 \le c$ となるから, $\|T^*y\|_1 = 1$ のとき, $\|y\|_2 \le c$ を示せばよい. $A = \{y \in \mathcal{D}_{T^*} \cap F \mid \|T^*y\|_1 = 1\}$ とおく. $y \in A$ に対して, $\varphi_y(z) = (y, z)_2$ ($z \in H_2$) とおくと, φ_y は H_2 上の有界線形汎関数になる. $V_n = \bigcup_{y \in A}\{z \in H_2 \mid |\varphi_y(z)| > n\}$ とおくと, V_n は開集合である. V_n がすべて H_2 で稠密とすると, Baire の定理 (練習問題 1.3) から, $E = \bigcap_{n=1}^{\infty} V_n$ も H_2 で稠密である. したがって, 特に, $E \ne \phi$ である. $z \in E$ のとき, 任意の n に対して, $y \in A$ が存在して, $|\varphi_y(z)| > n$ となるが, (3.3) から, $|\varphi_y(z)| \le \|x\|_1$ となるから, 矛盾である. よって, 自然数 N が存在して, V_N は H_2 で稠密ではない. すると, $z_0 \in H_2$ と $r > 0$ が存在して, $\|z\|_2 < r$ ならば, $z_0 + z \notin V_N$ となる. よって, すべての $y \in A$ に対して, $|\varphi_y(z_0 + z)| \le N$, $|\varphi_y(z_0)| \le N$ となるから, $\|z\|_2 \le r$ のとき, $|\varphi_y(z)| \le |\varphi_y(z_0 + z)| + |\varphi_y(z_0)| \le 2N$ となる. すると,

$$\sup_{\|z\|=1} |(y, z)_2| = \sup_{\|z\|=1} |\varphi_y(z)| = \sup_{\|z\|=1} \frac{1}{r}|\varphi_y(rz)| \le \frac{2N}{r}$$

が成り立つ. ここで, $z = y/\|y\|_2$, $c = 2N/r$ とすると, $\|y\|_2 \le c$ を得る. よって, (ii) が成り立つ.

(ii)$\Longrightarrow$(i). (3.2) が成り立つと仮定する. $z \in F$ を固定する. $T^*(F \cap \mathcal{D}_{T^*})$ 上の線形汎関数 φ を, $w = T^*y$ ($y \in F \cap \mathcal{D}_{T^*}$) のとき, $\varphi(w) = (y, z)_2$ によって定義する. $w = T^*y_1 = T^*y_2$ ($y_1, y_2 \in F \cap \mathcal{D}_{T^*}$) とすると, (3.2) から, $y_1 = y_2$ となるから, φ の定義は $y \in F \cap \mathcal{D}_{T^*}$ の取り方に関係しない. (3.2) を用いると, $|\varphi(w)| \le \|y\|_2 \|z\|_2 \le c\|T^*y\|_1 \|z\|_2 = c\|w\|_1 \|z\|_2$ となるから, φ は $T^*(F \cap \mathcal{D}_{T^*})$ 上の有界線形汎関数になる. Hahn-Banach の定理から, φ は H_1 上の有界線形汎関数に拡張される. Riesz の表現定理か

ら, $x_0 \in H_1$ が存在して, $\varphi(w) = (w, x_0)_1$ $(w \in H_1)$ が成り立つ. $y \in \mathcal{D}_{T^*}$ とする. $y = y_1 + y_2$ $(y_1 \in F, \ y_2 \in F^\perp)$ と表される. 補題 3.6 から, $F^\perp \subset (\mathcal{R}_T)^\perp = \operatorname{Ker} T^* \subset \mathcal{D}_{T^*}$ となるから, $T^* y_2 = 0$, $y_1 = y - y_2 \in \mathcal{D}_{T^*}$ となり, $y = y_1 + y_2$ $(y_1 \in F \cap \mathcal{D}_{T^*}, \ y_2 \in F^\perp)$ と表される. $w = T^* y_1$ と おくと, φ の定義から, $\varphi(w) = (y_1, z)_2$ より,

$$(y, z)_2 = (y_1, z)_2 = \varphi(w) = (w, x_0)_1 = (T^* y_1, x_0)_1 = (T^* y, x_0)_1$$

が成り立つ. すると, $|(T^* y, x_0)_1| \leq \|y\|_2 \|z\|_2$ $(\forall y \in \mathcal{D}_{T^*})$ となるから, $x_0 \in \mathcal{D}_{T^{**}} = \mathcal{D}_T$ となる. よって, $y \in \mathcal{D}_{T^*}$ に対して, $(y, z)_2 = (T^* y, x_0)_1 = (y, T x_0)_2$ が成り立ち, 補題 3.5 から, $\mathcal{D}_{T^*}$ は H_2 で稠密であるから, $z = T x_0 \in \mathcal{R}_T$ となる. よって, $F \subset \mathcal{R}_T$ となり, $F = \mathcal{R}_T$ となる. (証明終)

補題 3.7 線形作用素 $T : \mathcal{D} \to H_2$ は閉作用素で, $\mathcal{R}_T$ が閉部分空間なら ば, $\mathcal{R}_{T^*}$ は閉部分空間である.

証明 $F = \mathcal{R}_T$ とすると, F は閉部分空間である. 定理 3.2 から, 定数 $c > 0$ が存在して, $\|y\|_2 \leq c \|T^* y\|_1$ $(\forall y \in F \cap \mathcal{D}_{T^*})$ が成り立つ. $y \in \mathcal{D}_{T^*}$ とする. $y \in F^\perp$ ならば, $\operatorname{Ker} T^* = (\mathcal{R}_T)^\perp = F^\perp$ であるから, $T^* y = 0$ と なる. よって, $T^*(\mathcal{D}_{T^*}) = T^*(F \cap \mathcal{D}_{T^*})$ となる. $z_\nu \in T^*(\mathcal{D}_{T^*})$, $z_\nu \to z$ と 仮定する. すると, $z_\nu = T^* y_\nu$ $(y_\nu \in F \cap \mathcal{D}_{T^*})$ と書ける.

$$\|y_\nu - y_\mu\|_2 \leq c \|T^*(y_\nu - y_\mu)\|_1 = c \|z_\nu - z_\mu\|_1 \to 0 \qquad (\nu, \mu \to \infty)$$

となるから, $\{y_\nu\}$ は Cauchy 列になり, 収束する. $\lim_{\nu \to \infty} y_\nu = y_0$ とする. する と, $(T^* y_\nu, y_\nu) \to (z, y_0)$ が成り立つ. T^* は閉作用素であるから, $y_0 \in \mathcal{D}_{T^*}$, $z = T^* y_0$ となる. よって, $z \in T^*(\mathcal{D}_{T^*})$ となるから, $T^*(\mathcal{D}_{T^*}) = \mathcal{R}_{T^*}$ は 閉部分空間である. (証明終)

3.2 L^2 空間上の $\bar{\partial}$ 作用素

定義 3.6 $\Omega \subset \mathbb{C}^n$ は開集合とする. 多重指標 $\alpha = (i_1, \cdots, i_p)$ と $\beta = (j_1, \cdots, j_q)$ に対して, $f = \sum'_{\alpha, \beta} f_{\alpha, \beta} dz^\alpha \wedge d\bar{z}^\beta$ を (p, q) 微分形式, あるいは

簡単に, (p,q) 形式という. ここで, $\sum'_{\alpha,\beta}$ は, $i_1 < i_2 < \cdots < i_p$ を満たす $\alpha = (i_1, \cdots, i_p)$ と, $j_1 < j_2 < \cdots < j_q$ を満たす $\beta = (j_1, \cdots, j_q)$ についての和をとることを意味する.

定義 3.7 (1) $\Omega \subset \mathbb{C}^n$ は開集合で, $\varphi(z)$ は Ω で定義された実数値連続関数とする. $f \in L^2(\Omega, \varphi)$ であるとは, $\int_\Omega |f(z)|^2 e^{-\varphi(z)} dV(z) < \infty$ が成り立つことである. ここで, dV は $\mathbb{C}^n$ における Lebesgue 測度とする.

(2) $f, g \in L^2_{(p,q)}(\Omega, \varphi)$, $f = \sum'_{\alpha,\beta} f_{\alpha,\beta} dz^\alpha \wedge d\bar{z}^\beta$, $g = \sum'_{\alpha,\beta} g_{\alpha,\beta} dz^\alpha \wedge d\bar{z}^\beta$ とするとき, f と g の内積を

$$(f,g) = \sum_{\alpha,\beta}{}' \int_\Omega f_{\alpha,\beta}(z) \overline{g_{\alpha,\beta}(z)} e^{-\varphi(z)} dV(z)$$

と定義すると, $L^2_{(p,q)}(\Omega, \varphi)$ はヒルベルト空間になる. $|f|^2 = \sum'_{\alpha,\beta} |f_{\alpha,\beta}|^2$ と定義すると, $\|f\|^2 = \int_\Omega |f|^2 e^{-\varphi} dV$ となる.

定義 3.8 (1) $f \in L^2_{\mathrm{loc}}(\Omega)$ に対して, $\partial f = \sum_{j=1}^n \frac{\partial f}{\partial z_j} dz_j$, $\bar{\partial} f = \sum_{j=1}^n \frac{\partial f}{\partial \bar{z}_j} d\bar{z}_j$ と定義する. ここで, 微分は超関数の意味での微分である.

(2) $f = \sum'_{\alpha,\beta} f_{\alpha,\beta} dz^\alpha \wedge d\bar{z}^\beta \in L^2_{(p,q)}(\Omega, \mathrm{loc})$ に対して,

$$\partial f = \sum_{\alpha,\beta}{}' \partial f_{\alpha,\beta} \wedge dz^\alpha \wedge d\bar{z}^\beta, \quad \bar{\partial} f = \sum_{\alpha,\beta}{}' \bar{\partial} f_{\alpha,\beta} \wedge dz^\alpha \wedge d\bar{z}^\beta,$$
$$df = \partial f + \bar{\partial} f$$

と定義する.

定義 3.9 Ω における $C^\infty (p,q)$ 形式で, 係数がコンパクトな台をもつものの全体の集合を $\mathcal{D}_{(p,q)}(\Omega)$ によって表す. 特に, $\mathcal{D}_{(0,0)}(\Omega)$ を $\mathcal{D}(\Omega)$ によって表す. 定義から, $\mathcal{D}(\Omega) = \mathcal{D}_{(0,0)}(\Omega) = C_c^\infty(\Omega)$ である.

定義 3.10 $\Omega \subset \mathbb{C}^n$ は開集合で, $\varphi_i \ (i = 1, 2, 3)$ は Ω で定義された実数値連続関数とする. このとき,

$$H_1 = L^2_{(p,q)}(\Omega, \varphi_1), \ H_2 = L^2_{(p,q+1)}(\Omega, \varphi_2), \ H_3 = L^2_{(p,q+2)}(\Omega, \varphi_3)$$

と定義する. ヒルベルト空間 H_j の内積を $(x,y)_j$ $(x, y \in H_j)$ によって表す. さらに,

$$\mathcal{D}_T = \{f \in H_1 \mid \bar{\partial}f \in H_2\}, \quad \mathcal{D}_S = \{f \in H_2 \mid \bar{\partial}f \in H_3\},$$

$$\bar{\partial}|_{\mathcal{D}_T} = T, \quad \bar{\partial}|_{\mathcal{D}_S} = S$$

と定義する.

補題 3.8 $f = {\sum}'_{|\alpha|=p} {\sum}'_{|\beta|=q} f_{\alpha,\beta} dz^\alpha \wedge d\bar{z}^\beta \in \mathcal{D}_T$ のとき,

$$Tf = (-1)^p {\sum_{|\alpha|=p}}' {\sum_{|\gamma|=q+1}}' {\sum_{\{k\}\cup\beta=\gamma}}' \varepsilon_\gamma^{k\beta} \frac{\partial f_{\alpha,\beta}}{\partial \bar{z}_k} dz^\alpha \wedge d\bar{z}^\gamma \tag{3.4}$$

が成り立つ. ここで, $\varepsilon_\gamma^{k\beta}$ は置換 $\begin{pmatrix} k\beta \\ \gamma \end{pmatrix}$ の符号である.

証明 $\bar{\partial}f$ の定義から,

$$\begin{aligned} Tf &= {\sum_{|\alpha|=p}}' {\sum_{|\beta|=q}}' \sum_{k=1}^n \frac{\partial f_{\alpha,\beta}}{\partial \bar{z}_k} d\bar{z}_k \wedge dz^\alpha \wedge d\bar{z}^\beta \\ &= (-1)^p {\sum_{|\alpha|=p}}' {\sum_{|\beta|=q}}' \sum_{k=1}^n \frac{\partial f_{\alpha,\beta}}{\partial \bar{z}_k} dz^\alpha \wedge d\bar{z}_k \wedge d\bar{z}^\beta \end{aligned}$$

となる. $\beta = (j_1, \cdots, j_q)$, $k \notin \beta$ のとき, $j_r < k < j_{r+1}$ とする. $\gamma = (j_1, \cdots, j_r, k, j_{r+1}, \cdots, j_q)$ とすると, $d\bar{z}_k \wedge d\bar{z}^\beta = (-1)^r d\bar{z}^\gamma = \varepsilon_\gamma^{k\beta} d\bar{z}^\gamma$ となるから, (2.4) が成り立つ. (証明終)

補題 3.9 $f = {\sum}'_{\alpha,\beta} f_{\alpha,\beta} dz^\alpha \wedge d\bar{z}^\beta \in \mathcal{D}_{T^*}$ に対して, 次が成り立つ.

$$T^*f = (-1)^{p-1} {\sum_{|\alpha|=p}}' {\sum_{|\gamma|=q}}' \sum_{k=1}^n e^{\varphi_1} \left\{ \frac{\partial}{\partial z_k} \left(e^{-\varphi_2} f_{\alpha,k\gamma} \right) \right\} dz^\alpha \wedge d\bar{z}^\gamma. \tag{3.5}$$

証明 $u = {\sum}'_{\alpha,\gamma} u_{\alpha,\gamma} dz^\alpha \wedge d\bar{z}^\gamma \in \mathcal{D}_{(p,q)}(\Omega)$ とすると, 補題 3.8 から

$$Tu = (-1)^p {\sum_{|\alpha|=p}}' {\sum_{|\delta|=q+1}}' {\sum_{\{k\}\cup\gamma=\delta}}' \varepsilon_\delta^{k\gamma} \frac{\partial u_{\alpha,\gamma}}{\partial \bar{z}_k} dz^\alpha \wedge d\bar{z}^\delta$$

となる. $\{k\} \cup \gamma$ を並べ替えたものを δ とすると, $f_{\alpha,\delta} = \varepsilon_\delta^{k\gamma} f_{\alpha,k\gamma}$ となるから,

$$
\begin{aligned}
(T^* f, u)_1 &= \int_\Omega \sum_{|\alpha|=p}{}' \sum_{|\gamma|=q}{}' (T^* f)_{\alpha,\gamma} \bar{u}_{\alpha,\gamma} e^{-\varphi_1} dV = (f, Tu)_2 \\
&= (-1)^p \int_\Omega \sum_{|\alpha|=p}{}' \sum_{|\delta|=q+1}{}' f_{\alpha,\delta} \sum_{\{k\} \cup \gamma = \delta}{}' \varepsilon_\delta^{k\gamma} \frac{\partial \bar{u}_{\alpha,\gamma}}{\partial z_k} e^{-\varphi_2} dV \\
&= (-1)^p \int_\Omega \sum_{|\alpha|=p}{}' \sum_{|\delta|=q+1}{}' f_{\alpha.k\gamma} \sum_{\{k\} \cup \gamma = \delta}{}' \frac{\partial \bar{u}_{\alpha,\gamma}}{\partial z_k} e^{-\varphi_2} dV \\
&= (-1)^p \sum_{|\alpha|=p}{}' \sum_{|\gamma|=q}{}' \sum_{k=1}^n \int_\Omega \frac{\partial \bar{u}_{\alpha,\gamma}}{\partial z_k} f_{\alpha,k\gamma} e^{-\varphi_2} dV \\
&= (-1)^{p-1} \sum_{|\alpha|=p}{}' \sum_{|\gamma|=q}{}' \int_\Omega \sum_{k=1}^n e^{\varphi_1} \frac{\partial}{\partial z_k} \left(f_{\alpha,k\gamma} e^{-\varphi_2} \right) \bar{u}_{\alpha,\gamma} e^{-\varphi_1} dV
\end{aligned}
$$

が成り立つ. 最後の等式は $\mathrm{supp}(u) \Subset \Omega$ であることを用いた. よって,

$$
(T^* f)_{\alpha,\gamma} = (-1)^{p-1} \sum_{k=1}^n e^{\varphi_1} \left\{ \frac{\partial}{\partial z_k} \left(e^{-\varphi_2} f_{\alpha,k\gamma} \right) \right\}
$$

を得る. (証明終)

定理 3.3　$\mathcal{D}_T$ は H_1 において稠密で, $T : \mathcal{D}_T \to H_2$ は閉作用素である.

証明　$\mathcal{D}_{(p,q)}(\Omega)$ は H_1 において稠密で, $\mathcal{D}_{(p,q)}(\Omega) \subset \mathcal{D}_T$ あるから, $\mathcal{D}_T$ は H_1 において稠密である. $\mathcal{G}_T = \{(f, Tf) \mid f \in \mathcal{D}_T\}$ とする. $(f_n, \bar{\partial} f_n) \to (f, g)$ と仮定する. $g_n = \bar{\partial} f_n$ とおく. さらに,

$$
f_n = \sum_{|\alpha|=p}{}' \sum_{|\beta|=q}{}' f_{\alpha,\beta}^n dz^\alpha \wedge d\bar{z}^\beta, \quad g_n = \sum_{|\alpha|=p}{}' \sum_{|\gamma|=q+1}{}' g_{\alpha,\gamma}^n dz^\alpha \wedge d\bar{z}^\gamma,
$$

$$
f = \sum_{|\alpha|=p}{}' \sum_{|\beta|=q}{}' f_{\alpha,\beta} dz^\alpha \wedge d\bar{z}^\beta, \quad g = \sum_{|\alpha|=p}{}' \sum_{|\gamma|=q+1}{}' g_{\alpha,\gamma} dz^\alpha \wedge d\bar{z}^\gamma
$$

とおくと, 補題 3.9 から,

$$
g_{\alpha,\gamma}^n = (-1)^p \sum_{\{j\} \cup \beta = \gamma}{}' \epsilon_\gamma^{j\beta} \frac{\partial f_{\alpha,\beta}^n}{\partial \bar{z}_j}
$$

が成り立つ. よって, $\psi \in C_c^\infty(\Omega)$ に対して,

$$\int_\Omega g_{\alpha,\gamma}^n \psi dV = (-1)^{p-1} \sideset{}{'}\sum_{\{j\} \cup \beta = \gamma} \epsilon_\gamma^{j\beta} \int_\Omega f_{\alpha,\beta}^n \frac{\partial \psi}{\partial \bar{z}_j} dV \qquad (3.6)$$

が成り立つ. $\{f_n\}$ は f に, $\{g_n\}$ は g にそれぞれ収束するから, 弱収束する. よって,

$$\int_\Omega f_{\alpha,\beta}^n \frac{\partial \psi}{\partial \bar{z}_j} dV \to \int_\Omega f_{\alpha,\beta} \frac{\partial \psi}{\partial \bar{z}_j} dV, \quad \int_\Omega g_{\alpha,\gamma}^n \psi dV \to \int_\Omega g_{\alpha,\gamma} \psi dV$$

が成り立つ. (3.6) において $n \to \infty$ とすると,

$$\int_\Omega g_{\alpha,\gamma} \psi dV = (-1)^{p-1} \sideset{}{'}\sum_{\{j\} \cup \beta = \gamma} \epsilon_\gamma^{j\beta} \int_\Omega f_{\alpha,\beta} \frac{\partial \psi}{\partial \bar{z}_j} dV$$

となるから,

$$g_{\alpha,\gamma} = (-1)^p \sideset{}{'}\sum_{\{j\} \cup \beta = \gamma} \epsilon_\gamma^{j\beta} \frac{\partial f_{\alpha,\beta}}{\partial \bar{z}_j} = (\bar{\partial} f)_{\alpha,\gamma}$$

を得る. よって, $g = \bar{\partial} f$ となるから, $\mathcal{G}_T$ は閉集合となり, T は閉作用素である. (証明終)

補題 3.10 $f = \sideset{}{'}\sum_{\alpha,\beta} f_{\alpha,\beta} dz^\alpha \wedge d\bar{z}^\beta \in \mathcal{D}_{(p,q+1)}(\Omega)$ のとき,

$$|\bar{\partial} f|^2 = \sideset{}{'}\sum_{\alpha,\beta} \sum_{j=1}^n \left| \frac{\partial f_{\alpha,\beta}}{\partial \bar{z}_j} \right|^2 - \sideset{}{'}\sum_{\alpha,\gamma} \sum_{j,k=1}^n \frac{\partial f_{\alpha,j\gamma}}{\partial \bar{z}_k} \overline{\frac{\partial f_{\alpha,k\gamma}}{\partial z_j}}.$$

証明 補題 3.8 より,

$$\bar{\partial} f = (-1)^p \sideset{}{'}\sum_{|\alpha|=p} \sideset{}{'}\sum_{|L|=q+2} \sideset{}{'}\sum_{\{k\} \cup K = L} \varepsilon_L^{kK} \frac{\partial f_{\alpha,K}}{\partial \bar{z}_k} dz^\alpha \wedge d\bar{z}^L$$

となるから,

$$|\bar{\partial} f|^2 = \sideset{}{'}\sum_{|\alpha|=p} \sideset{}{'}\sum_{|L|=q+2} \left(\sideset{}{'}\sum_{\{j\} \cup J = L} \varepsilon_L^{jJ} \frac{\partial f_{\alpha,J}}{\partial \bar{z}_j} \right) \left(\sideset{}{'}\sum_{\{k\} \cup K = L} \varepsilon_L^{kK} \overline{\frac{\partial f_{\alpha,K}}{\partial z_k}} \right)$$

$$= \sum_{\substack{|\alpha|=p}}' \sum_{\substack{|J|=q+1 \\ |K|=q+1}}' \sum_{j,k=1}^{n} \varepsilon_{kK}^{jJ} \frac{\partial f_{\alpha,J}}{\partial \bar{z}_j} \frac{\overline{\partial f_{\alpha,K}}}{\partial z_k}$$

$$= \sum_{\alpha,J,K}' \sum_{j=k} \varepsilon_{kK}^{jJ} \frac{\partial f_{\alpha,J}}{\partial \bar{z}_j} \frac{\overline{\partial f_{\alpha,K}}}{\partial z_k} + \sum_{\alpha,J,K}' \sum_{j\neq k} \varepsilon_{kK}^{jJ} \frac{\partial f_{\alpha,J}}{\partial \bar{z}_j} \frac{\overline{\partial f_{\alpha,K}}}{\partial z_k}.$$

を得る. 最後の式の最初の項では $j = k$ であるから, $J = K$, かつ, $j \notin J$ となる. よって,

$$A := \sum_{\alpha,J,K}' \sum_{j=k} \varepsilon_{kK}^{jJ} \frac{\partial f_{\alpha,J}}{\partial \bar{z}_j} \frac{\overline{\partial f_{\alpha,K}}}{\partial z_k} = \sum_{\alpha,J}' \sum_{j\notin J} \left| \frac{\partial f_{\alpha,J}}{\partial \bar{z}_j} \right|^2$$

となる. 第 2 項では, $k \neq j$ であるから, $k \in J$, $j \in K$ となる. $J - \{k\} = K - \{j\} = \xi$ とおくと,

$$\varepsilon_{kK}^{jJ} = \varepsilon_{jk\xi}^{jJ} \varepsilon_{kj\xi}^{jk\xi} \varepsilon_{kK}^{kj\xi} = -\varepsilon_{k\xi}^{J} \varepsilon_{K}^{j\xi},$$

$$f_{\alpha,J} = \varepsilon_{k\xi}^{J} f_{\alpha,k\xi}, \quad f_{\alpha,K} = \varepsilon_{K}^{j\xi} f_{\alpha,j\xi}$$

となるから,

$$B := \sum_{\alpha,J,K}' \sum_{j\neq k} \varepsilon_{kK}^{jJ} \frac{\partial f_{\alpha,J}}{\partial \bar{z}_j} \frac{\overline{\partial f_{\alpha,K}}}{\partial z_k} = -\sum_{\alpha,\xi}' \sum_{j\neq k} \frac{\partial f_{\alpha,k\xi}}{\partial \bar{z}_j} \frac{\overline{\partial f_{\alpha,j\xi}}}{\partial z_k}$$

一方,

$$C := \sum_{\alpha,J}' \sum_{j\in J} \left| \frac{\partial f_{\alpha,J}}{\partial \bar{z}_j} \right|^2 = \sum_{\alpha,\xi}' \sum_{j=1}^{n} \left| \frac{\partial f_{\alpha,j\xi}}{\partial \bar{z}_j} \right|^2$$

が成り立つから, $|\bar{\partial} f|^2 = A + B = A + C + B - C$ となり, 求める等式を得る. (証明終)

3.3   Skoda の割算定理

定義 3.11 Ω は $\mathbb{C}^n$ における擬凸開集合で, $\varphi \in C^1(\Omega)$ とする.

$$H_1 = L_{(0,0)}(\Omega, \varphi), \quad H_2 = L_{(0,1)}^2(\Omega, \varphi), \quad H_3 = L_{(0,2)}^2(\Omega, \varphi),$$

$$\mathcal{D}_T = \{f \in H_1 \mid \bar{\partial}f \in H_2\}, \quad \mathcal{D}_S = \{f \in H_2 \mid \bar{\partial}f \in H_3\},$$

$$T = \bar{\partial}|_{\mathcal{D}_T}, \quad S = \bar{\partial}|_{\mathcal{D}_S}$$

と定義する.

Skoda の割算定理の証明には次の補題 3.11 と定理 3.4 が必要である. 証明は拙著 [多変数複素解析入門 [AD4]] または Hörmander[HR1] を参照されたい.

補題 3.11 $\Omega \subset\subset \mathbb{C}^n$ は C^2 境界をもつ開集合で, $\rho(z)$ は Ω の定義関数とする. $f = \sum_{j=1}^{n} f_j d\bar{z}_j \in C_{(0,1)}^1(\overline{\Omega})$ に対して, $f \in \mathcal{D}_{T^*}$ であるための必要十分条件は,

$$\sum_{j=1}^{n} f_j(z)\frac{\partial \rho(z)}{\partial z_j} = 0 \qquad (z \in \partial\Omega)$$

が成り立つことである.

定理 3.4 (Hörmander の不等式) $\Omega \subset\subset \mathbb{C}^n$ は C^2 境界をもつ擬凸開集合で, $\varphi(z)$ は $\overline{\Omega}$ の近傍で定義された C^2 級関数とする. すると, $f = \sum_{j=1}^{n} f_j d\bar{z}^j \in \mathcal{D}_{T^*} \cap \mathcal{D}_S$ に対して

$$\sum_{j,k=1}^{n} \int_{\Omega} f_j \bar{f}_k \frac{\partial^2 \varphi}{\partial z_j \partial \bar{z}_k} e^{-\varphi} dV \le \|T^*f\|_1^2 + \|Sf\|_3^2 \qquad (3.7)$$

が成り立つ.

定理 3.4 を用いて, Skoda の割算定理を証明する.

定義 3.12 $\Omega \subset \mathbb{C}^n$ は擬凸開集合とする.

(1) $g_1, \cdots, g_p$ は Ω における正則関数とする. $g = (g_1, \cdots, g_p)$, $|g| = \sqrt{|g_1|^2 + \cdots + |g_p|^2}$ と定義する.

(2) φ_1, φ_2 は Ω 上の実数値連続関数とする.

$$\mathcal{D}_T = \{f \in L^2(\Omega, \varphi_1) \mid \bar{\partial}f \in L_{(0,1)}^2(\Omega, \varphi_1)\}$$

と定義する. $T : \mathcal{D}_T \to L^2_{(0,1)}(\Omega, \varphi_1)$ を, $T(f) = \bar{\partial} f$ によって定義する. また,

$$\mathcal{D}_S = \{ v \in L^2_{(0,1)}(\Omega, \varphi_1) \mid \bar{\partial} v \in L^2_{(0,2)}(\Omega, \varphi_1) \}$$

と定義する. $S : \mathcal{D}_S \to L^2_{(0,2)}(\Omega, \varphi_1)$ を $S(v) = \bar{\partial} v$ によって定義する.

定義 3.13   ヒルベルト空間 H_1, H_2, H_3 を次のように定義する.

$$
\begin{aligned}
H_1 &= \{ h = (h_1, \cdots, h_p) \mid h_i \in L^2(\Omega, \varphi_1), \forall i \} = [L^2(\Omega, \varphi_1)]^p \\
H_2 &= L^2(\Omega, \varphi_2), \\
H_3 &= \{ v = (v_1, \cdots, v_p) \mid v_i \in L^2_{(0,1)}(\Omega, \varphi_1), \forall i \} = [L^2_{(0,1)}(\Omega, \varphi_1)]^p.
\end{aligned}
$$

$v = (v_1, \cdots, v_p) \in H_3$ とすると, $v_i = \sum\limits_{k=1}^{n} v_{ik} d\bar{z}_k$, $(v_{ik} \in L^2(\Omega, \varphi_1))$ と表される. H_1, H_3 の内積をそれぞれ, $(\cdot, \cdot)_1$, $(\cdot, \cdot)_3$ とするとき, 次のように定義する. $h, k \in H_1$, $h = (h_1, \cdots, h_p)$, $k = (k_1, \cdots, k_p)$ とするとき,

$$(h, k)_1 = \sum_{i=1}^{p} (h_i, k_i)$$

と定義し, $v, w \in H_3$, $v = (v_1, \cdots, v_p)$, $w = (w_1, \cdots, w_p)$ とするとき,

$$(v, w)_3 = \sum_{i=1}^{p} (v_i, w_i)$$

と定義する.

線形作用素 $T_1 : H_1 \to H_2$ を, $h = (h_1, \cdots, h_p) \in H_1$ に対して,

$$T_1(h) = \sum_{i=1}^{p} g_i h_i$$

と定義する. ここで, Ω は有界で, φ_1, φ_2, g_i は $\overline{\Omega}$ の近傍で連続であると仮定する. すると, $T_1 : H_1 \to H_2$ は連続な線形作用素になる.

$$\mathcal{D}_{T_2} = \{ h = (h_1, \cdots, h_p) \in H_1 \mid \bar{\partial} h_i \in L^2_{(0,1)}(\Omega, \varphi_1), i = 1, \cdots, p \}$$

と定義し, $T_2 : \mathcal{D}_{T_2} \to H_3$ を $T_2(h) = (\bar{\partial}h_1, \bar{\partial}h_2, \cdots, \bar{\partial}h_p)$ によって定義する. すると,

$$h = (h_1, \cdots, h_p) \in \mathcal{D}_{T_2} \Longleftrightarrow h_i \in \mathcal{D}_T \ (i = 1, \cdots, p)$$

となる. また,

$$\begin{aligned}
\mathrm{Ker}\, T_2 &= \{h \in H_1 \mid T_2 h = 0\} \\
&= \{h = (h_1, \cdots, h_p) \mid h_i \in \mathcal{O}(\Omega) \cap L^2(\Omega, \varphi_1), \ i = 1, \cdots, p\}
\end{aligned}$$

となる. よって,

$$T_1(\mathrm{Ker}\, T_2) = \left\{ \sum_{i=1}^{p} g_i h_i \mid h_i \in \mathcal{O}(\Omega) \cap L^2(\Omega, \varphi_1), \ i = 1, \cdots, p \right\}$$

となる. ここで,

$$G_2 = \mathcal{O}(\Omega) \cap L^2(\Omega, \varphi_2)$$

とおくと, $T_1(\mathrm{Ker}\, T_2) \subset G_2$ となる. また, G_2 は Bergman 空間であるから, G_2 は H_2 の閉部分空間である (安達 [AD4] 参照). また, $\varphi_1, \varphi_2, g_i$ は $\overline{\Omega}$ で連続であるから, $G_2 \subset \mathcal{D}_{T_1^*}$ となる.

補題 3.12 定数 $c > 0$ が存在して,

$$\|T_1^* y + T_2^* z\|_1 \geq c\|y\|_2 \qquad (y \in G_2, \ z \in \mathcal{D}_{T_2^*}) \tag{3.8}$$

が成り立つと仮定する. すると, 任意の $y_0 \in G_2$ に対して, $x_0 \in \mathrm{Ker}\, T_2$ が存在して,

$$y_0 = T_1 x_0, \quad \|x_0\|_1 \leq c^{-1}\|y_0\|_2$$

が成り立つ.

証明 $y_0 \in G_2$ を固定する. 線形汎関数 $\Phi : T_1^* G_2 + \mathcal{R}_{T_2^*} \to \mathbb{C}$ を

$$\Phi(T_1^* y + T_2^* z) = (y, y_0)_2 \qquad (y \in G_2, \ z \in \mathcal{D}_{T_2^*})$$

によって定義する. すると,

$$\Phi(T_1^* y + T_2^* z) \leq \|y\|_2 \|y_0\|_2 \leq c^{-1}\|T_1^* y + T_2^* z\|_1 \|y_0\|_2$$

となるから, $\|\Phi\| \leq c^{-1}\|y_0\|_2$ となる. よって, Φ は有界である. すると, Hahn-Banach の定理から, Φ は H_1 上の有界線形汎関数に拡張される. Riesz の表現定理から, $x_0 \in H_1$ が存在して,

$$\Phi(x) = (x, x_0)_1 \quad (x \in H_1), \qquad \|x_0\|_1 = \|\Phi\| \leq c^{-1}\|y_0\|_2$$

となる. 特に, $y = 0$ とすると,

$$|(T_2^* z, x_0)_1| = |\Phi(T_2^* z)| = |(0, y_0)_2| = 0 \leq \|z\|_3$$

となるから, $x_0 \in \mathcal{D}_{T_2^{**}} = \mathcal{D}_{T_2}$ となる. すると, $0 = (T_2^* z, x_0)_1 = (z, T_2 x_0)_3$ となる. $\mathcal{D}_{T_2^*}$ は H_3 で稠密であるから, $T_2(x_0) = 0$ となり, $x_0 \in \mathrm{Ker}\, T_2$ となる. さらに, $y \in G_2$ とすると,

$$(y, y_0)_2 = \Phi(T_1^* y + T_2^* z) = (T_1^* y + T_2^* z, x_0)_1 = (T_1^* y, x_0)_1 = (y, T_1 x_0)_2$$

となるから, $(y, y_0 - T_1 x_0)_2 = 0 \; (y \in G_2)$ となる. $T_1(\mathrm{Ker}\, T_2) \subset G_2$ より, $y_0 - T_1 x_0 \in G_2$ となるから, $y_0 - T_1 x_0 = 0$ となる. (証明終)

定理 3.5 (Skoda の割算定理 (Skoda's division theorem)) $\Omega \subset \mathbb{C}^n$ は擬凸開集合で, $\psi(z)$ は Ω 上の多重劣調和関数とする. $g = (g_1, \cdots, g_p)$ は Ω 上の正則関数の p 個の組とする. $\alpha > 1$, $q = \min\{n, p-1\}$ とする. すると, Ω 上の正則関数 $f(z)$ が

$$I = \int_\Omega |f|^2 |g|^{-2\alpha q - 2} e^{-\psi} dV < \infty$$

を満たすならば, Ω 上の正則関数の組 $(h_1, \cdots, h_p)$ が存在して, 次が成り立つ.

$$f = \sum_{k=1}^p h_k g_k, \quad \int_\Omega |h|^2 |g|^{-2\alpha q} e^{-\psi} dV \leq \frac{\alpha}{\alpha - 1} I.$$

証明 [1] 最初に, Ω は C^∞ 境界をもつ有界擬凸領域で, φ_1, φ_2 は $\overline{\Omega}$ の近傍で C^2 級多重劣調和であると仮定する. さらに, $g_1, \cdots, g_p$ は $\overline{\Omega}$ の近傍で正則かつ $|g| > 0$ と仮定する. $\varphi = \varphi_2 - \varphi_1$ とおく. $u \in L^2(\Omega, \varphi_2)$, $h \in H_1$ に対して,

$$(T_1 h, u)_2 = \int_\Omega \sum_{i=1}^p g_i h_i \bar{u} e^{-\varphi_2} dV = \int_\Omega \sum_{i=1}^p h_i \overline{(\bar{g}_i u e^{-\varphi})} e^{-\varphi_1} dV$$

となるから, $T_1^* u = (\bar{g}_1 u e^{-\varphi}, \cdots, \bar{g}_p u e^{-\varphi})$ と定義すると, $(T_1 h, u)_2 = (h, T_1^* u)_1$ が成り立つ. また, $v \in \mathcal{D}_{T_2^*}$, $v = (v_1, \cdots, v_p)$ とする. $f \in \mathcal{D}_T$ に対して, $h = (0, \cdots, \overset{i}{f}, \cdots, 0)$ とすると, $h \in \mathcal{D}_{T_2}$ で, 定数 $c > 0$ が存在して,

$$|(Tf, v_i)| = |(T_2 h, v)_3| \le c\|h\|_1 = c\|f\|$$

となるから, $v_i \in \mathcal{D}_{T^*}$ となる.

$v = (v_1, \cdots, v_p) \in H_3$, $v_i \in \mathcal{D}_{T^*}$ $(i = 1, \cdots, p)$ に対して, 定数 $c' > 0$ が存在して, $h \in \mathcal{D}_{T_2}$ とすると,

$$|(T_2 h, v)_3| = |\sum_{i=1}^{p} (Th_i, v_i)| \le c'\|h\|$$

となるから, $v \in \mathcal{D}_{T_2^*}$ となる. よって, $\mathcal{D}_{T_2^*} = \{v = (v_1, \cdots, v_p) \mid v_i \in \mathcal{D}_{T^*}\}$ となる. $v \in \mathcal{D}_{T_2^*}$ に対して, $T_2^* v = (T^* v_1, \cdots, T^* v_p)$ とおくと,

$$(h, T_2^* v)_1 = \sum_{i=1}^{p} (h_i, T^* v_i) = \sum_{i=1}^{p} (Th_i, v_i) = (T_2 h, v)_3$$

が成り立つ. 補題 3.12 から, $T_2(\mathrm{Ker}\, T_1) = G_2$ となるためには, (3.8) において, $y = u \in G_2$, $z = v = (v_1, \cdots, v_p)$ $(v_i \in \mathcal{D}_{T^*})$ とおいたとき,

$$\|T_1^* u + T_2^* v\|_1^2 = \sum_{i=1}^{p} \|\bar{g}_i u e^{-\varphi} + T^* v_i\|_{\varphi_1}^2 \ge c^2 \|u\|_{\varphi_2}^2$$

が成り立てばよい. $u \in L^2(\Omega, \varphi_2)$ に対して,

$$\|T_1^* u\|_1^2 = \int_\Omega \sum_{i=1}^{p} |\bar{g}_i u e^{-\varphi}|^2 e^{-\varphi_1} dV = \int_\Omega |g|^2 |u|^2 e^{-2\varphi - \varphi_1} dV$$

となる. 一方, $u \in G_2$ は正則, かつ $u \in L^2(\Omega, \varphi_2)$ で, g, φ, φ_2 は $\overline{\Omega}$ で C^2 級であるから,

$$T(\bar{g}_i u e^{-\varphi}) = \bar{\partial}(\bar{g}_i u e^{-\varphi}) = u\bar{\partial}(\bar{g}_i e^{-\varphi}) \in L^2_{(0,1)}(\Omega, \varphi_2)$$

となる. よって, $\bar{g}_i u e^{-\varphi} \in \mathcal{D}_T$ となる. すると,

$$
2\mathrm{Re}(T_1^* u, T_2^* v)_1 = 2\mathrm{Re} \sum_{i=1}^{p} (\bar{g}_i u e^{-\varphi}, T^* v_i)_{\varphi_1}
$$

$$
= 2\mathrm{Re} \sum_{i=1}^{p} (T(\bar{g}_i u e^{-\varphi}), v_i)_{\varphi_1} = 2\mathrm{Re} \sum_{i=1}^{p} (u\bar{\partial}(\bar{g}_i e^{-\varphi}), v_i)_{\varphi_1}
$$

$$
= 2\mathrm{Re} \int_\Omega \sum_{i=1}^{p}\sum_{k=1}^{n} u\frac{\partial}{\partial \bar{z}_k}(\bar{g}_i e^{-\varphi})\bar{v}_{ik}e^{-\varphi_1}dV
$$

$$
= 2\mathrm{Re} \int_\Omega u\left[\sum_i\sum_k \frac{\partial}{\partial z_k}(g_i e^{-\varphi})v_{ik}\right]e^{-\varphi_1}dV
$$

$$
\geq -2\int_\Omega |u|e^{-\varphi}\left|\sum_i\sum_k e^{\varphi}\frac{\partial}{\partial z_k}(g_i e^{-\varphi})v_{ik}\right|e^{-\varphi_1}dV
$$

となる. $a \geq 0$, $b \geq 0$, $d > 0$ のとき, $\frac{a^2}{d} + db^2 \geq 2ab$ であるから, $\alpha > 1$ の とき,

$$
d = \frac{\alpha}{|g|^2}, \quad a = |u|e^{-\varphi}, \quad b = \left|\sum_{i=1}^{p}\sum_{k=1}^{n} e^{\varphi}\frac{\partial}{\partial z_k}(g_i e^{-\varphi})v_{ik}\right|
$$

とおくと,

$$
2\mathrm{Re}(T_1^* u, T_2^* v)_1 \geq -\int_\Omega 2abe^{-\varphi_1}dV \geq -\int_\Omega \left(\frac{a^2}{d} + db^2\right)e^{-\varphi_1}dV
$$

$$
= -\int_\Omega \frac{|g|^2}{\alpha}|u|^2 e^{-2\varphi-\varphi_1}dV
$$

$$
-\int_\Omega \alpha|g|^{-2}\left|\sum_{i=1}^{p}\sum_{k=1}^{n} e^{\varphi}\frac{\partial}{\partial z_k}(g_i e^{-\varphi})v_{ik}\right|^2 e^{-\varphi_1}dV \tag{3.9}
$$

が成り立つ. Hörmander の不等式 (定理 3.4) より, $v_i \in \mathcal{D}_{T^*} \cap \mathcal{D}_S$ のとき,

$$
\|T^* v_i\|_{\varphi_1}^2 + \|Sv_i\|_{\varphi_1}^2 \geq \sum_{k,\ell=1}^{n} \int_\Omega \frac{\partial^2\varphi_1}{\partial z_k\partial\bar{z}_\ell}v_{ik}\bar{v}_{i\ell}e^{-\varphi_1}dV
$$

となるから,

$$\|T_2^* v\|_1^2 + \sum_{i=1}^p \|S v_i\|_{\varphi_1}^2 = \sum_{i=1}^p \|T^* v_i\|_{\varphi_1}^2 + \sum_{i=1}^p \|S v_i\|_{\varphi_1}^2$$

$$\geq \int_\Omega \sum_{i,k,\ell} \frac{\partial^2 \varphi_1}{\partial z_k \partial \bar{z}_\ell} v_{ik} \bar{v}_{i\ell} e^{-\varphi_1} dV$$

$$(1 \leq i \leq p,\ 1 \leq k, \ell \leq n)$$

となる. すると, $u \in G_2$, $v_i \in \mathcal{D}_{T^*} \cap \mathcal{D}_S$, $\alpha > 1$ に対して,

$$\|T_1^* u + T_2^* v\|_1^2 + \sum_{i=1}^p \|S v_i\|_{\varphi_1}^2$$

$$= \|T_1^* u\|_1^2 + \|T_2^* v\|_1^2 + 2\mathrm{Re}(T_1^* u, T_2^* v)_1 + \sum_{i=1}^p \|S v_i\|_{\varphi_1}^2$$

$$\geq \int_\Omega |g|^2 |u|^2 e^{-2\varphi - \varphi_1} dV - \int_\Omega \frac{|g|^2}{\alpha} |u|^2 e^{-2\varphi - \varphi_1} dV$$

$$- \int_\Omega \alpha |g|^{-2} \left| \sum_{i=1}^p \sum_{k=1}^n e^\varphi \frac{\partial}{\partial z_k} (g_i e^{-\varphi}) v_{ik} \right|^2 e^{-\varphi_1} dV$$

$$+ \int_\Omega \sum_{i,k,\ell} \frac{\partial^2 \varphi_1}{\partial z_k \partial \bar{z}_\ell} v_{ik} \bar{v}_{i\ell} e^{-\varphi_1} dV$$

$$= \left(1 - \frac{1}{\alpha}\right) \int_\Omega |g|^2 |u|^2 e^{-2\varphi - \varphi_1} dV$$

$$+ \int_\Omega \left(\sum_{i,k,\ell} \frac{\partial^2 \varphi_1}{\partial z_k \partial \bar{z}_\ell} v_{ik} \bar{v}_{i\ell} - \alpha |g|^{-2} | \sum_{i,k} e^\varphi \frac{\partial}{\partial z_k} (g_i e^{-\varphi}) v_{ik} |^2 \right) e^{-\varphi_1} dV$$

$$\tag{3.10}$$

が成り立つ.

$$\varphi = \log |g|^2, \quad \varphi_1 = \psi + \beta \log |g|^2, \quad \varphi_2 = \varphi + \varphi_1$$

とおく. ψ は $\overline{\Omega}$ 上で C^2 級多重劣調和とする. β は後で決定する.

$g_1, \cdots, g_p$ は正則であるから

$$\sum_{k,\ell} \frac{\partial^2}{\partial z_k \partial \bar{z}_\ell} (\log |g|^2) v_{ik} \bar{v}_{i\ell}$$

$$= \frac{1}{|g|^2} \sum_j |\sum_k \frac{\partial g_j}{\partial z_k} v_{ik}|^2 - \frac{1}{|g|^4} |\sum_{j,k} \bar{g}_j \frac{\partial g_j}{\partial z_k} v_{ik}|^2$$

$$= \frac{1}{|g|^4} \left(\sum_{j,m} |g_m|^2 |\sum_k \frac{\partial g_j}{\partial z_k} v_{ik}|^2 - |\sum_{j,k} \bar{g}_j \frac{\partial g_j}{\partial z_k} v_{ik}|^2 \right) \quad (3.11)$$

となる. ここで, Lagrange の等式 (練習問題 3.2 参照)

$$|\sum_j a_j \bar{b}_j|^2 + \sum_{m<j} |a_m b_j - a_j b_m|^2 = \sum_{j,m} |a_m|^2 |b_j|^2$$

において, $a_m = g_m$, $b_j = \sum_k \frac{\partial g_j}{\partial z_k} v_{ik}$ とすると, (3.11) から,

$$\sum_{m<j} |\sum_k (g_m \frac{\partial g_j}{\partial z_k} - g_j \frac{\partial g_m}{\partial z_k}) v_{ik}|^2$$

$$= \sum_{j,m} |g_m|^2 |\sum_k \frac{\partial g_j}{\partial z_k} v_{ik}|^2 - |\sum_j \bar{g}_j \sum_k \frac{\partial g_j}{\partial z_k} v_{ik}|^2$$

$$= |g|^4 \sum_{k,\ell} \frac{\partial^2}{\partial z_k \partial \bar{z}_\ell} (\log |g|^2) v_{ik} \bar{v}_{i\ell} \quad (3.12)$$

が成り立つ. 一方, $\varphi = \log |g|^2$ であるから,

$$|\sum_{i,k} e^\varphi \frac{\partial}{\partial z_k} (g_i e^{-\varphi}) v_{ik}|^2 = \frac{1}{|g|^4} |\sum_{i,j,k} \bar{g}_j \left(g_j \frac{\partial g_i}{\partial z_k} - g_i \frac{\partial g_j}{\partial z_k} \right) v_{ik}|^2 \quad (3.13)$$

が成り立つ. 練習問題 3.3 の等式

$$|\sum_{i,j,k} \bar{a}_j (a_j b_{ik} - a_i b_{jk}) c_{ik}|^2 \le q|a|^2 \sum_i \sum_{m<j} |\sum_k (a_m b_{jk} - a_j b_{mk}) c_{ik}|^2$$

において, $a_j = g_j$, $b_{ik} = \partial g_i / \partial z_k$, $c_{ik} = v_{ik}$ とすると,

$$|\sum_{i,j,k} \bar{g}_j \left(g_j \frac{\partial g_i}{\partial z_k} - g_i \frac{\partial g_j}{\partial z_k} \right) v_{ik}|^2$$

$$\le q|g|^2 \sum_i \sum_{m<j} |\sum_k \left(g_m \frac{\partial g_j}{\partial z_k} - g_j \frac{\partial g_m}{\partial z_k} \right) v_{ik}|^2 \quad (3.14)$$

となるから, (3.12), (3,13), (3.14) から,

$$|\sum_{i,k} e^\varphi \frac{\partial}{\partial z_k}(g_i e^{-\varphi})v_{ik}|^2 \le q|g|^2 \sum_{i,k,\ell} \frac{\partial^2 \log|g|^2}{\partial z_k \partial \bar{z}_\ell} v_{ik}\bar{v}_{i\ell} \tag{3.15}$$

を得る. ここで, $\beta = \alpha q$ とすると, (3.15) から,

$$\sum_{i,k,\ell} \frac{\partial^2 \varphi_1}{\partial z_k \partial \bar{z}_\ell} v_{ik}\bar{v}_{i\ell} = \sum_{i,k,\ell} \frac{\partial^2 \psi}{\partial z_k \partial \bar{z}_\ell} v_{ik}\bar{v}_{i\ell} + \alpha q \sum_{i,k,\ell} \frac{\partial^2 \log|g|^2}{\partial z_k \partial \bar{z}_\ell} v_{ik}\bar{v}_{i\ell}$$

$$\ge \sum_{i,k,\ell} \frac{\partial^2 \psi}{\partial z_k \partial \bar{z}_\ell} v_{ik}\bar{v}_{i\ell} + \alpha|g|^{-2}|\sum_{i,k} e^\varphi \frac{\partial}{\partial z_k}(g_i e^{-\varphi})v_{ik}|^2 \tag{3.16}$$

となる. また, $|g|^2 e^{-2\varphi-\varphi_1} = |g|^{-2}e^{\varphi-\varphi_2} = e^{-\varphi_2}$ となるから, (3.10) と (3.16) より,

$$\|T_1^*u + T_2^*v\|_1^2 + \sum_{i=1}^{p} \|Sv_i\|_{\varphi_1}^2$$

$$\ge \left(1 - \frac{1}{\alpha}\right) \int_\Omega |u|^2 e^{-\varphi_2} dV + \int_\Omega \sum_{i,k,\ell} \frac{\partial^2 \psi}{\partial z_k \partial \bar{z}_\ell} v_{ik}\bar{v}_{i\ell} e^{-\varphi_1} dV$$

$$\ge \left(1 - \frac{1}{\alpha}\right) \int_\Omega |u|^2 e^{-\varphi_2} dV \tag{3.17}$$

となる. 一方, $\|T_1^*u + T_2^*v\|_1^2 = \sum_{i=1}^{p} \|\bar{g}_i u e^{-\varphi} + T^*v_i\|_{\varphi_1}^2$ であるから, $v_i \in \mathcal{D}_{T^*} \cap \mathcal{D}_S$ のとき,

$$\sum_{i=1}^{p} \|\bar{g}_i u e^{-\varphi} + T^*v_i\|_{\varphi_1}^2 + \sum_{i=1}^{p} \|Sv_i\|_{\varphi_1}^2 \ge \left(1 - \frac{1}{\alpha}\right) \int_\Omega |u|^2 e^{-\varphi_2} dV \tag{3.18}$$

となる. ここで, $v_i = v_i' + v_i''$ ($v_i' \in \mathrm{Ker}S$, $v_i'' \in (\mathrm{Ker}S)^\perp$) と表すと, $ST = 0$ であるから, $\mathcal{R}_T \subset \mathrm{Ker}\,S$ となる. よって, $\varphi \in \mathcal{D}_T$ のとき, $T\varphi \in \mathrm{Ker}\,S$ となるから, $(T\varphi, v_i'') = 0$ となる. すると, $(T\varphi, v_i'')| = 0 \le \|\varphi\|$ ($\forall\varphi \in \mathcal{D}_T$) となるから, $v_i'' \in \mathcal{D}_{T^*}$ となる. すると, $(T^*v_i'', \varphi) = (v_i'', T\varphi) = 0$ となり, $T^*v_i'' = 0$ となる. よって, $T^*v_i = T^*v_i'$, $Sv_i' = 0$ となる. (3.18) は v_i を v_i'

に置き換えても成り立つから, $u \in G_2$, $v_i \in \mathcal{D}_{T^*} \cap \mathcal{D}_S$ のとき,

$$\|T_1^* u + T_2^* v\|_1^2 = \sum_{i=1}^p \|\bar{g}_i u e^{-\varphi} + T^* v_i\|_{\varphi_1}^2$$

$$= \sum_{i=1}^p \|\bar{g}_i u e^{-\varphi} + T^* v_i'\|_{\varphi_1}^2 \geq \left(1 - \frac{1}{\alpha}\right) \int_\Omega |u|^2 e^{-\varphi_2} dV \quad (3.19)$$

が成り立つ. $\mathcal{D}_{(0,1)}(\Omega) \subset \mathcal{D}_{T^*} \cap \mathcal{D}_S$ である (練習問題 3.4). $T^*(\mathcal{D}_{(0,1)}(\Omega))$ は $\mathcal{R}_{T^*} = T^*(\mathcal{D}_{T^*})$ で稠密である (練習問題 3.5). $u \in G_2$, $v_i \in \mathcal{D}_{T^*}$ とする. $T^* v_i \in \mathcal{R}_{T^*}$ であるから, 上に述べたことから, $v_i^{(k)} \in \mathcal{D}_{(0,1)}(\Omega)$ $(k = 1, 2, \cdots)$ が存在して, $T^* v_i^{(k)} \to T^* v_i$ $(k \to \infty)$ となる. $v^{(k)} = (v_1^{(k)}, \cdots, v_n^{(k)})$ とするとき, (3.19) から,

$$\|T_1^* u + T_2^* v^{(k)}\|_1^2 \geq \left(1 - \frac{1}{\alpha}\right) \int_\Omega |u|^2 e^{-\varphi_2} dV$$

となるから, $k \to \infty$ とすると, $u \in G_2$, $v \in \mathcal{D}_{T_2^*}$ のとき,

$$\|T_1^* u + T_2^* v\|_1^2 \geq \left(1 - \frac{1}{\alpha}\right) \int_\Omega |u|^2 e^{-\varphi_2} dV$$

が成り立つ. 補題 3.12 から, 任意の $f \in G_2$ に対して, $h = (h_1, \cdots, h_p) \in \mathrm{Ker}\, T_2$ が存在して, $f = T_1 h = \sum_{j=1}^n h_j g_j$, $\|h\|_1^2 \leq \frac{\alpha}{\alpha-1} \|f\|_2^2$ が成り立つ. ここで, $\varphi_2 = \psi + (1 + \alpha q) \log |g|^2$ であるから, 条件 $f \in G_2$ は f が Ω で正則で, $\int_\Omega |f|^2 |g|^{-2\alpha q-2} e^{-\psi} dV < \infty$ となることである. また, $\varphi_1 = \psi + \alpha q \log |g|^2$ であるから,

$$\|h\|_1^2 = \sum_{i=1}^p \|h_i\|_{\varphi_1}^2 = \sum_{i=1}^p \int_\Omega |h_i|^2 e^{-\varphi_1} dV = \int_\Omega |h|^2 |g|^{-2\alpha q} e^{-\psi} dV$$

となる. よって, 定理 3.5 は成り立つ.

[2] 一般の場合. Ω で $|g| > 0$ であることは仮定する. 滑らかな境界をもつ強擬凸領域の増加列 $\{\Omega_j\}$ が存在して, $\Omega_j \Subset \Omega$, $\Omega = \cup \Omega_j$ となる (系 2.3 参照). また, 定理 1.6 から, $\overline{\Omega}_j$ の近傍における C^∞ 級多重劣調和関数 ψ_j が存在して, $\psi_j \downarrow \psi$ となる.

$$\varphi_1^j = \psi_j + \alpha q \log |g|^2, \quad \varphi_2^j = \psi_j + (\alpha q + 1) \log |g|^2$$

とおくと, φ_1^j, φ_2^j は $\overline{\Omega}_j$ の近傍における C^∞ 級多重劣調和関数である. [1] から, Ω_k で正則な関数 $h_i^{(k)}$ $i = 1, 2, \cdots, p)$ が存在して, $f = \sum_{i=1}^{p} g_i h_i^{(k)}$,

$$\int_{\Omega_k} \sum_{i=1}^{p} |h_i^{(k)}|^2 |g|^{-2\alpha q} e^{-\psi_k} dV \leq \frac{\alpha}{\alpha - 1} \int_{\Omega_k} |f|^2 |g|^{-2\alpha q-2} e^{-\psi_k} dV$$
$$\leq \frac{\alpha}{\alpha - 1} \int_{\Omega_k} |f|^2 |g|^{-2\alpha q-2} e^{-\psi} dV$$

が成り立つ. $K \subset \Omega$ はコンパクト集合とする. 正の整数 k_0 が存在して, $k \geq k_0$ ならば, $K \subset \Omega_k$ となる. 定数 $M_1 > 0, M_2 > 0$ が存在して, K 上で, $|g| \leq M_1, \psi_{k_0} \leq M_2$ となるから, K 上で, $|g|^{-2\alpha q} \geq M_1^{-2\alpha q}, e^{-\psi_k} \geq e^{-M_2}$ となる. すると, $k \geq k_0$ のとき,

$$\int_K \sum_{i=1}^{p} |h_i^{(k)}|^2 dV = e^{M_2} M_1^{2\alpha q} \int_K \sum_{i=1}^{p} |h_i^{(k)}|^2 e^{-M_2} M_1^{-2\alpha q} dV$$
$$\leq e^{M_2} M_1^{2\alpha q} \int_{\Omega_k} \sum_{i=1}^{p} |h_i^{(k)}|^2 |g|^{-2\alpha q} e^{-\psi_k} dV$$
$$\leq e^{M_2} M_1^{2\alpha q} \frac{\alpha}{\alpha - 1} \int_{\Omega} |f|^2 |g|^{-2\alpha q-2} e^{-\psi} dV < \infty$$

となるから, 定理 1.17 から, $\{h_i^{(k)}\}$ $(k = k_0, k_0 + 1, \cdots)$ は K 上で一様有界である. Montel の定理 (練習問題 1.23 参照) から, Ω の任意のコンパクト集合上で一様収束する部分列 $\{h_i^{(j_k)}\}$ $(k = 1, 2, \cdots)$ が存在する. $\lim_{k \to \infty} h_i^{(j_k)} = h_i$ とすると, h_j $(j = 1, \cdots, p)$ は Ω で正則で, $f = \sum_{i=1}^{p} g_i h_i$,

$$\int_{\Omega_{j_k}} \sum_{i=1}^{n} |h_i^{(j_k)}|^2 |g|^{-2\alpha q} e^{-\psi_{j_k}} dV \leq \frac{\alpha}{\alpha - 1} \int_{\Omega} |f|^2 |g|^{-2\alpha q-2} e^{-\psi} dV$$

となるから, $k \to \infty$ とすると, 求める不等式を得る.
[3] 最後に, $|g| > 0$ という条件は省けることを示す.

$$X_1 = \{z \in \Omega \mid g_1(z) = 0\}, \quad \Omega_1 = \Omega \backslash X_1$$

とすると, Ω_1 は擬凸開集合で (練習問題 3.6 参照), Ω_1 では $|g| > 0$ となる

から, [2] から, Ω_1 で正則な関数 h_i $(i = 1, \cdots, p)$ が存在して,

$$f = \sum_{i=1}^{p} g_i h_i, \quad \int_{\Omega_1} |h|^2 |g|^{-2\alpha q} e^{-\psi} dV \leq \frac{\alpha}{\alpha - 1} \int_{\Omega_1} |f|^2 |g|^{-2\alpha q - 2} e^{-\psi} dV$$

となる. $K \subset \Omega$ をコンパクト集合とする. すると, 定数 $L_1, L_2 > 0$ が存在して, K 上で, $e^{\psi} \leq L_1, |g| \leq L_2$ となるから, $e^{-\psi} \geq L_1^{-1}, \quad |g|^{-2\alpha q} \geq L_2^{-2\alpha q}$ となる. すると, X_1 は測度 0 であるから (練習問題 3.7 参照),

$$\int_K |h|^2 dV = \int_{K \backslash X_1} |h|^2 dV = L_1 L_2^{2\alpha q} \int_{K \backslash X_1} L_1^{-1} L_2^{-2\alpha q} |h|^2 dV$$

$$\leq L_1 L_2^{2\alpha q} \int_{K \backslash X_1} |h|^2 |g|^{-2\alpha q} e^{-\psi} dV$$

$$\leq L_1 L_2^{2\alpha q} \frac{\alpha}{\alpha - 1} \int_{\Omega_1} |f|^2 |g|^{-2\alpha q - 2} e^{\psi} dV < \infty$$

となるから, 練習問題 1.15 から, h_i は Ω 上の正則関数 $\tilde{h}_i$ に拡張される. すると, $f = \sum_{i=1}^{p} g_i \tilde{h}_i$, かつ

$$\int_{\Omega} |\tilde{h}|^2 |g|^{-2\alpha q} e^{-\psi} dV = \int_{\Omega_1} |h|^2 |g|^{-2\alpha q} e^{-\psi} dV$$

$$\leq \frac{\alpha}{\alpha - 1} \int_{\Omega_1} |f|^2 |g|^{-2\alpha q - 2} e^{-\psi} dV = \frac{\alpha}{\alpha - 1} \int_{\Omega} |f|^2 |g|^{-2\alpha q - 2} e^{-\psi} dV$$

となるから, 定理は成立する. (証明終)

3.4 Levi の問題

Skoda の割算定理を用いると, Levi の問題を容易に解決することができる. 次の証明は Demailly[DE2] を参考にした.

定理 3.6 (Levi の問題) $\Omega \subset \mathbb{C}^n$ は開集合とする. Ω が擬凸であるための必要十分条件は Ω が正則領域になることである.

証明 系 1.3 から, 正則領域は擬凸開集合である. Ω は擬凸と仮定する. すると, $-\log d(z, \partial\Omega)$ は Ω で多重劣調和である. $a \in \partial\Omega$ とする.

$$\psi(z) = (\alpha(n - 1) + 1)\{\log(1 + |z|^2) - 2\log d(z, \partial\Omega)\}$$

とすると, $\psi(z)$ は Ω で多重劣調和である (練習問題 1.16 参照). Skoda の割算定理 (定理 3.5) において, $f(z) = 1$, $p = n$, $g_j(z) = z_j - a_j$ とおくと, $q = n - 1$, $|g(z)| = |z - a|$ となる. すると, $|g(z)| \geq d(z, \partial\Omega)$ であるから, $2\alpha(n-1) - 2n + 3 > 1$ に注意すると, 定数 $C > 0$ が存在して,

$$\int_\Omega |f|^2 |g|^{-2\alpha(n-1)-2} e^{-\psi} dV \leq \int_\Omega \frac{1}{(1+|z|^2)^{\alpha(n-1)+1}} dV$$
$$\leq C \int_0^\infty \frac{r^{2n-1}}{(1+r^2)^{\alpha(n-1)+1}} dr < \infty$$

となるから, $h_1, \cdots, h_n \in \mathcal{O}(\Omega)$ が存在して, $1 = \sum\limits_{j=1}^n h_j g_j$ となる. $z \to a$ とすると, $g_j(z) \to 0$ となるから, h_j がすべて a の近傍で正則とすると, $1 = 0$ となり, 矛盾である. よって, $h_1, \cdots, h_n$ のどれかは a の近傍で正則ではないから, Ω は正則領域である. (証明終)

注意 3.1 割算問題に関しては大沢健夫氏の著書「多変数複素解析」[OH1] に詳しい記述がある.

練習問題 3

3.1 線形閉作用素 $T : \mathcal{D}_T(\subset H_1) \to H_2$, $S : \mathcal{D}_S(\subset H_2) \to H_3$ は $\mathcal{R}_T \subset \operatorname{Ker} S$ を満たすとする. このとき, $\mathcal{R}_{S^*} \subset \operatorname{Ker} T^*$ を示せ.

3.2 (Lagrange の等式) $a_j, b_j \ (j = 1, \cdots, n)$ は複素数とするとき,

$$\left|\sum_j a_j \bar{b}_j\right|^2 + \sum_{m<j} |a_m b_j - a_j b_m|^2 = \sum_{j,m} |a_m|^2 |b_j|^2$$

が成り立つことを示せ.

3.3 n, p は正の整数で, $q = \min(n, p-1)$ とするとき, 次を示せ.

$$\left|\sum_{i,j,k} \bar{a}_j (a_j b_{ik} - a_i b_{jk}) c_{ik}\right|^2$$
$$\leq q|a|^2 \sum_i \sum_{m<j} \left|\sum_k (a_m b_{jk} - a_j b_{mk}) c_{ik}\right|^2,$$

ここで, $a_j, b_{ik}, c_{ik} \in \mathbb{C}$, $1 \leq i, j \leq p$, $1 \leq k \leq n$ とする.

3.4 $\Omega \in \mathbb{C}^n$ は C^∞ 境界をもつ開集合で, $\mathcal{D}_{(0,1)}(\Omega)$ は $\mathrm{supp}(f) \in \Omega$ を満たす C^∞ 級 $(0,1)$ 形式 f の全体の集合とする. $T = \bar{\partial}|_{\mathcal{D}_T}$, $S = \bar{\partial}|_{\mathcal{D}_S}$ とする. すると, $\mathcal{D}_{(0,1)}(\Omega) \subset \mathcal{D}_{T^*} \cap \mathcal{D}_S$ であることを示せ.

3.5 $\Omega \in \mathbb{C}^n$ は C^2 境界をもつ開集合とする. すると, $T^*(\mathcal{D}_{(0,1)}(\Omega))$ は $\mathcal{R}_{T^*} = T^*(\mathcal{D}_{T^*})$ で稠密であることを示せ.

3.6 $\Omega \subset \mathbb{C}^n$ は擬凸開集合, f は Ω で正則とする. $X = \{\Omega \mid f(z) = 0\}$ とすると, $\Omega' = \Omega \backslash X$ は擬凸開集合になることを示せ.

3.7 $\Omega \subset \mathbb{C}^n$ は開集合とする. $f(z)$ は Ω 上で正則な関数で, $f \not\equiv 0$ とする. $X = \{z \in \Omega \mid f(z) = 0\}$ とすると, X の Lebesque 測度は 0 であることを示せ.

3.8 H はヒルベルト空間で, $S \subset H$ とする. このとき, 次が成り立つことを示せ.

(i) $S^\perp$ は H の閉部分空間である.

(ii) S は H の閉部分空間で, $x \notin S$ とする. すると, $y \in S$ が存在して, $\|x - y\| = \inf_{z \in S}\|x - z\|$ となる.

(iii) S は H の閉部分空間とする. すると, 任意の $x \in H$ は次のように一意に分解される.

$$x = y + z \qquad (y \in S, z \in S^\perp).$$

(iv) S は H の部分空間とする. すると, $(S^\perp)^\perp = \overline{S}$ となる.

第4章　大沢・竹腰の拡張定理

4.1　異なるウエイト関数をもつ L^2 空間

大沢・竹腰の拡張定理の別証明に Siu[SI] による証明がある. Siu の証明を分かりやすく解説した Jarnicki-Pflug[JAP] の本には証明の際に用いる Hörmander の命題 ([HR1], Proposition 2.1.1) の証明もあるが, 非常に難解である. ここで述べる証明は Siu の方法に沿っているが, Hörmander の命題を使用しない初等的な証明である.

$\Omega \subset \mathbf{C}^n$ は擬凸領域で, $\Omega \subset \mathbb{C}^{n-1} \times \{z_n \in \mathbb{C} \mid |z_n| < \frac{1}{2}\}$ と仮定する.

系 2.3 から, Ω 上の C^∞ 級強多重劣調和関数 ρ が存在して, 任意の実数 a に対して, $\Omega_a = \{z \in \Omega \mid \rho(z) < a\} \Subset \Omega$ が成り立つ. a を固定する.

定義 4.1　Ω のコンパクト部分集合列 $\{K_j\}_{j=0}^\infty$ を次を満たすようにとる.

$$\Omega_{a+5} \subset K_0, \quad K_j \subset \mathring{K}_{j+1} \ (j = 0, 1, \cdots), \quad \bigcup_{j=0}^\infty K_j = \Omega.$$

$\alpha_j \in C_c^\infty(\Omega) \ (j = 1, 2, \cdots)$ は,

$$0 \le \alpha_j \le 1, \quad \alpha_j(z) = 1 \ (z \in K_{j-1}), \quad \mathrm{supp}(\alpha_j) \subset \mathring{K}_j$$

を満たすとする (練習問題 1.2 参照).

$$\psi(z) = \begin{cases} \sum_{k=1}^n \left| \dfrac{\partial \alpha_j(z)}{\partial \bar{z}_k} \right|^2 & (z \in K_j \backslash K_{j-1}) \\ 0 & (z \in K_0) \end{cases} \tag{4.1}$$

と定義する. すると, $\psi \in C^\infty(\Omega), \psi(z) = 0 \ (z \in \Omega_{a+5})$ が成り立つ. また, $e^x \ge x \ (x \ge 0), |\bar{\partial}\alpha_j(z)|^2 = \sum_{k=1}^n \left| \frac{\partial \alpha_j(z)}{\partial \bar{z}_k} \right|^2$ であるから,

$$e^{\psi(z)} \ge |\bar{\partial}\alpha_j(z)|^2 \qquad (j = 1, 2, \cdots) \tag{4.2}$$

となる.

定義 4.2　(1) $z \in \Omega$ と $0 < \varepsilon < \frac{1}{4}$ に対して,

$$\gamma_\varepsilon(z) = \frac{1}{\varepsilon^2 + |z_n|^2}, \quad \eta_\varepsilon(z) = \log \gamma_\varepsilon(z), \quad \beta_\varepsilon = \gamma_\varepsilon + \eta_\varepsilon$$

とおく. すると, $z \in \Omega$ のとき,

$$\eta_\varepsilon(z) > \log \frac{16}{5} > 1, \quad \frac{\partial^2 \eta_\varepsilon}{\partial z_n \partial \bar{z}_n} = -\frac{\varepsilon^2}{(\varepsilon^2 + |z_n|^2)^2}.$$

(2) $\sigma_n(z) = \log\left(|z_n|^2 + \frac{1}{4}\right)$ とおくと, $z \in \Omega$ のとき,

$$\frac{\partial^2 \sigma_n(z)}{\partial z_n \partial \bar{z}_n} = \frac{\frac{1}{4}}{(|z_n|^2 + \frac{1}{4})^2} > 1.$$

(3) $z = (z', z_n)$ とする. $0 < \mu < 1$ に対して,

$$\sigma(z) = \mu|z'|^2 + \sigma_n(z_n)$$

とおく. すると, 次が成り立つ.

$$\sum_{j,k=1}^n \frac{\partial^2 \sigma(z)}{\partial z_j \partial \bar{z}_k} u_j \bar{u}_k \geq \mu|u'|^2 + |u_n|^2 \qquad (z \in \Omega, u = (u', u_n) \in \mathbb{C}^n). \quad (4.3)$$

定義 4.3　$z \in \Omega$ に対して,

$$A(z) = \max_{j,k} \left| \frac{\partial^2 \psi(z)}{\partial z_j \partial \bar{z}_k} \right|, \quad B(z) = \max_{j,k} \left| \frac{\partial^2 \sigma(z)}{\partial z_j \partial \bar{z}_k} \right|$$

とおく. さらに,

$$\begin{aligned} M(z) &= n\left\{ A(z) + B(z)(e^{\psi(z)} - 1) + 2\left| \frac{\partial \eta_\varepsilon(z)}{\partial \bar{z}_n} \right| \max_j \left| \frac{\partial \psi(z)}{\partial z_j} \right| \right\} \\ &\quad + \left| \frac{\partial^2 \eta_\varepsilon(z)}{\partial z_n \partial \bar{z}_n} \right| (e^{\psi(z)} - 1) + 2|\partial\psi(z)|^2 \end{aligned}$$

とおく. ここで, $|\partial\psi(z)|^2 = \sum_{j=1}^n \left| \frac{\partial \psi(z)}{\partial z_j} \right|^2$ である.

補題 4.1 $\lambda \in C^\infty(\Omega)$ が存在して,

$$\sum_{j,k=1}^n \frac{\partial^2 \lambda(z)}{\partial z_j \partial \bar{z}_k} u_j \bar{u}_k \geq M(z)|u|^2 \qquad (z \in \Omega, u \in \mathbb{C}^n) \qquad (4.4)$$

が成り立つ. さらに, $z \in \Omega$ のとき, $\lambda(z) \geq 0$ となり, $z \in \Omega_a$ のとき, $\lambda(z) = 0$ が成り立つ.

証明 ρ は Ω で強多重劣調和であるから, 定理 2.1 から, Ω で連続な関数 $m(z) > 0$ が存在して,

$$\sum_{j,k=1}^n \frac{\partial^2 \rho(z)}{\partial z_j \partial \bar{z}_k} u_j \bar{u}_k \geq m(z)|u|^2 \qquad (z \in \Omega, u \in \mathbb{C}^n)$$

が成り立つ. $t \in \mathbb{R}$ に対して,

$$g(t) = \max_{z \in \overline{\Omega}_t} \left\{ \frac{M(z)}{m(z)} \right\}$$

と定義する. $t \leq a+5$ とする. $z \in \overline{\Omega}_t$ のとき, $z \in \overline{\Omega}_{a+5}$ となるから, $\psi(z) = 0$ となり, $M(z) = 0$ となる. よって, $t \leq a+5$ に対して, $g(t) = 0$ となる. 練習問題 1.4 から, 凸増加関数 $\chi \in C^\infty(\mathbf{R})$ が存在して, $\chi \geq g$, $\chi' \geq g$, $\chi(t) = 0$ $(t \leq a)$ となる. $\lambda = \chi \circ \rho$ とおく. すると, $z \in \Omega_a$ のとき, $\lambda(z) = 0$ となる. $z \in \overline{\Omega}_{\rho(z)}$ であるから, $g(\rho(z)) \geq M(z)/m(z)$ となる. すると,

$$\sum_{j,k=1}^n \frac{\partial^2 \lambda(z)}{\partial z_j \partial \bar{z}_k} u_j \bar{u}_k$$

$$= \chi''(\rho(z)) \left| \sum_{j=1}^n \frac{\partial \rho(z)}{\partial z_j} u_j \right|^2 + \chi'(\rho(z)) \sum_{j,k=1}^n \frac{\partial^2 \rho(z)}{\partial z_j \partial \bar{z}_k} u_j \bar{u}_k$$

$$\geq g(\rho(z)) m(z)|u|^2 \geq M(z)|u|^2$$

となり, (4.4) が成り立つ. (証明終)

定義 4.4 φ は $\overline{\Omega}$ の近傍 $\widetilde{\Omega}$ における C^2 級多重劣調和関数とする.

$$\widetilde{\varphi} = \varphi + \sigma + \lambda + \psi$$

と定義する. ここで, ψ は (4.1) で定義された関数である.

定理 4.1　$z \in \Omega$ と $u = (u', u_n) \in \mathbb{C}^n$ に対して, 次が成り立つ.

$$\sum_{j,k=1}^{n} \frac{\partial^2 \tilde{\varphi}(z)}{\partial z_j \partial \bar{z}_k} u_j \bar{u}_k$$
$$\geq \left\{ 2|\partial \psi|^2 + \left| \frac{\partial^2 \eta_\varepsilon}{\partial z_n \partial \bar{z}_n} \right| (e^\psi - 1) + 2n \left| \frac{\partial \eta_\varepsilon}{\partial \bar{z}_n} \right| \max_{1 \leq j \leq n} \left| \frac{\partial \psi}{\partial z_j} \right| \right\} |u|^2$$
$$+ (\mu|u'|^2 + |u_n|^2) e^\psi. \tag{4.5}$$

証明　φ は多重劣調和であるから, (4.3) と (4.4) より

$$\sum_{j,k=1}^{n} \frac{\partial^2 \tilde{\varphi}(z)}{\partial z_j \partial \bar{z}_k} u_j \bar{u}_k$$
$$\geq \sum_{j,k=1}^{n} \frac{\partial^2 \sigma(z)}{\partial z_j \partial \bar{z}_k} u_j \bar{u}_k + \sum_{j,k=1}^{n} \frac{\partial^2 \lambda(z)}{\partial z_j \partial \bar{z}_k} u_j \bar{u}_k + \sum_{j,k=1}^{n} \frac{\partial^2 \psi(z)}{\partial z_j \partial \bar{z}_k} u_j \bar{u}_k$$
$$= e^{\psi(z)} \sum_{j,k=1}^{n} \frac{\partial^2 \sigma(z)}{\partial z_j \partial \bar{z}_k} u_j \bar{u}_k + (1 - e^{\psi(z)}) \sum_{j,k=1}^{n} \frac{\partial^2 \sigma(z)}{\partial z_j \partial \bar{z}_k} u_j \bar{u}_k$$
$$+ M(z)|u|^2 + \sum_{j,k=1}^{n} \frac{\partial^2 \psi(z)}{\partial z_j \partial \bar{z}_k} u_j \bar{u}_k$$
$$\geq e^{\psi(z)}(\mu|u'|^2 + |u_n|^2) - B(z)(e^{\psi(z)} - 1) \left(\sum_{j=1}^{n} |u_j| \right)^2$$
$$+ M(z)|u|^2 - A(z) \left(\sum_{j=1}^{n} |u_j| \right)^2$$
$$\geq e^{\psi(z)}(\mu|u'|^2 + |u_n|^2) - nB(z)(e^{\psi(z)} - 1)|u|^2$$
$$+ M(z)|u|^2 - nA(z)|u|^2$$

となり, (4.5) が成り立つ. (証明終)

定義 4.5　ウエイト関数 φ_i $(i = 1, 2, 3)$ を

$$\varphi_1 = \tilde{\varphi} - 2\psi, \quad \varphi_2 = \tilde{\varphi} - \psi, \quad \varphi_3 = \tilde{\varphi}$$

と定義する. すると, (4.2) から,

$$e^{-\varphi_3}|\bar{\partial}\alpha_j|^2 \le e^{-\varphi_2}, \quad e^{-\varphi_2}|\bar{\partial}\alpha_j|^2 \le e^{-\varphi_1} \qquad (j = 1, 2, \cdots) \qquad (4.6)$$

が成り立つ. ヒルベルト空間 H_i $(i = 1, 2, 3)$ を

$$H_1 = L^2_{(0,0)}(\Omega, \varphi_1), \quad H_2 = L^2_{(0,1)}(\Omega, \varphi_2), \quad H_3 = L^2_{(0,2)}(\Omega, \varphi_3)$$

と定義する. さらに,

$$\mathcal{D}_1 = \{f \in H_1 \mid \bar{\partial}f \in H_2\}, \quad \mathcal{D}_2 = \{f \in H_2 \mid \bar{\partial}f \in H_3\},$$

$$\bar{\partial}|_{\mathcal{D}_1} = T, \quad \bar{\partial}|_{\mathcal{D}_2} = S$$

と定義する.

定義 4.6 $T_\varepsilon(u) = \bar{\partial}(\sqrt{\beta_\varepsilon}u)$, $S_\varepsilon = \sqrt{\beta_\varepsilon}\bar{\partial}$ と定義する.
 すると,

$$\mathcal{D}_{T_\varepsilon} = \mathcal{D}_T, \quad \mathcal{D}_{S_\varepsilon} = \mathcal{D}_S, \quad \mathcal{D}_{T_\varepsilon^*} = \mathcal{D}_{T^*}$$

となる. $u \in \mathcal{D}_{T^*}$, $v \in \mathcal{D}_T$ に対して,

$$(v, T_\varepsilon^* u)_1 = (T_\varepsilon v, u)_2 = (\bar{\partial}(\sqrt{\beta_\varepsilon}v), u)_2 = (v, \sqrt{\beta_\varepsilon}T^* u)_1$$

となるから, $T_\varepsilon^* u = \sqrt{\beta_\varepsilon}T^* u$ となる.
 $u = \sum\limits_{j=1}^{n} u_j d\bar{z}_j \in \mathcal{D}_{(0,1)}(\Omega)$ に対して, 補題 3.9, 3.10 より, 次が成り立つ.

$$T^* u = -\sum_{j=1}^{n} e^{\varphi_1}\left\{ \frac{\partial}{\partial z_j}(e^{-\varphi_2}u_j) \right\}, \qquad (4.7)$$

$$|\bar{\partial}u|^2 = \sum_{j,k=1}^{n} \left| \frac{\partial u_k}{\partial \bar{z}_j} \right|^2 - \sum_{j,k=1}^{n} \frac{\partial u_j}{\partial \bar{z}_k} \frac{\partial \bar{u}_k}{\partial z_j}. \qquad (4.8)$$

4.2　グラフノルム

定義 4.7 $u \in \mathcal{D}_{T^*} \cap \mathcal{D}_S$ に対して, u のグラフノルムを

$$\|u\|_\mathcal{G} = \|u\|_2 + \|T^* u\|_1 + \|Su\|_3$$

によって定義する.

　次に, $\mathcal{D}_{(0,1)}(\Omega)$ はグラフノルムによって, $\mathcal{D}_{T^*} \cap \mathcal{D}_S$ において稠密であることを示す. 証明は Hörmander の有名な本 [HR2] にあるが, 読者の便宜のために証明を行う.

補題 4.2　$\{\alpha_j\}$ は定義 4.1 におけるものとする. $f \in \mathcal{D}_{T^*} \cap \mathcal{D}_S$ とすると, $\|\alpha_j f - f\|_\mathcal{G} \to 0$ $(j \to \infty)$ が成り立つ.

証明　$|\alpha_j f - f| \le |f|$ で, $|\alpha_j(z)f(z) - f(z)|$ は 0 に点別収束するから, Lebesgue の収束定理から, $\|\alpha_j f - f\|_2 \to 0$ $(j \to \infty)$ となる. 定数 $c_1 > 0$ が存在して, (4.6) から,

$$|\bar{\partial}\alpha_j \wedge f|^2 e^{-\varphi_3} \le c_1 |\bar{\partial}\alpha_j|^2 |f|^2 e^{-\varphi_3} \le c_1 |f|^2 e^{-\varphi_2}$$

となるから,

$$|S(\alpha_j f) - \alpha_j S f|^2 e^{-\varphi_3} = |\bar{\partial}\alpha_j \wedge f|^2 e^{-\varphi_3} \le c_1 |f|^2 e^{-\varphi_2}$$

となる. すると,

$$\|S(\alpha_j f - f)\|_3 \le \|S(\alpha_j f) - \alpha_j S f\|_3 + \|\alpha_j S f - S f\|_3 \to 0 \qquad (j \to \infty)$$

となる. $f = \sum_{j=1}^{n} f_j d\bar{z}_j$ とする. すると, (4.7) から,

$$
\begin{aligned}
|T^*(\alpha_j f) - \alpha_j T^* f|^2 e^{-\varphi_0} &= \left| -\sum_{k=1}^{n} e^{\varphi_1 - \varphi_2} \frac{\partial \alpha_j}{\partial z_k} f_k \right|^2 e^{-\varphi_1} \\
&\le e^{2(\varphi_1 - \varphi_2)} |\partial\alpha_j|^2 |f|^2 e^{-\varphi_1} \le |f|^2 e^{-\varphi_2}
\end{aligned}
$$

となる. また, $T^*(\alpha_j f) - \alpha_j T^* f$ は 0 に点別収束するから, Lebesgue の収束定理から, $\|T^*(\alpha_j f) - \alpha_j T^* f\|_1 \to 0$ $(j \to \infty)$ となる. さらに,

$$|\alpha_j T^* u - T^* u| \le |T^* u|, \quad |\alpha_j T^* u - T^* u| \to 0 \quad (j \to \infty)$$

となるから, Lebesgue の収束定理から, $\|\alpha_j T^* f - T^* f\|_1 \to 0$ $(j \to \infty)$ となる. すると, $j \to \infty$ のとき,

$$\|T^*(\alpha_j u - u)\|_1 \le \|T^*(\alpha_j u) - \alpha_j T^* u\|_1 + \|\alpha_j T^* u - T^* u\|_1 \to 0$$

となる. 以上のことから, $\|\alpha_j u - u\|_\mathcal{G} \to 0 \ (j \to \infty)$ となる. (証明終)

定義 4.8 補題 1.6 における $\Phi \in \mathcal{D}(\mathbf{C}^n)$ に対し, $\Phi_\varepsilon(z) = \varepsilon^{-2n}\Phi\left(\frac{z}{\varepsilon}\right)$ と定義する. Ω にコンパクトな台をもつ $L^2(p,q)$ 形式 $f = \sum'_{\alpha,\beta} f_{\alpha,\beta} dz^\alpha \wedge d\bar{z}^\beta$ に対して,

$$f_\varepsilon = \sum_{\alpha,\beta}{}' (f_{\alpha,\beta} * \Phi_\varepsilon)dz^\alpha \wedge d\bar{z}^\beta$$

と定義する. ここで, $f_{\alpha,\beta}$ と Φ_ε の合成積 (convolution)$f_{\alpha,\beta} * \Phi_\varepsilon$ を

$$f_{\alpha,\beta} * \Phi_\varepsilon(z) = \int_{\mathbf{C}^n} f_{\alpha,\beta}(z - \zeta)\Phi_\varepsilon(\zeta)d\zeta$$

と定義する. $*\Phi_\varepsilon$ を軟化子 (mollifier) という. すると, $f_\varepsilon \in C^\infty_{(p,q)}(\mathbf{C}^n)$, $\|f_\varepsilon - f\|_2 \to 0 \ (\varepsilon \to 0)$ となる.

補題 4.3 $f \in \mathcal{D}_{T^*} \cap \mathcal{D}_S$, $\mathrm{supp}(f) \Subset \Omega$ と仮定する. すると, 十分小さい $\varepsilon > 0$ に対して, $f_\varepsilon \in \mathcal{D}_{(0,1)}(\Omega)$ となる. さらに, $\varepsilon \to 0$ のとき, $\|f_\varepsilon - f\|_\mathcal{G} \to 0 \ (j \to \infty)$ が成り立つ

証明 軟化子の性質から, $\|f_\varepsilon - f\|_2 \to 0 \ (\varepsilon \to 0)$ となる. $f = \sum_{j=1}^n f_j d\bar{z}_j$ とすると, $L^2_{(0,2)}(\Omega)$ において,

$$S(f_\varepsilon) = \sum_{j,k=1}^n \frac{\partial f_j}{\partial \bar{z}_k} * \Phi_\varepsilon d\bar{z}_k \wedge d\bar{z}_j \to \sum_{j,k=1}^n \frac{\partial f_j}{\partial \bar{z}_k} d\bar{z}_k \wedge d\bar{z}_j = S(f)$$

となるから, $\|S(f_\varepsilon) - S(f)\|_3 \to 0$ となる. (4.7) から,

$$T^*f = -e^{\varphi_1-\varphi_2} \sum_{j=1}^n \left(\frac{\partial f_j}{\partial z_j} - \frac{\partial \varphi_2}{\partial z_j}f_j\right) \tag{4.9}$$

となる. $\mathrm{supp}(f)$ はコンパクトであるから, $T^*f \in L^2(\Omega)$ となる.

$$g = \sum_{j=1}^n \left(\frac{\partial f_j}{\partial z_j} - \frac{\partial \varphi_1}{\partial z_j}f_j\right)$$

とすると, (4.9) から, $g \in L^2(\Omega)$ となるから, $\sum_{j=1}^n \frac{\partial f_j}{\partial z_j} \in L^2(\Omega)$ となる. す

ると, $f_\varepsilon = \sum_{j=1}^{n} f_j * \Phi_\varepsilon d\bar{z}_j$ であるから, $L^2(\Omega)$ において

$$
\begin{aligned}
T^*(f_\varepsilon) &= -e^{\varphi_1-\varphi_2} \sum_{j=1}^{n} \left\{ \frac{\partial(f_j * \Phi_\varepsilon)}{\partial z_j} - \frac{\partial \varphi_2}{\partial z_j}(f_j * \Phi_\varepsilon) \right\} \\
&= -e^{\varphi_1-\varphi_2} \sum_{j=1}^{n} \left\{ \frac{\partial f_j}{\partial z_j} * \Phi_\varepsilon - \frac{\partial \varphi_2}{\partial z_j}(f_j * \Phi_\varepsilon) \right\} \\
&\to -e^{\varphi_1-\varphi_2} \sum_{j=1}^{n} \left\{ \frac{\partial f_j}{\partial z_j} - \frac{\partial \varphi_2}{\partial z_j} f_j \right\} = T^* f
\end{aligned}
$$

となるから, $\|T^*(f_\varepsilon) - T^*(f)\|_1 \to 0$ となる. (証明終)

定理 4.2　$f \in \mathcal{D}_{T^*} \cap \mathcal{D}_S$ に対して, $f_j \in \mathcal{D}_{(0,1)}(\Omega)$, $(j = 1, 2, \cdots)$ が存在して, $\|f_j - f\|_{\mathcal{G}} \to 0$ となる.

証明　任意の $\varepsilon > 0$ に対して, 補題 4.2 から, α_j が存在して, $\|\alpha_j f - f\|_{\mathcal{G}} < \varepsilon/2$ となる. $\mathrm{supp}(\alpha_j f)$ はコンパクトであるから, 補題 4.3 から $\delta > 0$ が存在して, $\|(\alpha_j f)_\delta - \alpha_j f\| < \varepsilon/2$ となる. すると,

$$
\|f - (\alpha_j f)_\delta\|_{\mathcal{G}} \le \|f - \alpha_j f\|_{\mathcal{G}} + \|\alpha_j f - (\alpha_j f)_\delta\|_{\mathcal{G}} < \varepsilon
$$

となる. $\varepsilon = 1/k$ に対して, $f_k = (\alpha_j f)_\delta$ とおくと, $\|f - f_k\|_{\mathcal{G}} \to 0$ $(k \to \infty)$ となる. (証明終)

4.3　基本不等式

定義 4.9　線形作用素 $L_\varepsilon : H_2 \to H_2$ を $v = \sum_{j=1}^{n} v_j d\bar{z}_j \in H_2$ に対して,

$$
L_\varepsilon(v) = \frac{\mu}{2} \sum_{j=1}^{n-1} v_j d\bar{z}_j + \frac{\varepsilon^2}{2(\varepsilon^2 + |z_n|^2)^2} v_n d\bar{z}_n
$$

によって定義する.

補題 4.4　$L_\varepsilon : H_2 \to H_2$ は全単射で, $(L_\varepsilon(v), v)_2 \ge 0$ $(v \in H_2)$ が成り立つ.

証明 全射であることを示す. $w = \sum\limits_{j=1}^{n} w_j d\bar{z}_j \in H_2$ に対して,

$$v = \frac{2}{\mu} \sum_{j=1}^{n-1} w_j d\bar{z}_j + \frac{2(\varepsilon^2 + |z_n|^2)^2}{\varepsilon^2} w_n d\bar{z}_n$$

とすると, $L_\varepsilon(v) = w$ となるから, L_ε は全射である. 他の証明も同様である. (証明終)

定義 4.10 $g \in C^2(\Omega)$ に対して,

$$\delta_j g = e^{\tilde{\varphi}} \frac{\partial}{\partial z_j}(g e^{-\tilde{\varphi}}) = \frac{\partial g}{\partial z_j} - g \frac{\partial \tilde{\varphi}}{\partial z_j}$$

と定義する. すると,

$$\delta_j \left(\frac{\partial g}{\partial \bar{z}_k} \right) - \frac{\partial}{\partial \bar{z}_k}(\delta_j g) = g \frac{\partial^2 \tilde{\varphi}}{\partial z_j \partial \bar{z}_k} \tag{4.10}$$

となる.

　次に拡張定理の証明で本質的な次の不等式を証明する. 一見して, 証明は膨大な計算のように見えるが, 実際はそれほど困難な計算ではない.

定理 4.3 $0 < \varepsilon < 1/4$ と $u \in \mathcal{D}_{(0,1)}(\Omega)$ に対して,

$$(L_\varepsilon u, u)_2 \le \|T_\varepsilon^* u\|_1^2 + \|S_\varepsilon u\|_3^2 \tag{4.11}$$

が成り立つ.

証明 $u = \sum\limits_{j=1}^{n} u_j d\bar{z}_j$ とすると, (4.9) より,

$$T^* u = -e^{\varphi_1 - \varphi_2} \sum_{j=1}^{n} \left(\frac{\partial u_j}{\partial z_j} - \frac{\partial \varphi_2}{\partial z_j} u_j \right) = -e^{-\psi} \left(\sum_{j=1}^{n} \delta_j u_j + \sum_{j=1}^{n} u_j \frac{\partial \psi}{\partial z_j} \right) \tag{4.12}$$

となる. すると,

$$\sqrt{\eta_\varepsilon} T^* u = -\sqrt{\eta_\varepsilon} e^{-\psi} \sum_{j=1}^{n} \delta_j u_j - \sqrt{\eta_\varepsilon} e^{-\psi} \sum_{j=1}^{n} u_j \frac{\partial \psi}{\partial z_j}$$

となる. ここで,

$$A = -\sqrt{\eta_\varepsilon} e^{-\psi} \sum_{j=1}^{n} \delta_j u_j, \quad B = -\sqrt{\eta_\varepsilon} e^{-\psi} \sum_{j=1}^{n} u_j \frac{\partial \psi}{\partial z_j}$$

とおく. $\mathrm{supp}(u)$ はコンパクトであるから, 部分積分を用いると,

$$\|A\|_1^2 = \int_\Omega \eta_\varepsilon e^{-2\psi} \left| \sum_{j=1}^{n} \delta_j u_j \right|^2 e^{-\varphi_1} dV$$

$$= \int_\Omega \eta_\varepsilon \sum_{j,k=1}^{n} \delta_j u_j \overline{\delta_k u_k} e^{-\tilde\varphi} dV = \int_\Omega \eta_\varepsilon \sum_{j,k=1}^{n} \delta_j u_j \frac{\partial}{\partial \bar{z}_k} (\bar{u}_k e^{-\tilde\varphi}) dV$$

$$= -\int_\Omega \sum_{j,k=1}^{n} \frac{\partial}{\partial \bar{z}_k} (\eta_\varepsilon \delta_j u_j) \bar{u}_k e^{-\tilde\varphi} dV$$

となる. すると,

$$2(\eta_\varepsilon T^* u, T^* u)_1 = 2\|\sqrt{\eta_\varepsilon} T^* u\|_1^2 = 2\|A + B\|_1^2 \geq \|A\|_1^2 - 2\|B\|_1^2$$

$$\geq -\int_\Omega \sum_{j,k=1}^{n} \frac{\partial}{\partial \bar{z}_k} (\eta_\varepsilon \delta_j u_j) \bar{u}_k e^{-\tilde\varphi} dV - 2\int_\Omega \eta_\varepsilon |\partial\psi|^2 |u|^2 e^{-\tilde\varphi} dV$$

となる. 一方, (4.8) と部分積分を用いると, $\varphi_3 = \tilde\varphi$ より,

$$(\eta_\varepsilon Su, Su)_3 = \|\sqrt{\eta_\varepsilon} \bar\partial u\|_3^2 = \int_\Omega \eta_\varepsilon |\bar\partial u|^2 e^{-\varphi_3} dV$$

$$= \int_\Omega \eta_\varepsilon \sum_{j,k=1}^{n} \left| \frac{\partial u_k}{\partial \bar{z}_j} \right|^2 e^{-\tilde\varphi} dV - \int_\Omega \eta_\varepsilon \sum_{j,k=1}^{n} \frac{\partial u_j}{\partial \bar{z}_k} \frac{\partial \bar{u}_k}{\partial z_j} e^{-\tilde\varphi} dV$$

$$\geq -\int_\Omega \eta_\varepsilon \sum_{j,k=1}^{n} \frac{\partial u_j}{\partial \bar{z}_k} \frac{\partial \bar{u}_k}{\partial z_j} e^{-\tilde\varphi} dV$$

$$= \int_\Omega \sum_{j,k=1}^{n} \frac{\partial}{\partial z_j} (\eta_\varepsilon \frac{\partial u_j}{\partial \bar{z}_k} e^{-\tilde\varphi}) \bar{u}_k dV$$

$$= \int_\Omega \sum_{j,k=1}^{n} \left\{ \frac{\partial \eta_\varepsilon}{\partial z_j} \frac{\partial u_j}{\partial \bar{z}_k} e^{-\tilde\varphi} + \eta_\varepsilon \frac{\partial}{\partial z_j} (\frac{\partial u_j}{\partial \bar{z}_k} e^{-\tilde\varphi}) \right\} \bar{u}_k dV$$

$$= \int_\Omega \sum_{j,k=1}^n \left\{ \frac{\partial \eta_\varepsilon}{\partial z_j} \frac{\partial u_j}{\partial \bar{z}_k} + \eta_\varepsilon \delta_j \left(\frac{\partial u_j}{\partial \bar{z}_k} \right) \right\} \bar{u}_k e^{-\tilde{\varphi}} dV$$

となるから, (4.10) と部分積分を用い, $\eta_\varepsilon(z)$ は z_n だけに関係することに注意すると,

$$2(\eta_\varepsilon T^* u, T^* u)_1 + (\eta_\varepsilon Su, Su)_3$$

$$\geq -\int_\Omega \sum_{j,k=1}^n \frac{\partial}{\partial \bar{z}_k} (\eta_\varepsilon \delta_j u_j) \bar{u}_k e^{-\tilde{\varphi}} dV - 2\int_\Omega \eta_\varepsilon |\partial \psi|^2 |u|^2 e^{-\tilde{\varphi}} dV$$

$$+ \int_\Omega \sum_{j,k=1}^n \left\{ \frac{\partial \eta_\varepsilon}{\partial z_j} \frac{\partial u_j}{\partial \bar{z}_k} + \eta_\varepsilon \delta_j \left(\frac{\partial u_j}{\partial \bar{z}_k} \right) \right\} \bar{u}_k e^{-\tilde{\varphi}} dV$$

$$= -\int_\Omega \sum_{j,k=1}^n \frac{\partial \eta_\varepsilon}{\partial \bar{z}_k} (\delta_j u_j) \bar{u}_k e^{-\tilde{\varphi}} dV + \int_\Omega \sum_{j,k=1}^n \frac{\partial \eta_\varepsilon}{\partial z_j} \frac{\partial u_j}{\partial \bar{z}_k} \bar{u}_k e^{-\tilde{\varphi}} dV$$

$$+ \int_\Omega \sum_{j,k=1}^n \eta_\varepsilon \left(\delta_j \left(\frac{\partial u_j}{\partial \bar{z}_k} \right) - \frac{\partial}{\partial \bar{z}_k} (\delta_j u_j) \right) \bar{u}_k e^{-\tilde{\varphi}} dV$$

$$- 2\int_\Omega \eta_\varepsilon |\partial \psi|^2 |u|^2 e^{-\tilde{\varphi}} dV$$

$$= -\int_\Omega \sum_{j,k=1}^n \frac{\partial \eta_\varepsilon}{\partial \bar{z}_k} (\delta_j u_j) \bar{u}_k e^{-\tilde{\varphi}} dV - \int_\Omega \sum_{j,k=1}^n \frac{\partial}{\partial \bar{z}_k} \left(\frac{\partial \eta_\varepsilon}{\partial z_j} \bar{u}_k e^{-\tilde{\varphi}} \right) u_j dV$$

$$+ \int_\Omega \eta_\varepsilon \sum_{j,k=1}^n \frac{\partial^2 \tilde{\varphi}}{\partial z_j \partial \bar{z}_k} u_j \bar{u}_k e^{-\tilde{\varphi}} dV - 2\int_\Omega \eta_\varepsilon |\partial \psi|^2 |u|^2 e^{-\tilde{\varphi}} dV$$

$$= -\int_\Omega \frac{\partial \eta_\varepsilon}{\partial \bar{z}_n} \bar{u}_n \left(\sum_{j=1}^n \delta_j u_j \right) e^{-\tilde{\varphi}} dV - \int_\Omega \frac{\partial^2 \eta_\varepsilon}{\partial z_n \partial \bar{z}_n} |u_n|^2 e^{-\tilde{\varphi}} dV$$

$$- \int_\Omega \frac{\partial \eta_\varepsilon}{\partial z_n} u_n \sum_{k=1}^n \frac{\partial}{\partial \bar{z}_k} (\bar{u}_k e^{-\tilde{\varphi}}) dV$$

$$+ \int_\Omega \eta_\varepsilon \sum_{j,k=1}^n \frac{\partial^2 \tilde{\varphi}}{\partial z_j \partial \bar{z}_k} u_j \bar{u}_k e^{-\tilde{\varphi}} dV - 2\int_\Omega \eta_\varepsilon |\partial \psi|^2 |u|^2 e^{-\tilde{\varphi}} dV$$

が成り立つ. (4.12) から,

$$\sum_{k=1}^{n} \delta_k u_k = -e^{\psi} T^* u - \sum_{k=1}^{n} u_k \frac{\partial \psi}{\partial z_k} \tag{4.13}$$

となる. (4.13) に $e^{-\tilde{\varphi}}$ をかけて共役複素数をとれば,

$$\sum_{k=1}^{n} \frac{\partial}{\partial \bar{z}_k} (\bar{u}_k e^{-\tilde{\varphi}}) = -e^{-\varphi_2} \overline{T^* u} - \sum_{k=1}^{n} \bar{u}_k \frac{\partial \psi}{\partial \bar{z}_k} e^{-\tilde{\varphi}} \tag{4.14}$$

を得る. (4.13) を用いると,

$$-\int_{\Omega} \frac{\partial \eta_{\varepsilon}}{\partial \bar{z}_n} \bar{u}_n (\sum_{k=1}^{n} \delta_k u_k) e^{-\tilde{\varphi}} dV$$

$$= \int_{\Omega} \frac{\partial \eta_{\varepsilon}}{\partial \bar{z}_n} \bar{u}_n T^* u \, e^{-\varphi_2} dV + \int_{\Omega} \frac{\partial \eta_{\varepsilon}}{\partial \bar{z}_n} \bar{u}_n \sum_{k=1}^{n} u_k \frac{\partial \psi}{\partial z_k} e^{-\tilde{\varphi}} dV$$

が成り立ち, (4.14) を用いると,

$$-\int_{\Omega} \frac{\partial \eta_{\varepsilon}}{\partial z_n} u_n \sum_{k=1}^{n} \frac{\partial}{\partial \bar{z}_k} (\bar{u}_k e^{-\tilde{\varphi}}) dV$$

$$= \int_{\Omega} \frac{\partial \eta_{\varepsilon}}{\partial z_n} u_n \overline{T^* u} e^{-\varphi_2} dV + \int_{\Omega} \frac{\partial \eta_{\varepsilon}}{\partial z_n} u_n \sum_{k=1}^{n} \bar{u}_k \frac{\partial \psi}{\partial \bar{z}_k} e^{-\tilde{\varphi}} dV$$

が成り立つから,

$$2(\eta_{\varepsilon} T^* u, T^* u)_1 + (\eta_{\varepsilon} Su, Su)_3$$

$$\geq 2\mathrm{Re} \int_{\Omega} \frac{\partial \eta_{\varepsilon}}{\partial \bar{z}_n} \bar{u}_n T^* u \, e^{-\varphi_2} dV + 2\mathrm{Re} \int_{\Omega} \frac{\partial \eta_{\varepsilon}}{\partial \bar{z}_n} \bar{u}_n \sum_{k=1}^{n} u_k \frac{\partial \psi}{\partial z_k} e^{-\tilde{\varphi}} dV$$

$$- \int_{\Omega} \frac{\partial^2 \eta_{\varepsilon}}{\partial z_n \partial \bar{z}_n} |u_n|^2 e^{-\tilde{\varphi}} dV + \int_{\Omega} \eta_{\varepsilon} \sum_{j,k=1}^{n} \frac{\partial^2 \tilde{\varphi}}{\partial z_j \partial \bar{z}_k} u_j \bar{u}_k e^{-\tilde{\varphi}} dV$$

$$- 2 \int_{\Omega} \eta_{\varepsilon} |\partial \psi|^2 |u|^2 e^{-\tilde{\varphi}} dV$$

が成り立つ. すると, $\beta_\varepsilon = \gamma_\varepsilon + \eta_\varepsilon$ であるから,

$$2\|T_\varepsilon^* u\|_1^2 + 2\|S_\varepsilon u\|_3^2 = 2\|\sqrt{\beta_\varepsilon} T^* u\|_1^2 + 2\|\sqrt{\beta_\varepsilon} Su\|_3^2$$

$$= 2(\beta_\varepsilon T^* u, T^* u)_1 + 2(\beta_\varepsilon Su, Su)_3$$

$$= 2((\gamma_\varepsilon + \eta_\varepsilon) T^* u, T^* u)_1 + 2((\gamma_\varepsilon + \eta_\varepsilon) Su, Su)_3$$

$$\geq (\gamma_\varepsilon T^* u, T^* u)_1 + 2(\eta_\varepsilon T^* u, T^* u)_1 + (\eta_\varepsilon Su, Su)_3$$

$$\geq (\gamma_\varepsilon T^* u, T^* u)_1 + 2\mathrm{Re} \int_\Omega \frac{\partial \eta_\varepsilon}{\partial \bar{z}_n} \bar{u}_n T^* u \, e^{-\varphi_2} dV$$

$$+ 2\mathrm{Re} \int_\Omega \frac{\partial \eta_\varepsilon}{\partial \bar{z}_n} \bar{u}_n \sum_{k=1}^n u_k \frac{\partial \psi}{\partial z_k} e^{-\tilde{\varphi}} dV - \int_\Omega \frac{\partial^2 \eta_\varepsilon}{\partial z_n \partial \bar{z}_n} |u_n|^2 e^{-\tilde{\varphi}} dV$$

$$+ \int_\Omega \eta_\varepsilon \sum_{j,k=1}^n \frac{\partial^2 \tilde{\varphi}}{\partial z_j \partial \bar{z}_k} u_j \bar{u}_k e^{-\tilde{\varphi}} dV - 2 \int_\Omega \eta_\varepsilon |\partial \psi|^2 |u|^2 e^{-\tilde{\varphi}} dV$$

となる. ここで,

$$\left| \frac{\partial \eta_\varepsilon}{\partial z_n} u_n \overline{T^* u} \right| = \left| -\frac{\bar{z}_n}{\varepsilon^2 + |z_n|^2} u_n \overline{T^* u} \right| \leq \frac{|z_n|^2 |u_n|^2 + |T^* u|^2}{2(\varepsilon^2 + |z_n|^2)}$$

$$= \frac{\gamma_\varepsilon(z)}{2} (|z_n|^2 |u_n|^2 + |T^* u|^2)$$

を用いると, $e^{-\varphi_1} \geq e^{-\varphi_2}$ であるから,

$$(\gamma_\varepsilon T^* u, T^* u)_1 + 2\mathrm{Re} \int_\Omega \frac{\partial \eta_\varepsilon}{\partial \bar{z}_n} \bar{u}_n (T^* u) e^{-\varphi_2} dV$$

$$\geq \int_\Omega \gamma_\varepsilon |T^* u|^2 e^{-\varphi_1} dV - \int_\Omega \frac{|z_n u_n|^2 e^{-\varphi_2}}{\varepsilon^2 + |z_n|^2} dV - \int_\Omega \gamma_\varepsilon |T^* u|^2 e^{-\varphi_2} dV$$

$$\geq - \int_\Omega \frac{|z_n|^2 |u_n|^2}{\varepsilon^2 + |z_n|^2} e^{-\varphi_2} dV$$

となる. すると, $e^{-\tilde{\varphi}} = e^{-\psi} e^{-\varphi_2}$, $\eta_\varepsilon > 1$ であるから, 定理 4.1 を用いると,

$$2\|T_\varepsilon u\|_1^2 + 2\|S_\varepsilon u\|_3^2 \geq - \int_\Omega \frac{|z_n|^2 |u_n|^2}{\varepsilon^2 + |z_n|^2} e^{-\varphi_2} dV$$

$$+ 2\mathrm{Re} \int_\Omega \frac{\partial \eta_\varepsilon}{\partial \bar{z}_n} \bar{u}_n \sum_{k=1}^n u_k \frac{\partial \psi}{\partial z_k} e^{-\tilde{\varphi}} dV - \int_\Omega \frac{\partial^2 \eta_\varepsilon}{\partial z_n \partial \bar{z}_n} |u_n|^2 e^{-\varphi_2} dV$$

$$+ \int_\Omega \frac{\partial^2 \eta_\varepsilon}{\partial z_n \partial \bar{z}_n} |u_n|^2 (1 - e^{-\psi}) e^{-\varphi_2} dV$$

$$+ \int_\Omega \eta_\varepsilon \left(\sum_{j,k=1}^n \frac{\partial^2 \tilde{\varphi}}{\partial z_j \partial \bar{z}_k} u_j \bar{u}_k - 2|\partial\psi|^2 |u|^2 \right) e^{-\tilde{\varphi}} dV$$

$$\geq - \int_\Omega \frac{|z_n|^2 |u_n|^2}{\varepsilon^2 + |z_n|^2} e^{-\varphi_2} dV - \int_\Omega \frac{\partial^2 \eta_\varepsilon}{\partial z_n \partial \bar{z}_n} |u_n|^2 e^{-\varphi_2} dV$$

$$+ \int_\Omega \left(\sum_{j,k=1}^n \frac{\partial^2 \tilde{\varphi}}{\partial z_j \partial \bar{z}_k} u_j \bar{u}_k - 2|\partial\psi|^2 |u|^2 \right) e^{-\tilde{\varphi}} dV$$

$$-2n \int_\Omega \left| \frac{\partial \eta_\varepsilon}{\partial \bar{z}_n} \right| |u|^2 \max_k \left| \frac{\partial \psi}{\partial z_k} \right| e^{-\tilde{\varphi}} dV$$

$$- \int_\Omega \left| \frac{\partial^2 \eta_\varepsilon}{\partial z_n \partial \bar{z}_n} \right| |u|^2 (e^\psi - 1) e^{-\tilde{\varphi}} dV$$

$$\geq - \int_\Omega \frac{|z_n|^2 |u_n|^2}{\varepsilon^2 + |z_n|^2} e^{-\varphi_2} dV - \int_\Omega \frac{\partial^2 \eta_\varepsilon}{\partial z_n \partial \bar{z}_n} |u_n|^2 e^{-\varphi_2} dV$$

$$+ \int_\Omega (\mu|u'|^2 + |u_n|^2) e^{-\varphi_2} dV$$

$$= \int_\Omega \left(\mu|u'|^2 + \frac{(\varepsilon^2 + \varepsilon^4 + \varepsilon^2 |z_n|^2)|u_n|^2}{(\varepsilon^2 + |z_n|^2)^2} \right) e^{-\varphi_2} dV$$

$$\geq \int_\Omega \left(\mu|u'|^2 + \frac{\varepsilon^2 |u_n|^2}{(\varepsilon^2 + |z_n|^2)^2} \right) e^{-\varphi_2} dV = 2(L_\varepsilon u, u)_2$$

が成り立つ. (証明終)

系 4.1　$0 < \varepsilon < 1/4$ と $u \in \mathcal{D}_{S_\varepsilon} \cap \mathcal{D}_{T_\varepsilon^*}$ に対して次が成り立つ.

$$(L_\varepsilon u, u)_2 \leq \|T_\varepsilon^* u\|_1^2 + \|S_\varepsilon u\|_3^2.$$

証明　定理 4.2 より, $u_j \in \mathcal{D}_{(0,1)}$ が存在して,

$$\|u_j - u\|_{\mathcal{G}} = \|u_j - u\|_2 + \|T^*(u_j - u)\|_1 + \|S(u_j - u)\|_3 \to 0$$

が成り立つ. 一方, 定理 4.3 より,

$$(L_\varepsilon u_j, u_j)_2 \leq \|T_\varepsilon^* u_j\|_1^2 + \|S_\varepsilon u_j\|_3^2.$$

となるから, $j \to \infty$ とすると,

$$(L_\varepsilon u, u)_2 \leq \|T_\varepsilon^* u\|_1^2 + \|S_\varepsilon u\|_3^2.$$

が成り立つ. (証明終)

4.4 大沢・竹腰の拡張定理の証明

H_j $(j = 1, 2, 3)$ はヒルベルト空間で, $(\cdot, \cdot)_j$ は H_j における内積とする. $\mathcal{D}_j$ $(j = 1, 2)$ は H_j の稠密な部分空間とする. $T : \mathcal{D}_1 \to H_2$, $S : \mathcal{D}_2 \to H_3$ は $ST = 0$ を満たす線形閉作用素とする. 線形作用素 $L : H_2 \to H_2$ は全単射で,

$$(Lx, x)_2 \geq 0 \qquad (x \in H_2). \tag{4.15}$$

を満たすとする. この仮定のもとで, 次の定理を証明する.

定理 4.4 $v \in \mathcal{D}_{T^*} \cap \mathcal{D}_S$ に対して,

$$|(Lv, v)_2| \leq \|T^* v\|_1^2 + \|Sv\|_3^2$$

が成り立つと仮定する. すると, $g \in \operatorname{Ker} S$ に対して, $u \in \mathcal{D}_T$ が存在して,

$$Tu = g, \quad \|u\|_1^2 \leq |(L^{-1} g, g)_2| \tag{4.16}$$

が成り立つ.

証明 (4.15) より, $x, y \in H_2$ に対して,

$$(L(x + y), x + y)_2 = (x + y, L(x + y))_2$$

となるから,

$$(Lx, y)_2 + (Ly, x)_2 = (y, Lx)_2 + (x, Ly)_2,$$

が成り立つ. 上式で y を iy に置き換えると,

$$-(Lx, y)_2 + (Ly, x)_2 = (y, Lx)_2 - (x, Ly)_2$$

が成り立つ. 辺々加えると, $(Ly, x)_2 = (y, Lx)_2$ となる.

すべての実数 t に対して, (4.15) から,

$$(L(x + (Lx, y)_2 ty), x + (Lx, y)_2 ty)_2 \geq 0$$

となるから,

$$(Lx, x)_2 + 2|(Lx, y)_2|^2 t + |(Lx, y)_2|^2 (Lx, y)_2 t^2 \geq 0$$

が成り立つ. よって,

$$|(Lx, y)_2|^2 \leq (Lx, x)_2 (Ly, y)_2 \qquad (x, y \in H_2) \tag{4.17}$$

となる. $g \in \mathrm{Ker}\, S$ とする. L は全単射であるから, $\tilde{g} \in H_2$ が存在して, $L\tilde{g} = g$ となる. すると, $v \in \mathcal{D}_{T^*} \cap \mathrm{Ker}\, S$ に対して, (4.17) と仮定から,

$$\begin{aligned}
|(v, g)_2|^2 &= |(v, L\tilde{g})_2|^2 \leq (Lv, v)_2 (L\tilde{g}, \tilde{g})_2 \\
&\leq (L\tilde{g}, \tilde{g})_2 (\|T^*v\|_1^2 + \|Sv\|_3^2) = (L\tilde{g}, \tilde{g})_2 \|T^*v\|_1^2.
\end{aligned}$$

となる. $v \in \mathcal{D}_{T^*} \cap (\mathrm{Ker}\, S)^\perp$ のときは, $(v, g)_2 = 0$ となるから, $v \in \mathcal{D}_{T^*}$ に対して,

$$|(v, g)_2|^2 \leq (L\tilde{g}, \tilde{g})_2 \|T^*v\|_1^2 \tag{4.18}$$

が成り立つ. $\mathcal{R}_{T^*} = \{T^*v \mid v \in \mathcal{D}_{T^*}\}$ であるから, 線形汎関数 $\varphi : \mathcal{R}_{T^*} \to \mathbf{C}$ を $\varphi(T^*v) = (v, g)_2$ によって定義する. この定義が意味をもつためには, $T^*v = T^*v'$ のとき, $\varphi(T^*v) = \varphi(T^*v')$ とならなければならないが,

$$|\varphi(T^*v)| = |(g, v)_2| \leq \sqrt{(L\tilde{g}, \tilde{g})_2} \|T^*v\|_1 \tag{4.19}$$

となることから成り立つ. また, (4.19) から, φ は有界である. すると, Hahn-Banach の定理から, φ は H_1 上の有界線形汎関数に拡張される. (4.19) から, $\|\varphi\| \leq \sqrt{(L\tilde{g}, \tilde{g})_2}$ となる. Riesz の表現定理から, $u_0 \in H_1$ が存在して,

$$\varphi(w) = (w, u_0)_1 \quad (w \in H_1), \qquad \|\varphi\| = \|u_0\|_1$$

となるから, $\|u_0\|_1^2 \leq (L\tilde{g}, \tilde{g})_2$ となる. すると,

$$(v, g)_2 = \varphi(T^*v) = (T^*v, u_0)_1 \qquad (v \in \mathcal{D}_{T^*}). \tag{4.20}$$

となるから, $|(T^*v, u_0)_1| \leq \|v\|_2 \|g\|_2$ $(v \in \mathcal{D}_{T^*})$ となり, $u_0 \in \mathcal{D}_{T^{**}}$ となる. $T : \mathcal{D}_T \to H_1$ は閉作用素であるから, 補題 3.7 から, $\mathcal{D}_{T^*}$ は H_1 で稠密で, $T^{**} = T$ となる. よって, $u_0 \in \mathcal{D}_T$ となる. (4.20) から, $(v, g)_2 = (v, Tu_0)_2$ $(v \in \mathcal{D}_{T^*})$ となるから, $Tu_0 = g$ となる. また, $\|u_0\|_1^2 \leq (L\tilde{g}, \tilde{g})_2 = (L^{-1}g, g)_2$ が成り立つ. (証明終)

補題 4.5 $0 < \ell < 1$ と $c > 1$ に対して, 次を満たす $\tilde{\chi} \in C^\infty(\mathbb{R})$ が存在する.

$$0 \leq \tilde{\chi} \leq 1, \quad \tilde{\chi}(t) = 1 \ (t \leq \ell), \quad \tilde{\chi} = 0 \ (t \geq 1), \quad |\tilde{\chi}'| \leq \frac{c}{1-\ell}.$$

証明 $b > 0$ に対して,

$$g_b(x) = \begin{cases} \exp(-\frac{b}{1-x}) \exp(-\frac{b}{x-\ell}) & (\ell < x < 1) \\ 0 & (その他のとき) \end{cases}$$

と定義すると, $g_b \in C^\infty(\mathbb{R})$ となる. $\tilde{\chi}_b(x) = \int_x^1 g_b(t)dt(\int_\ell^1 g_b(t)dt)^{-1}$ とすると, $\ell < x < 1$ のとき, $g_b(x) \leq 1$, $\lim_{b \to 0} g_b(x) = 1$ となるから, Lebesgue の収束定理から, $\lim_{b \to 0} \int_\ell^1 g_b(x)dx = 1 - \ell$ となる. よって, $b > 0$ を十分小さくとると, $|\tilde{\chi}_b'(x)| \leq c/(1-\ell)$ が成り立つ. (証明終)

定義 4.11 開集合 $\tilde{\Omega}$ は $\Omega \Subset \tilde{\Omega}$ を満たすとする. $\tilde{\chi}$ は補題 4.5 において定義された関数とする. $0 < \varepsilon < 1/4$ に対して, $\chi_\varepsilon(z) = \tilde{\chi}(|z_n|^2/\varepsilon^2)$ と定義する. さらに, $f \in \mathcal{O}(\tilde{\Omega})$ に対して,

$$g_\varepsilon = \bar{\partial}\left(\frac{\chi_\varepsilon(z)f(z)}{z_n}\right) = \frac{f(z)}{\varepsilon^2}\tilde{\chi}'\left(\frac{|z_n|^2}{\varepsilon^2}\right)d\bar{z}_n$$

と定義する. すると, g_ε は $\tilde{\Omega}$ における $\bar{\partial}$ 閉 $C^\infty(0,1)$ 形式である.

定義 4.12 $\Omega_\varepsilon = \{z \in \Omega \mid |z_n| \leq \varepsilon\}$, $\Omega_\varepsilon^{(\ell)} = \{z \in \Omega \mid \ell\varepsilon^2 \leq |z_n|^2 \leq \varepsilon^2\}$ と定義する.

定理 4.5 $u_\varepsilon \in \mathcal{D}_{T_\varepsilon}$ が存在して, $T_\varepsilon u_\varepsilon = g_\varepsilon$ を満たし, さらに

$$\int_\Omega |u_\varepsilon|^2 e^{-\varphi-\sigma} dV \leq \frac{2c^2}{(1-\ell)^2\varepsilon^6} \int_{\Omega_\varepsilon^{(\ell)}} (\varepsilon^2 + |z_n|^2)^2 |f|^2 e^{-\varphi-\sigma} dV \quad (4.21)$$

が成り立つ.

証明　定理 4.4 と系 4.1 から, $u_{\varepsilon,a} \in \mathcal{D}_T$ が存在して,

$$T_\varepsilon(u_{\varepsilon,a}) = g_\varepsilon, \quad \|u_{\varepsilon,a}\|_1^2 \leq |(L_\varepsilon^{-1}g_\varepsilon, g_\varepsilon)_2|$$

が成り立つ. 補題 4.4 から, $L_\varepsilon^{-1}g_\varepsilon = \{2(\varepsilon^2 + |z_n|^2)^2/\varepsilon^2\}g_\varepsilon$ であるから,

$$
\begin{aligned}
(L_\varepsilon^{-1}g_\varepsilon, g_\varepsilon)_2 &= \int_\Omega \frac{2(\varepsilon^2 + |z_n|^2)^2}{\varepsilon^6} |f(z)|^2 \tilde{\chi}' \left(\frac{|z_n|^2}{\varepsilon^2}\right)^2 e^{-\varphi_2} dV \\
&\leq \frac{2c^2}{(1-l)^2\varepsilon^6} \int_{\Omega_\varepsilon^{(\ell)}} (\varepsilon^2 + |z_n|^2)^2 |f|^2 e^{-\varphi_2} dV
\end{aligned}
$$

となる. $\varphi_2 = \varphi + \sigma + \lambda,\ \lambda \geq 0$ であるから,

$$|(L_\varepsilon^{-1}g_\varepsilon, g_\varepsilon)_2| \leq \frac{2c^2}{(1-l)^2\varepsilon^6} \int_{\Omega_\varepsilon^{(\ell)}} (\varepsilon^2 + |z_n|^2)^2 |f|^2 e^{-\varphi-\sigma} dV \tag{4.22}$$

となる. (4.22) の右辺を A_ε^2 とおく. すると,

$$\|u_{\varepsilon,a}\|_1^2 \leq |(L_\varepsilon^{-1}g_\varepsilon, g_\varepsilon)_2| \leq A_\varepsilon^2$$

となる. $z \in \Omega_a$ のとき, $\psi(z) = 0,\ \lambda(z) = 0$ となるから, $e^{-\varphi_1(z)} = e^{-\varphi(z)-\sigma(z)}$ となる. すると, 任意の $t < a$ に対して,

$$\int_{\Omega_t} |u_{\varepsilon,a}|^2 e^{-\varphi-\sigma} dV = \int_{\Omega_t} |u_{\varepsilon,a}|^2 e^{-\varphi_1} dV \leq A_\varepsilon^2$$

となる. 可分なヒルベルト空間における有界点列は弱収束する部分列を含むから (練習問題 4.3 参照), Ω 上の関数 u_ε と $\{u_{\varepsilon,a}\}$ の部分列 $\{u_\varepsilon^{(j)}\}$ が存在して, $u_\varepsilon \in L^2(\Omega_t, e^{-\varphi-\sigma})$ を満たし, $\{u_\varepsilon^{(j)}\}$ は $L^2(\Omega_t, e^{-\varphi-\sigma})$ において u_ε に弱収束する. 練習問題 4.4 から,

$$
\begin{aligned}
\int_\Omega |u_\varepsilon|^2 e^{-\varphi-\sigma} dV &= \sup_t \int_{\Omega_t} |u_\varepsilon|^2 e^{-\varphi-\sigma} dV \\
&\leq \sup_t \left(\limsup_{j\to\infty} \int_{\Omega_t} |u_\varepsilon^{(j)}|^2 e^{-\varphi-\sigma} dV\right) \leq A_\varepsilon^2
\end{aligned}
$$

となるから, u_ε は (4.21) を満たす.

$$H^{1,0} = L^2_{(0,0)}(\Omega, e^{-\varphi-\sigma}), \quad H^{2,0} = L^2_{(0,1)}(\Omega, e^{-\varphi-\sigma}),$$

$$H_t^{1,0} = L_{(0,0)}^2(\Omega_t, e^{-\varphi-\sigma}), \quad H_t^{2,0} = L_{(0,1)}^2(\Omega_t, e^{-\varphi-\sigma})$$

とおくとき, $h \in \mathcal{D}_{T^*}$ に対して,

$$(g_\varepsilon, h)_{H_t^{2,0}} = (T_\varepsilon u_\varepsilon^{(j)}, h)_{H_t^{2,0}} = (u_\varepsilon^{(j)}, T_\varepsilon^* h)_{H_t^{1,0}} \to (u_\varepsilon, T_\varepsilon^* h)_{H_t^{1,0}}$$

となるから, $(g_\varepsilon, h)_{H_t^{2,0}} = (u_\varepsilon, T_\varepsilon^* h)_{H_t^{1,0}}$ となる. ここで, $t \to \infty$ とすると, $(g_\varepsilon, h)_{H^{2,0}} = (u_\varepsilon, T_\varepsilon^* h)_{H^{1,0}}$ となり, $|(u_\varepsilon, T_\varepsilon^* h)_{H^{1,0}}| \le \|g_\varepsilon\|_{H^{2,0}} \|h\|_{H^{2,0}}$ となるから, $u_\varepsilon \in \mathcal{D}_{T_\varepsilon^{**}} = \mathcal{D}_{T_\varepsilon}$ かつ $T_\varepsilon u_\varepsilon = g_\varepsilon$ となる. (証明終)

$$F_\varepsilon(z) = \chi_\varepsilon(z) f(z) - \sqrt{\beta_\varepsilon(z)} z_n u_\varepsilon(z)$$

と定義する. $T_\varepsilon u_\varepsilon = \bar{\partial}(\sqrt{\beta_\varepsilon} u_\varepsilon)$, $g_\varepsilon = (\bar{\partial} \chi_\varepsilon) f / z_n$ であるから,

$$\bar{\partial} F_\varepsilon = (\bar{\partial} \chi_\varepsilon) f - \bar{\partial}(\sqrt{\beta_\varepsilon} u_\varepsilon) z_n = z_n (g_\varepsilon - T_\varepsilon u_\varepsilon) = 0$$

となる. よって, $F_\varepsilon(z)$ は Ω において正則である. $X = \{z \in \mathbf{C}^n \mid z_n = 0\}$ とおく. $z_n = 0$ の近くで, $\tilde{\chi}(|z_n|^2/\varepsilon^2) = 1$ であるから, X 上で $\chi_\varepsilon(z) = 1$ となる. すると, $F_\varepsilon|_{X \cap \Omega} = f$ となる. Minkowski の不等式から

$$\left(\int_\Omega |F_\varepsilon|^2 e^{-\varphi-\sigma} dV \right)^{1/2} \le \left(\int_{\Omega_\varepsilon} |\chi_\varepsilon|^2 |f|^2 e^{-\varphi-\sigma} dV \right)^{\frac{1}{2}}$$
$$+ \left(\int_\Omega |z_n|^2 \beta_\varepsilon |u_\varepsilon|^2 e^{-\varphi-\sigma} dV \right)^{\frac{1}{2}} \quad (4.23)$$

となる. (4.23) の右辺の第 1 項は, $\varepsilon \to 0$ のとき $\mu(\Omega_\varepsilon) \to 0$ となるから, 0 に収束する. $\varepsilon < \frac{1}{4}$, $|z_n| < \frac{1}{2}$ のとき,

$$|z_n|^2 \beta_\varepsilon = \frac{|z_n|^2}{\varepsilon^2 + |z_n|^2} + |z_n|^2 \log \frac{1}{\varepsilon^2 + |z_n|^2} \le 1 + |z_n|^2 \log \frac{1}{|z_n|^2}$$

が成り立つ. $h(x) = 1 - x \log x$ $(0 \le x \le \frac{1}{4})$ は $x = \frac{1}{4}$ で最大値 $1 + \frac{1}{2} \log 2$ をとるから, $|z_n|^2 \beta_\varepsilon \le 1 + \frac{1}{2} \log 2$ となる. $A = 1 + \frac{1}{2} \log 2$ とおく. すると, (4.21),(4.23) から,

$$\limsup_{\varepsilon \to 0} \int_\Omega |F_\varepsilon|^2 e^{-\varphi-\sigma} dV \le \limsup_{\varepsilon \to 0} \int_\Omega |z_n|^2 \beta_\varepsilon |u_\varepsilon|^2 e^{-\varphi-\sigma} dV$$
$$\le \limsup_{\varepsilon \to 0} \frac{2c^2 A}{(1-l)^2 \varepsilon^6} \int_{\Omega_\varepsilon^{(\ell)}} (\varepsilon^2 + |z_n|^2)^2 |f|^2 e^{-\varphi-\sigma} dV$$

が成り立つ. $B = \sup_{\Omega} e^{-\sigma(z)} (\inf_{\Omega} e^{-\sigma(z)})^{-1}$ とおく. すると,

$$\limsup_{\varepsilon \to 0} \int_{\Omega} |F_{\varepsilon}|^2 e^{-\varphi} dV \leq \limsup_{\varepsilon \to 0} \frac{2c^2 AB}{(1-l)^2 \varepsilon^6} \int_{\Omega_{\varepsilon}^{(\ell)}} (\varepsilon^2 + |z_n|^2)^2 |f|^2 e^{-\varphi} dV$$

を得る. $\tau_1(z) = f(z) - f(z', 0)$, $\tau_2(z) = \varphi(z) - \varphi(z', 0)$ とおくと, 定数 $c_1, c_2 > 0$ が存在して, $|\tau_i(z)| \leq c_i |z_n|$ $(i = 1, 2)$ となる. Cartan の定理 B(または定理 5.6) から, $\Omega \cap X$ で正則な関数は Ω で正則な関数に拡張される. さらに, 定理 4.6 の証明から分かるように, $\Omega_j \Subset \Omega$ となる擬凸領域 Ω_j で考えてよいから, $f(z)$ は $\overline{\Omega}$ の近傍で正則で, $\varphi(z)$ は $\overline{\Omega}$ の近傍で C^2 級と仮定してよいから, 定数 $C > 0$ が存在して,

$$\int_{\Omega_{\varepsilon}^{(\ell)}} (\varepsilon^2 + |z_n|^2)^2 |f(z)|^2 e^{-\varphi(z)} dV(z)$$

$$= \int_{\Omega_{\varepsilon}^{(\ell)}} (\varepsilon^2 + |z_n|^2)^2 |f(z', 0) + \tau_1(z)|^2 e^{-\varphi(z', 0) - \tau_2(z)} dV(z)$$

$$\leq \int_{\Omega_{\varepsilon}^{(\ell)}} (\varepsilon^2 + |z_n|^2)^2 |f(z', 0)|^2 e^{-\varphi(z', 0)} dV(z)$$

$$+ C \int_{\Omega_{\varepsilon}^{(\ell)}} (\varepsilon^2 + |z_n|^2)^2 |z_n| dV(z)$$

となる. 簡単な計算から,

$$\int_{\{l\varepsilon^2 \leq |z_n|^2 \leq \varepsilon^2\}} (\varepsilon^2 + |z_n|^2)^2 dx_n dy_n = \frac{\pi}{3} \varepsilon^6 (1-l)(7 + 4l + l^2)$$

となるから,

$$\int_{\Omega_{\varepsilon}^{(\ell)}} (\varepsilon^2 + |z_n|^2)^2 |f(z', 0)|^2 e^{-\varphi(z', 0)} dV(z)$$

$$= \int_{\{\ell\varepsilon^2 \leq |z_n|^2 \leq \varepsilon^2\}} (\varepsilon^2 + |z_n|^2)^2 dx_n dy_n \int_{\Omega \cap H} |f|^2 e^{-\varphi} dV'$$

$$= \frac{\pi\varepsilon^6}{3} (1-\ell)(7 + 4\ell + \ell^2) \int_{\Omega \cap H} |f|^2 e^{-\varphi} dV'$$

となる. $\Omega_{\varepsilon}^{(\ell)}$ 上では $|z_n| \leq \varepsilon$ となるから,

$$\limsup_{\varepsilon \to 0} \frac{2c^2 AB}{(1-l)^2 \varepsilon^6} \int_{\Omega_{\varepsilon}^{(\ell)}} (\varepsilon^2 + |z_n|^2)^2 |f|^2 e^{-\varphi} dV$$

$$\leq \frac{2\pi c^2 AB}{3(1-\ell)} (7 + 4\ell + \ell^2) \int_{\Omega \cap H} |f|^2 e^{-\varphi} dV'$$

が成り立つ. よって, $D = \frac{2\pi c^2 AB}{3(1-\ell)}(7 + 4\ell + \ell^2)$ とおくと,

$$\limsup_{\varepsilon \to 0} \int_\Omega |F_\varepsilon|^2 e^{-\varphi} dV \leq D \int_{\Omega \cap H} |f|^2 e^{-\varphi} dV_{n-1} \qquad (4.24)$$

を得る. 一方,

$$\sup_{z \in \Omega} e^{-\sigma_n(z_n)} = \sup_{z \in \Omega} \frac{1}{|z_n|^2 + \frac{1}{4}} \leq 4, \quad \inf_{z \in \Omega} e^{-\sigma_n(z_n)} = \inf_{z \in \Omega} \frac{1}{|z_n|^2 + \frac{1}{4}} \geq 2$$

となる. Ω は有界と仮定してよいから,

$$\sup_{z \in \Omega} |z'|^2 = \alpha, \quad \inf_{z \in \Omega} |z'|^2 = \beta$$

とすると,

$$B = \frac{\sup_\Omega e^{-\sigma(z)}}{\inf_\Omega e^{-\sigma(z)}} \leq 2\frac{\sup_\Omega e^{-\mu|z'|^2}}{\inf_\Omega e^{-\mu|z'|^2}} \leq 2e^{\mu(\alpha-\beta)}$$

となる. すると,

$$D = \frac{2\pi c^2 AB}{3(1-\ell)}(7 + 4\ell + \ell^2) \leq \frac{2\pi c^2 (2 + \log 2)(7 + 4\ell + \ell^2)}{3(1-\ell)} e^{\mu(\beta-\alpha)}$$

を得る. 数列 $\{\varepsilon_j\}$, $\{c_j\}$, $\{\ell_j\}$, $\{\mu_j\}$ は $\varepsilon_j \to 0$, $c_j \to 1$, $\ell_j \to 0$, $\mu_j \to 0$ を満たすとする. $\varepsilon = \varepsilon_j$, $c = c_j$, $\ell = \ell_j$, $\mu = \mu_j$ に対する F_ε を F_j とすると, Montel の定理 (練習問題 1.23) から, Ω で広義一様収束する $\{F_j\}$ の部分列 $\{F_{j_k}\}$ が存在する. $\widetilde{F}(z) = \lim_{k \to \infty} F_{j_k}(z)$ とおくと, $\widetilde{F}(z)$ は Ω で正則で, $H = X \cap \Omega$ とすると, $\widetilde{F}|_H = f$, かつ,

$$\int_\Omega |\widetilde{F}|^2 e^{-\varphi} dV \leq \frac{14(2 + \log 2)\pi}{3} \int_H |f|^2 e^{-\varphi} dV' \qquad (4.25)$$

が成り立つ.

次に, 大沢・竹腰の拡張定理を証明する.

定理 4.6 (大沢・竹腰の拡張定理)　$\Omega \subset \mathbb{C}^n$ は擬凸領域で,

$$\Omega \subset \{z = (z_1, \cdots, z_n) \in \mathbb{C}^n \mid |z_n| < A\}$$

を満たすとする. 定数 $C_\Omega > 0$ が存在して, Ω 上の任意の多重劣調和関数 φ および $H = X \cap \Omega = \{z \in \Omega \mid z_n = 0\}$ 上の任意の正則関数 f に対し, Ω 上の正則関数 F で $F|_H = f$ かつ

$$\int_\Omega |F|^2 e^{-\varphi} dV \leq C_\Omega \pi \int_H |f|^2 e^{-\varphi} dV' \tag{4.26}$$

を満たすものが存在する. ここで, dV と dV' はそれぞれ $\mathbb{C}^n$ と $\mathbb{C}^{n-1}$ における Lebesgue 測度である. さらに, $C_\Omega = 56(2 + \log 2)A^2/3$ として, (4.26) が成り立つ.

証明　最初に, $A = \frac{1}{2}$ と仮定して定理を証明する. 系 2.3 から, 強擬凸領域の増加列 $\{\Omega_j\}$ が存在して, $\overline{\Omega}_j$ は Ω のコンパクト部分集合で, $\bigcup_{j=1}^{\infty} \Omega_j = \Omega$ を満たす. また, 定理 1.6 から $\varphi_j \downarrow \varphi$ を満たす C^∞ 級多重劣調和関数列 $\{\varphi_j\}$ が存在するから, φ は C^∞ 級多重劣調和関数であると仮定してよい. さらに, 定理 5.6(または Cartan の定理 B) から, $f(z)$ は Ω で正則と仮定してよい.

$$\int_H |f|^2 e^{-\varphi} dV_{n-1} = M < \infty$$

と仮定する. (4.25) から, Ω_j で正則な関数 F_j が存在して, $C = 14\pi(2 + \log 2)/3$ とするとき, $F_j|_{X \cap \Omega_j} = f$, かつ

$$\int_{\Omega_j} |F_j|^2 e^{-\varphi} dV \leq C_\Omega \int_{X \cap \Omega_j} |f|^2 e^{-\varphi} dV_{n-1} \leq C_\Omega M \tag{4.27}$$

が成り立つ. $\{F_j\}$ から Ω において広義一様収束する部分列 $\{F_{j_k}\}$ が取り出せる. $F = \lim_{k \to \infty} F_{j_k}$ とおくと, F は Ω で正則で, $F|_H = f$ となる. (4.27) において, $j \to \infty$ とすると, $\int_\Omega |F|^2 e^{-\varphi} dV \leq C_\Omega M$ となる. $\Omega \subset \{z \in \mathbb{C}^n \mid |z_n| < 1\}$ のときは z_n の大きさを変換することにより, $C_\Omega = 56(2 + \log 2)A^2/3$ として (4.26) が成り立つ. (証明終)

4.5　最適定数の存在

1987 年に発表された大沢・竹腰の拡張定理の論文 [OT] では, 評価式 (4.26) における定数 C_Ω は $A = 1$ のとき, $C_\Omega = 1620$ として成り立つこ

とが示されている. $A = 1$ のとき, C_Ω はどれだけ 1 に近づけられるかという研究と拡張定理の応用および別証明が多数の数学者によってなされた (例えば, Siu[SI], Berndtsson[BE], Demailly[DE1], Blocki[BL], Guan-Zhou[GZ1, GZ2], Berndtsson-Lempert[BL], Guan-Li[GL], Chen[CH], Diederich-Herbort[DH], Adachi[AD3], など). $C_\Omega = 1$ で成り立つことが, 2013 年に Block[BL] によって, 2015 年に Guan-Zhou[GZ1] によって, 2016 年には Berndtsson-Lempert[BL] によって独立に証明された. 本節では最適定数の存在に関する Guan-Zhou の主定理 2 について結果だけを述べる. 最適定数の存在の証明に至るまでの経緯については, 大沢健夫氏の論文 [OH3] に詳しく書かれている.

定義 4.13 M は n 次元 Stein 多様体で, S は M の複素閉部分多様体とする. S の $n - k$ 次元成分を S_{n-k} で表す. $\Psi : M \to [-\infty, A)$ は次の (1), (2) を満たす上半連続関数とする.

(1) $\Psi^{-1}(-\infty) \supset S$, $\Psi^{-1}(-\infty)$ は M の閉部分集合である.

(2) S が $x \in S_{\text{reg}}$ のまわりで l 次元ならば, x の近傍 U と U 上の座標 $(z_1, \cdots, z_n)$ が存在して, 次が成り立つ.

$$\sup_{U \setminus S} \left| \Psi(z) - (n - l) \log \sum_{j=l+1}^{n} |z_j|^2 \right| < \infty.$$

定義 4.14 h は M 上の rank r の正則ベクトル束 E 上の滑らかな計量で, f は S 上の rank r の正則ベクトル束 E に値をもつ正則な切断 (holomorphic section) とする. すると, Cartan の定理 B から, M 上の E に値をもつ正則な切断 $\widetilde{F}$ が存在して, $\widetilde{F}|_S = f$ を満たす. このとき,

$$\limsup_{t_0 \to \infty} \int_M (\chi_{[-t_0-1, -t_0]} \circ \Psi) |\tilde{F}|^2_{he^{-\Psi}} dV_M = \sum_{k=1}^{n} \frac{\pi^k}{k!} \int_{S_{n-k}} |f|^2_h dV_M[\Psi]$$

と定義する. ここで, $\chi_E(x) = 1 \ (x \in E)$, $\chi_E(x) = 0 \ (x \notin E)$ である.

定義 4.15 $h \in C^\infty(M)$, $h > 0$ とする.

$$\partial_h u = h^{-1} \partial(hu), \quad \Theta_h = \partial_h \bar{\partial} + \bar{\partial}\partial_h$$

と定義する. すると, $f \in C^\infty(M)$ に対して,

$$\Theta_{he^{-f}} = \Theta_h + \partial\bar{\partial}f, \quad \Theta_{e^{-f}} = \partial\bar{\partial}f$$

が成り立つ.

定義 4.16　$-\infty < A \leq \infty$ とする. $c_A \in C^\infty(-A, \infty)$ は

$$c_A(t) > 0, \quad \int_{-A}^{\infty} c_A(t)e^{-t}dt < \infty \tag{4.28}$$

を満たし, さらに

$$\left(\int_{-A}^{t} c_A(t_1)e^{-t_1}dt_1\right)^2 > c_A(t)e^{-t}\int_{-A}^{t}\left(\int_{-A}^{t_2} c_A(t_1)e^{-t_1}dt_1\right)dt_2 \tag{4.29}$$

を満たすと仮定する. (4.28), (4.29) の仮定のもとで, 次の Guan-Zhou の論文 [GZ1] における主定理 2 が成り立つ. 証明は省略する.

定理 4.7 (Guan-Zhou の主定理 2)　h は M 上の rank r の正則ベクトル束 E 上の滑らかな計量で, $i\Theta_{he^{-\Psi}}$ は $M \backslash S$ で中野の意味で半正値 (semipositive) とする. すると, S 上の E に値をもつ任意の正則な切断 (holomorphic section) f が

$$\sum_{k=1}^{n} \frac{\pi^k}{k!} \int_{S_{n-k}} |f|_h^2 dV_M[\Psi] < \infty$$

を満たすならば, M 上の E に値をもつ正則な切断 F が存在して, S 上で $F = f$ を満たし, かつ

$$\int_M c_A(-\Psi)|F|_h^2 dV_M \leq \left(\int_{-A}^{\infty} c_A(t)e^{-t}dt\right)\sum_{k=1}^{n}\frac{\pi^k}{k!}\int_{S_{n-k}}|f|_h^2 dV_M[\Psi] \tag{4.30}$$

が成り立つ.

補題 4.6　$-\infty < A < \infty$ とする. $c_A \in C^\infty(-A, \infty)$ は (4.28) を満たし, かつ, $c_A(t)e^{-t}$ が減少関数ならば (4.29) が成り立つ.

証明　$f(t) = c_A(t)e^{-t}$ とおくと, $f(t) > 0$, $f'(t) < 0$ である.

$$\varphi(t) = \left(\int_{-A}^{t} f(t_1)dt_1\right)^2 - f(t)\int_{-A}^{t}\left(\int_{-A}^{t_2} f(t_1)dt_1\right)dt_2$$

とおくと,

$$\varphi'(t) = f(t) \int_{-A}^{t} f(t_1)dt_1 - f'(t) \int_{-A}^{t} \left(\int_{-A}^{t_2} f(t_1)dt_1 \right) dt_2 > 0$$

となるから, $\varphi(t)$ は $(-A, +\infty)$ で単調増加で, $\varphi(-A) = 0$ であるから, $\varphi(t) > 0$ $(-A < t < \infty)$ となる. (証明終)

補題 4.7 Ω は $\mathbb{C}^n$ の擬凸領域で, $\Omega \subset \mathbb{C}^{n-1} \times \{|z_n| < R\}$ を満たすとする. φ は Ω 上の多重劣調和関数で, $S = \Omega \cap \{z_n = 0\}$ とする. $\Psi(z) = \log|z|^2$, $h = e^{-\varphi}$ とすると, S 上の任意の正則関数 f に対して

$$\int_S |f|_h^2 dV_M[\Psi] = \int_S |f(z')|^2 e^{-\varphi(z',0)} dV' \tag{4.31}$$

となる.

証明 Ω において $\Psi(z) < \log R^2$ となるから, $A = \log R^2$ とすると, $\Psi : \Omega \to [-\infty, A)$ となる. $S = S_{n-1}$ とすると, 定義 4.14 から,

$$\limsup_{t_0 \to \infty} \int_\Omega (\chi_{[-t_0-1,-t_0]} \circ \Psi)|F|_{he^{-\Psi}}^2 dV = \pi \int_{S_{n-1}} |f|_h^2 dV_M[\Psi]$$

となる.

$$F(z) = F(z',0) + (F(z',z_n) - F(z',0)) = F(z',0) + O(|z_n|),$$

$$|F|_{he^{-\Psi}}^2 = |F(z)|^2 h(z)e^{-\Psi(z)} = \frac{|F(z',0)|^2 e^{-\varphi(z',0)}}{|z_n|^2} + O\left(\frac{1}{|z_n|}\right)$$

と表されるから,

$$\int_\Omega (\chi_{[-t_0-1,-t_0]} \circ \Psi)|F|_{he^{-\Psi}}^2 dV$$

$$= \int_{\Omega \cap \{e^{-t_0-1} < |z_n|^2 < e^{-t_0}\}} \left(\frac{|F(z',0)|^2 e^{-\varphi(z',0)}}{|z_n|^2} + O\left(\frac{1}{|z_n|}\right) \right) dV$$

を得る. ここで, $z_n = x_n + iy_n$ とするとき

$$\int_{\{e^{-t_0-1} < |z_n|^2 < e^{-t_0}\}} \frac{1}{|z_n|^2} dx_n dy_n = 2\pi \int_{\sqrt{e^{-t_0-1}}}^{\sqrt{e^{-t_0}}} \frac{dr}{r} = \pi$$

となる. $F(z',0) = f(z')$ であるから,

$$\limsup_{t_0 \to \infty} \int_\Omega (\chi_{[-t_0-1,-t_0]} \circ \Psi)|F|^2_{he^{-\Psi}} dV = \pi \int_S |f(z')|^2 e^{-\varphi(z',0)} dV'$$

が成り立つ. (証明終)

系 4.2 (最適定数の存在)　Ω は $\mathbb{C}^n$ の擬凸領域で, $\Omega \subset \mathbb{C}^{n-1} \times \{|z_n| < R\}$ を満たすとする. φ は Ω 上の多重劣調和関数で, $S = \Omega \cap \{z_n = 0\}$ とする. S 上の任意の正則関数 f に対して, Ω 上の正則関数 F が存在して, $F|_S = f$ を満たし, かつ

$$\int_\Omega |F|^2 e^{-\varphi} dV \le \pi R^2 \int_S |f|^2 e^{-\varphi} dV' \tag{4.32}$$

が成り立つ. 特に, $R = 1$ のときは, $C_\Omega = 1$ となる.

証明　主定理 2 において, $M = \Omega$, $\Psi = \log|z_n|^2$, $A = \log R^2$, $c_A(t) = 1$ とすると, $c_A(t)e^{-t}$ は減少関数であるから, 補題 4.6 から, (4.29) が成り立つ. $\int_{-A}^\infty c_A(t)e^{-t}dt = R^2$ となるから, (4.30) と (4.31) から, (4.32) が成り立つ. (証明終)

定理 4.8　$A = \infty$ とする. $c_A \in C^\infty(-A, \infty)$ は (4.28) を満たすとする. $f(t) = c_A(t)e^{-t}$ とおいたとき, $f(t)$ は次の条件を満たすとする.

(i)　$f'(t) > 0 \ (-A < t < a)$.

(ii)　$f'(t) \le 0 \ (a \le t < \infty)$.

(iii)　$\dfrac{d^2}{dt^2}(\log f(t)) < 0 \quad (-A < t < a)$.

(iv)　f/f' は $(-A, a)$ で有界である.

(v)　$\displaystyle\lim_{t \to -A} f(t) = \lim_{t \to -A} f'(t) = 0$.

すると, (4.29) が成り立つ.

証明　$g \in C^\infty(-A, \infty)$, $g(t) > 0$, $\int_{-A}^\infty g(t)dt < \infty$ を満たす g に対して,

$$H(t,g) = \left(\int_{-A}^t g(t_1)dt_1 \right)^2 - g(t) \int_{-A}^t \left(\int_{-A}^{t_2} g(t_1)dt_1 \right) dt_2$$

とおく. $H(t, f) > 0$ を示せばよい.

$$\frac{d}{dt}\left\{\frac{H(t,g)}{g(t)}\right\} = \frac{\int_{-A}^{t} g(t_1)dt_1 \left(g(t)^2 - g'(t)\int_{-A}^{t} g(t_1)dt_1\right)}{g(t)^2}$$

$$= \frac{\int_{-A}^{t} g(t_1)dt_1 H(t,g')}{g(t)^2}$$

となるから,

$$\frac{d}{dt}\left\{\frac{H(t,g)}{g(t)}\right\} > 0 \iff H(t,g') > 0 \tag{4.33}$$

が成り立つ. ロピタルの定理から, (iv), (v) を用いると

$$\lim_{t\to -A}\frac{H(t,f)}{f(t)} = \lim_{t\to -A}\frac{\frac{d}{dt}H(t,f)}{\frac{d}{dt}f(t)}$$

$$= \lim_{t\to -A}\left(\frac{f(t)}{f'(t)}\int_{-A}^{t} f(t_1)dt_1 - \int_{-A}^{t}\left(\int_{-A}^{t_2} f(t_1)dt_1\right)dt_2\right) = 0, \tag{4.34}$$

$$\lim_{t\to -A}\frac{H(t,f')}{f'(t)} = \lim_{t\to -A}\left(\frac{f(t)^2}{f'(t)} - \int_{-A}^{t} f(t_2)dt_2\right) = 0 \tag{4.35}$$

となる. $f(t) > 0$ より, $H(t,f) > 0 \iff \frac{H(t,f)}{f(t)} > 0$ であるから, (4.34) より, $\frac{d}{dt}\left(\frac{H(t,f)}{f(t)}\right) > 0$ を示せばよいが, これは (4.33) より, $H(t,f') > 0$ と同値である. また, $f'(t) > 0$ $(-A < t < a)$ であるから, $\frac{H(t,f')}{f'(t)} > 0$ を示せばよい. すると, (4.35) から, $\frac{d}{dt}\left\{\frac{H(t,f')}{f'(t)}\right\} > 0$ が成り立てばよいが, これは (4.33) より, $H(t,f'') > 0$ と同値である. 一方, $-A < t < a$ のとき, (iii) より,

$$H(t,f'') = f'(t)^2 - f''(t)f(t) = -f(t)^2\frac{d^2}{dt^2}(\log f(t)) > 0$$

となるから, $-\infty < t < a$ のとき, $H(t,f) > 0$ となる. $a \le t < \infty$ のときは (ii) より, $f(t)$ は減少関数であるから, 補題 4.6 から,

$$\left(\int_{a}^{t} f(t_1)dt_1\right)^2 > f(t)\int_{a}^{t}\left(\int_{a}^{t_2} f(t_1)dt_1\right)dt_2$$

が成り立つ. $a < t$ のとき,

$$
\begin{aligned}
H(t,f) &= \left(\int_{-A}^{t} f(t_1)dt_1\right)^2 - f(t)\int_{-A}^{t}\left(\int_{-A}^{t_2} f(t_1)dt_1\right)dt_2 \\
&= \left(\int_{-A}^{a} f(t_1)dt_1\right)^2 + \left(\int_{a}^{t} f(t_1)dt_1\right)^2 + 2\int_{-A}^{a} f(t_1)dt_1 \int_{a}^{t} f(t_1)dt_1 \\
&\quad -f(t)\left\{\int_{-A}^{a}\left(\int_{-A}^{t_2} f(t_1)dt_1\right)dt_2 + \int_{a}^{t}\left(\int_{a}^{t_2} f(t_1)dt_1\right)dt_2\right. \\
&\quad \left. +\int_{a}^{t}\left(\int_{-A}^{a} f(t_1)dt_1\right)dt_2\right\} \\
&> \int_{-A}^{a} f(t_1)dt_1\left(\int_{a}^{t} f(t_1)dt_1 - \int_{a}^{t} f(t)dt_2\right) \geq 0
\end{aligned}
$$

となるから, (4.29) が成り立つ. (証明終)

　以下の定理 4.9 と定理 4.10 は大沢健夫氏によるものであるが, 主定理 2 からも導くことができる.

定理 4.9 (Ohsawa[OH2])　$\Omega \subset \mathbb{C}$ は擬凸領域で, φ は Ω 上の多重劣調和関数とする. $\varepsilon > 0$, $S = \Omega \cap \{z_n = 0\}$ とする. S 上の任意の正則関数 f に対して, Ω 上の正則関数 F が存在して, $F|_S = f$,

$$
\int_{\Omega} \frac{|F|^2}{(1+|z_n|^2)^{1+\varepsilon}}e^{-\varphi}dV \leq \frac{\pi}{\varepsilon}\int_{S}|f|^2 e^{-\varphi}dV' \tag{4.36}
$$

が成り立つ.

証明　主定理 2 において,

$$
\Psi(z) = \log|z_n|^2, \quad h = e^{-\varphi}, \quad c_A(t) = (1+e^{-t})^{-1-\varepsilon}, \quad A = \infty
$$

とする. $g(t) = c_A(t)e^{-t}$ とおくと, $g'(t) = (\varepsilon - e^t)e^{-2t}(1+e^{-t})^{-2-\varepsilon}$ となるから, $a = \log\varepsilon$ とするとき, $g'(t) > 0$ $(-A < t < a)$, $g'(t) < 0$ $(a \leq t < \infty)$ となる. さらに,

$$
g''g - g'^2 = -(1+\varepsilon)e^{-3t}(1+e^{-t})^{-4-2\varepsilon} < 0,
$$

$$
(\log g(t))'' < 0 \ (-A < t < \log\varepsilon)
$$

となる. また,

$$\lim_{t \to -\infty} g(t) = \lim_{t \to -\infty} g'(t) = 0, \quad \lim_{t \to -\infty} \frac{g(t)}{g'(t)} = \frac{1}{\varepsilon}$$

となるから, $g(t)$ について定理 4.8 の条件が満たされるから, (4.29) が成り立つ.

$$c_A(-\Psi) = (1 + |z_n|^2)^{-1-\varepsilon}, \quad \int_{-\infty}^{\infty} c_A(t) e^{-t} dt = \frac{1}{\varepsilon}$$

となるから, (4.36) を得る. (証明終)

定理 4.10 (Ohsawa[OH2])　$\Omega \subset \mathbb{C}^n$ は擬凸領域で, $S = \Omega \cap \{z_n = 0\}$, $\varphi(z)$ は Ω 上の多重劣調和関数で, $\alpha > 0$ とする. すると, S 上の正則関数 f に対して, Ω 上の正則関数 F が存在して, $F|_S = f$,

$$\int_{\Omega} e^{-\alpha|z_n|^2-\varphi} |F|^2 dV \leq \frac{\pi}{\alpha} \int_S |f|^2 e^{-\varphi} dV' \tag{4.37}$$

が成り立つ.

証明　$c_A(t) = \exp(-\alpha e^{-t})$, $g(t) = c_A(t) e^{-t}$ とおくと,

$$g'(t) = \exp(-\alpha e^{-t})(\alpha e^{-2t} - e^{-t})$$

$$g''(t) = \exp(-\alpha e^{-t}) e^{-3t} (\alpha^2 - 3\alpha e^t + e^{2t})$$

となるから,

$$g''(t)g(t) - g'(t)^2 = -\alpha \exp(-2\alpha e^{-t}) e^{-3t} < 0$$

となる. よって, $a = \log \alpha$ とすると, 定理 4.8 の条件が $g(t)$ について満たされるから, (4.29) が成り立つ. 一方,

$$\int_{-\infty}^{\infty} c_A(t) e^{-t} dt = \int_0^{\infty} e^{-\alpha x} dx = 1/\alpha$$

となるから, $\Psi(z) = \log|z_n|^2$ とすると, 主定理 2 から (4.37) を得る. (証明終)

練習問題 4

4.1　評価式 (4.26) において, $\Omega \subset \{z \in \mathbb{C}^n \mid |z_n| < 1\}$ のとき, C_Ω は $C_\Omega \geq 1$ を満たすことを示せ.

4.2　$\Omega \subset \mathbb{C}^n$ は開集合とする. $F \in L^2(\Omega)$ は超関数の意味で, $\partial F/\partial \bar{z}_j = 0$ ($j = 1, \cdots, n$) を満たすとする. すると, Ω で正則な関数 $G(z)$ が存在して, ほとんどいたる所 $F = G$ を満たすことを示せ.

4.3　H はヒルベルト空間とする. H の点列 $\{x_n\}$ が $x \in H$ に弱収束するとは, 任意の $y \in H$ に対して, $(x_n, y) \to (x, y)$ が成り立つことである. 可分なヒルベルト空間の有界点列は弱収束する部分列をもつことを示せ.

4.4　ヒルベルト空間 H における点列 $\{f_n\}$ が f に弱収束するとき, 次を示せ.

  (1)　$\|f_n\| \leq C$ $(n = 1, 2, \cdots)$ ならば, $\|f\| \leq C$.

  (2)　$\|f\| \leq \limsup_{n\to\infty} \|f_n\|$.

第5章　積分公式とその応用

5.1　微分形式を成分とする行列式

定義 5.1 X は実多様体で, $\xi = (\xi_1, \cdots, \xi_n) : X \to \mathbb{C}^n$ は C^1 写像とするとき,

$$\omega(\xi) = d\xi_1 \wedge \cdots \wedge d\xi_n, \quad \omega'(\xi) = \sum_{j=1}^{n}(-1)^{j-1}\xi_j \bigwedge_{i \neq j} d\xi_i$$

と定義する. $\omega'(\xi)$ は

$$\omega'(\xi) = \sum_{j=1}^{n}(-1)^{j-1}\xi_j d\xi_1 \wedge \cdots \wedge d\xi_{j-1} \wedge [d\xi_j] \wedge d\xi_{j+1} \wedge \cdots \wedge d\xi_n$$

とも表される. ここで, $[d\xi_j]$ は $d\xi_j$ を取り除くことを意味する.

定義 5.2 $\xi : X \to \mathbb{C}^n$ と $\eta : X \to \mathbb{C}^n$ は C^1 級写像とする. $\xi = (\xi_1, \cdots, \xi_n), \eta = (\eta_1, \cdots, \eta_n)$ とするとき,

$$< \xi, \eta >= \xi_1\eta_1 + \cdots + \xi_n\eta_n$$

と定義する. また, $< \xi, \eta > \neq 0$ のとき,

$$\mu =< \xi, \eta >^{-n} \omega'(\xi) \wedge \omega(\eta)$$

と定義する.

補題 5.1 $d\mu = 0$.

証明　$d\omega(\eta) = 0$, $d\omega'(\xi) = n\omega(\xi)$ であるから,

$$d\left(\frac{\omega'(\xi) \wedge \omega(\eta)}{< \xi, \eta >^n}\right) = \frac{d\omega'(\xi) \wedge \omega(\eta)}{< \xi, \eta >^n} - n\frac{d(< \xi, \eta >) \wedge \omega'(\xi) \wedge \omega(\eta)}{< \xi, \eta >^{n+1}}$$

$$= \frac{n\omega(\xi) \wedge \omega(\eta)}{< \xi, \eta >^n} - \frac{n\sum\limits_{j=1}^{n}(\xi_j d\eta_j + \eta_j d\xi_j) \wedge \omega'(\xi) \wedge \omega(\eta)}{< \xi, \eta >^{n+1}} = 0.$$

(証明終)

定義 5.3　微分形式を要素とする行列 $A = (a_{ij})$ の行列式 $\det A$ を次のように定義する.

$$\det A = \sum_{\sigma} \mathrm{sgn}(\sigma) a_{\sigma(1)1} \wedge a_{\sigma(2)2} \wedge \cdots \wedge a_{\sigma(n)n}$$

と定義する. ここで, $\mathrm{sgn}(\sigma)$ は $\{1, 2, \cdots, n\}$ の置換 σ の符号で, $\sum\limits_{\sigma}$ は置換 σ 全体についての和を意味する.

補題 5.2　$\omega'(\xi)$ は行列式を用いて,

$$\omega'(\xi) = \frac{1}{(n-1)!}\begin{vmatrix} \xi_1 & d\xi_1 & \cdots & d\xi_1 \\ \vdots & \vdots & & \vdots \\ \xi_n & d\xi_n & \cdots & d\xi_n \end{vmatrix} \tag{5.1}$$

と表される.

証明　微分形式を成分とする行列式の定義から,

$$\begin{aligned} \det(\xi, d\xi, \cdots, d\xi) &= \sum_{\sigma} \mathrm{sgn}(\sigma)\xi_{\sigma(1)}d\xi_{\sigma(2)} \wedge \cdots \wedge d\xi_{\sigma(n)} \\ &= \sum_{j=1}^{n} \sum_{\sigma(1)=j} \mathrm{sgn}(\sigma)\xi_j d\xi_{\sigma(2)} \wedge \cdots \wedge d\xi_{\sigma(n)} \end{aligned}$$

となる. $\sigma(1) = j$ のとき, $\sigma(2), \cdots, \sigma(n)$ は相異なり, j ではないから,

$$d\xi_{\sigma(2)} \wedge \cdots \wedge d\xi_{\sigma(n)} = \alpha d\xi_1 \wedge \cdots \wedge [d\xi_j] \wedge \cdots \wedge d\xi_n$$

と表される. ここで, α は 1 または -1 である. すると,

$$d\xi_j \wedge d\xi_{\sigma(2)} \wedge \cdots \wedge d\xi_{\sigma(n)} = \alpha(-1)^{j-1}d\xi_1 \wedge \cdots \wedge d\xi_n$$

となる. 一方,

$$\mathrm{sgn}(\sigma)d\xi_{\sigma(1)} \wedge \cdots \wedge d\xi_{\sigma(n)} = d\xi_1 \wedge \cdots \wedge d\xi_n$$

となるから, $\mathrm{sgn}(\sigma)\alpha = (-1)^{j-1}$ となる. よって,

$$\sum_{j=1}^{n} \sum_{\sigma(1)=j} \mathrm{sgn}(\sigma)\xi_j d\xi_{\sigma(2)} \wedge \cdots \wedge d\xi_{\sigma(n)}$$
$$= \sum_{j=1}^{n} \sum_{\sigma(1)=j} \mathrm{sgn}(\sigma)\alpha\xi_j d\xi_1 \wedge \cdots [d\xi_j] \wedge \cdots \wedge d\xi_n$$
$$= \sum_{j=1}^{n} (n-1)!(-1)^{j-1}\xi_j d\xi_1 \wedge \cdots [d\xi_j] \wedge \cdots \wedge d\xi_n$$
$$= (n-1)!\omega'(\xi).$$

(証明終)

補題 5.3 $\xi = (\xi_1, \cdots, \xi_n)$ とする. f が C^1 級関数のとき,

$$\omega'(f\xi) = f^n \omega'(\xi)$$

となる.

証明 $df \wedge df = 0$ であるから, 補題 5.2 から,

$$
\begin{aligned}
\omega'(f\xi) &= \det(f\xi, d(f\xi), \cdots, d(f\xi)) \\
&= \det(f\xi, \xi df + f d\xi, \cdots, \xi df + f d\xi) \\
&= \det(f\xi, f d\xi, \cdots, f d\xi) + \sum_{i=2}^{n} \det(f\xi, \cdots, \overset{i}{\xi df}, \cdots)
\end{aligned}
$$

と表される. $\det(f\xi, \cdots, \overset{i}{\xi df}, \cdots)$ は 1 列と i 列が数ベクトル $^t\xi$ を含んでいるから 0 になる (練習問題 5.3 参照). よって,

$$\omega'(f\xi) = \det(f\xi, f d\xi, \cdots, f d\xi) = f^n \det(\xi, d\xi, \cdots, d\xi) = f^n \omega'(\xi)$$

となる. (証明終)

補題 5.4　$\zeta_j = x_j + ix_{n+j}$ $(j = 1, \cdots, n)$ とする. すると,

$$d_\zeta(\omega'(\bar{\zeta}) \wedge \omega(\zeta)) = n(2i)^n dx_1 \wedge \cdots \wedge dx_{2n}.$$

証明　$d\bar{\zeta}_j \wedge d\zeta_j = 2i dx_j \wedge dx_{n+j}$ となるから,

$$
\begin{aligned}
d_\zeta(\omega'(\bar{\zeta}) \wedge \omega(\zeta)) &= \sum_{j=1}^{n} (-1)^{j-1} d\bar{\zeta}_j \underset{k \neq j}{\wedge} d\bar{\zeta}_k \overset{n}{\underset{s=1}{\wedge}} d\zeta_s \\
&= n \overset{n}{\underset{k=1}{\wedge}} d\bar{\zeta}_k \overset{n}{\underset{s=1}{\wedge}} d\zeta_s = n(2i)^n \overset{2n}{\underset{j=1}{\wedge}} dx_j.
\end{aligned}
$$

(証明終)

補題 5.5　$S_\varepsilon = \{\zeta \in \mathbb{C}^n \mid |\zeta| = \varepsilon\}$ とするとき,

$$\frac{(n-1)!}{(2\pi i)^n} \int_{S_\varepsilon} \frac{\omega'(\bar{\zeta}) \wedge \omega(\zeta)}{|\zeta|^{2n}} = 1.$$

証明　Stokes の公式を用いると,

$$
\begin{aligned}
\frac{(n-1)!}{(2\pi i)^n} \int_{S_\varepsilon} \frac{\omega'(\bar{\zeta}) \wedge \omega(\zeta)}{|\zeta|^{2n}} &= \frac{(n-1)!}{(2\pi i)^n} \int_{|\zeta|=\varepsilon} \frac{\omega'(\bar{\zeta}) \wedge \omega(\zeta)}{\varepsilon^{2n}} \\
&= \frac{(n-1)!}{(2\pi i)^n \varepsilon^{2n}} \int_{|\zeta|<\varepsilon} d(\omega'(\bar{\zeta}) \wedge \omega(\zeta)) = \frac{n!}{\varepsilon^{2n}\pi^n} \int_{|x|<\varepsilon} dx_1 \cdots dx_{2n} = 1
\end{aligned}
$$

となる. (証明終)

5.2　Cauchy-Fantappiè の積分公式

定義 5.4　$\Omega \Subset \mathbb{C}^n$ は C^2 境界をもつ有界領域とする.

(1) f が Ω における有界な $(0,1)$ 形式のとき, $z \in \Omega$ に対して,

$$(B_\Omega f)(z) = \frac{(n-1)!}{(2\pi i)^n} \int_{\zeta \in \Omega} f(\zeta) \wedge \frac{\omega'_\zeta(\bar{\zeta} - \bar{z}) \wedge \omega(\zeta)}{|\zeta - z|^{2n}} \tag{5.2}$$

と定義する. ここで,

$$\omega'_\zeta(\bar\zeta - \bar z) = \sum_{j=1}^{n} (-1)^{j-1} (\bar\zeta_j - \bar z_j) \bigwedge_{k \neq j} d\bar\zeta_k$$

と定義する.

(2) f は $\partial\Omega$ 上の有界関数とする. $z \in \Omega$ に対して,

$$(B_{\partial\Omega}f)(z) = \frac{(n-1)!}{(2\pi i)^n} \int_{\zeta \in \partial\Omega} f(\zeta) \frac{\omega'_\zeta(\bar\zeta - \bar z) \wedge \omega(\zeta)}{|\zeta - z|^{2n}} \qquad (5.3)$$

と定義する.

(3) f が Ω における有界な微分形式のとき, $z \in \Omega$ に対して,

$$(B_\Omega f)(z) = \frac{(n-1)!}{(2\pi i)^n} \int_{\zeta \in \Omega} f(\zeta) \wedge \frac{\omega'_{z,\zeta}(\bar\zeta - \bar z) \wedge \omega(\zeta)}{|\zeta - z|^{2n}} \qquad (5.4)$$

と定義する. ここで,

$$\omega'_{z,\zeta}(\bar\zeta - \bar z) = \sum_{j=1}^{n} (-1)^{j+1} (\bar\zeta_j - \bar z_j) \bigwedge_{k \neq j} (d\bar\zeta_k - d\bar z_k)$$

と定義する. f が関数のときは, 次数を考慮すると, $B_\Omega f = 0$ となる.

(4) f が $\partial\Omega$ 上の有界な微分形式のとき,

$$(B_{\partial\Omega}f)(z) = \frac{(n-1)!}{(2\pi i)^n} \int_{\zeta \in \partial\Omega} f(\zeta) \wedge \frac{\omega'_{z,\zeta}(\bar\zeta - \bar z) \wedge \omega(\zeta)}{|\zeta - z|^{2n}} \qquad (5.5)$$

と定義する.

定理 5.1 (Bochner-Martinelli の積分公式) $\Omega \Subset \mathbb{C}^n$ は C^2 境界をもつ有界領域とする. f は $\overline{\Omega}$ で連続な関数で, $\bar\partial f$ も $\overline{\Omega}$ で連続とする. ここで, 微分は超関数の意味の微分とする. すると, 次が成り立つ.

$$f(z) = (B_{\partial\Omega}f)(z) - (B_\Omega\bar\partial f)(z) \qquad (z \in \Omega) \qquad (5.6)$$

証明　$z \in \Omega$ に対して,

$$\varphi(\zeta) = \frac{(n-1)!}{(2\pi i)^n} \frac{\omega_\zeta'(\bar\zeta - \bar z) \wedge \omega(\zeta)}{|\zeta - z|^{2n}}$$

とおく. 補題 5.1 から, $\bar\partial \varphi = 0$ となる. 十分小さな $\varepsilon > 0$ に対して, $\Omega_\varepsilon = \{\zeta \in \Omega \mid |\zeta - z| > \varepsilon\}$ とおくと, Stokes の公式から,

$$\int_{|\zeta - z| = \varepsilon} f(\zeta)\varphi(\zeta) = \int_{\partial\Omega} f(\zeta)\varphi(\zeta) - \int_{\Omega_\varepsilon} \bar\partial f(\zeta) \wedge \varphi(\zeta) \qquad (5.7)$$

となる. 一方, Stokes の公式を用いると, 補題 5.5 から,

$$\begin{aligned}
\int_{|\zeta - z| = \varepsilon} \varphi(\zeta) &= \frac{(n-1)!}{(2\pi i)^n} \int_{|\zeta - z| = \varepsilon} \frac{\omega_\zeta'(\bar\zeta - \bar z) \wedge \omega(\zeta)}{\varepsilon^{2n}} \\
&= \frac{(n-1)!}{(2\pi i)^n \varepsilon^{2n}} \int_{|\zeta - z| < \varepsilon} d(\omega_\zeta'(\bar\zeta - \bar z) \wedge \omega(\zeta)) \\
&= \frac{n!}{\varepsilon^{2n} \pi^n} \int_{|\zeta - z| < \varepsilon} dx_1 \wedge \cdots \wedge dx_{2n} = 1
\end{aligned}$$

となる. また, $A(\varepsilon) = \{\zeta \in \mathbb{C}^n \mid |\zeta - z| = \varepsilon\}$ とおくと,

$$\int_{A(\varepsilon)} f(\zeta)\varphi(\zeta) = f(z) \int_{A(\varepsilon)} \varphi(\zeta) + \int_{A(\varepsilon)} (f(\zeta) - f(z))\varphi(\zeta)$$

となる. $S(A(\varepsilon))$ を $A(\varepsilon)$ の曲面積とすると, $\omega_\zeta'(\bar\zeta - \bar z)/|\zeta - z|$ は有界であるから, 定数 $C, C' > 0$ が存在して, $\varepsilon \to 0$ のとき,

$$\begin{aligned}
&\left| \int_{A(\varepsilon)} (f(\zeta) - f(z))\varphi(\zeta) \right| \\
&= \left| \frac{(n-1)!}{(2\pi i)^n \varepsilon^{2n-1}} \int_{A(\varepsilon)} (f(\zeta) - f(z)) \frac{\omega_\zeta'(\bar\zeta - \bar z) \wedge \omega(\zeta)}{|\zeta - z|} \right| \\
&\leq \frac{C}{\varepsilon^{2n-1}} S(A(\varepsilon)) \max_{A(\varepsilon)} |f(\zeta) - f(z)| \leq C' \max_{A(\varepsilon)} |f(\zeta) - f(z)| \to 0
\end{aligned}$$

となる. よって, $\int_{A(\varepsilon)} f(\zeta)\varphi(\zeta) \to f(z)$ となる. (5.7) において, $\varepsilon \to 0$ とすると, 求める等式を得る. (証明終)

定理 5.1 から, 次が成り立つ.

系 5.1　$\Omega \Subset \mathbb{C}^n$ は C^2 境界をもつ有界領域とする. 関数 $f(z)$ は $\overline{\Omega}$ で連続で, Ω で正則とすると, 次が成り立つ.

$$f(z) = (B_{\partial\Omega}f)(z) \qquad (z \in \Omega).$$

証明　$\bar{\partial}f = 0$ であるから, (5.6) から系は成り立つ. (証明終)

補題 5.6　$U \subset \mathbb{R}^n$ は開集合で, $f \in C_c(U)$, $\eta = f dx_1 \wedge \cdots \wedge dx_n$ とする. $W \subset \mathbb{R}^n$ は開集合で, $F : W \to U$ は C^1 同型とする. すると,

$$\int_U \eta = \int_W F^*\eta$$

が成り立つ. ここで, $F^*\eta$ は F による η の引き戻し (pull back) である.

証明　よく知られた積分の変数変換公式より

$$\int_U f(x)dV(x) = \int_W f(F(u))|\det J_F(u)|dV(u)$$

が成り立つ. $F = (\varphi_1, \cdots, \varphi_n)$ とすると,

$$d\varphi_1 \wedge d\varphi_2 \wedge \cdots \wedge d\varphi_n = \det J_F(u)du_1 \wedge du_2 \wedge \cdots \wedge du_n$$

となるから, $\det J_F > 0$ と仮定すると,

$$
\begin{aligned}
\int_U \eta &= \int_{F(W)} f(x)dV(x) = \int_W f \circ F(u)\det J_F(u)dV(u) \\
&= \int_W f \circ F(u)d\varphi_1 \wedge \cdots \wedge d\varphi_n = \int_W F^*\eta
\end{aligned}
$$

を得る. (証明終)

定理 5.2 (Koppelman の積分公式)　$\Omega \Subset \mathbb{C}^n$ は C^2 境界をもつ有界領域とする. f は $\overline{\Omega}$ 上の連続な $(0, q)$ $(0 \le q \le n)$ 形式で, $\bar{\partial}f$ は $\overline{\Omega}$ 上で連続と仮定する. すると, $z \in \Omega$ のとき,

$$(-1)^q f(z) = (B_{\partial\Omega}f)(z) - (B_\Omega \bar{\partial}f)(z) + (\bar{\partial}B_\Omega f)(z) \qquad (5.8)$$

が成り立つ.

証明　$f = \sum'_{|I|=q} f_I d\bar{z}^I$ とする. $q = 0$ のときは, $f(\zeta)\omega'_\zeta(\bar{\zeta} - \bar{z}) \wedge \omega(\zeta)$ の次数は $(n-1, n)$ 次であるから, $B_\Omega f = 0$ となる. したがって, この場合は Bochner-Martinelli の積分公式になる. $1 \le q \le n$ とする. $B_\Omega f$, $B_\Omega \bar{\partial} f$, $B_{\partial\Omega} f$ は Ω において連続であるから, 超関数の意味で,

$$\bar{\partial} B_\Omega f = (-1)^q f - B_{\partial\Omega} f + B_\Omega \bar{\partial} f$$

が成り立つことを示せばよい. そのためには, $v \in \mathcal{D}_{(n,n-q)}(\Omega)$ に対して,

$$\int_\Omega \bar{\partial} B_\Omega f \wedge v = (-1)^q \int_\Omega f \wedge v - \int_\Omega B_{\partial\Omega} f \wedge v + \int_\Omega B_\Omega \bar{\partial} f \wedge v$$

となることを示せばよい. 一方,

$$d(B_\Omega f \wedge v) = \bar{\partial}(B_\Omega f \wedge v) = \bar{\partial} B_\Omega f \wedge v + (-1)^{q-1} B_\Omega f \wedge \bar{\partial} v$$

となるから, $\mathrm{supp}(v)$ がコンパクトであることを用いると, Stokes の公式から,

$$\int_\Omega \bar{\partial} B_\Omega f \wedge v = (-1)^q \int_\Omega B_\Omega f \wedge \bar{\partial} v$$

となるから,

$$(-1)^q \int_\Omega B_\Omega f \wedge \bar{\partial} v = (-1)^q \int_\Omega f \wedge v - \int_\Omega B_{\partial\Omega} f \wedge v + \int_\Omega B_\Omega \bar{\partial} f \wedge v \quad (5.9)$$

が成り立つことを示せばよい. ここで,

$$\varphi(z, \zeta) = \frac{(n-1)!}{(2\pi i)^n} \frac{\omega'_{z,\zeta}(\bar{\zeta} - \bar{z}) \wedge \omega(\zeta)}{|\zeta - z|^{2n}}$$

とおくと, (5.9) は

$$(-1)^q \int_{\Omega \times \Omega} f(\zeta) \wedge \varphi(z, \zeta) \wedge \bar{\partial} v(z)$$

$$= (-1)^q \int_\Omega f(z) \wedge v(z) - \int_{(z,\zeta) \in \Omega \times \partial\Omega} f(\zeta) \wedge \varphi(z, \zeta) \wedge v(z)$$

$$+ \int_{\Omega \times \Omega} \bar{\partial} f(\zeta) \wedge \varphi(z, \zeta) \wedge v(z) \quad (5.10)$$

と表される. 次に,

$$\Phi(z,\zeta) = \frac{(n-1)!}{(2\pi i)^n} \frac{\omega'_{z,\zeta}(\bar{\zeta}-\bar{z}) \wedge \omega_{z,\zeta}(\zeta-z)}{|\zeta-z|^{2n}}$$

とおく. ここで, $\omega_{z,\zeta}(\zeta-z) = \bigwedge_{j=1}^{n}(d\zeta_j - dz_j)$ である. 補題 5.1 から, $d_{z,\zeta}\Phi(z,\zeta) = 0$ $(z \neq \zeta)$ となる. $\omega_{z,\zeta}(\zeta-z) - \omega(\zeta)$ は $dz_1, \cdots, dz_n$ のどれかを含み, v は z に関して $(n, n-q)$ 形式であるから,

$$(\Phi(z,\zeta) - \varphi(z,\zeta)) \wedge v(z) = 0, \quad (\Phi(z,\zeta) - \varphi(z,\zeta)) \wedge \bar{\partial}v(z) = 0$$

となる. すると,

$$\begin{aligned} d_{z,\zeta}(\varphi(z,\zeta) \wedge v(z)) &= d_{z,\zeta}(\Phi(z,\zeta) \wedge v(z)) = (-1)^{2n-1}\Phi(z,\zeta) \wedge dv(z) \\ &= -\varphi(z,\zeta) \wedge \bar{\partial}v(z) \end{aligned}$$

となるから,

$$\begin{aligned} &d_{z,\zeta}(f(\zeta) \wedge \varphi(z,\zeta) \wedge v(z)) \\ &= \bar{\partial}f(\zeta) \wedge \varphi(z,\zeta) \wedge v(z) - (-1)^q f(\zeta) \wedge \varphi(z,\zeta) \wedge \bar{\partial}v(z) \end{aligned}$$

となる. $\varepsilon > 0$ に対して, $U_\varepsilon = \{(z,\zeta) \in \mathbb{C}^n \times \mathbb{C}^n \mid |\zeta-z| < \varepsilon\}$ とおく. $\mathrm{supp}(v) \Subset \Omega$ であるから, ε を十分小さくとると,

$$\partial\{(\Omega \times \Omega)\backslash U_\varepsilon\} \cap (\mathrm{supp}(v) \times \mathbb{C}^n) = \{(\Omega \times \partial\Omega) \cup \partial U_\varepsilon\} \cap (\mathrm{supp}(v) \times \mathbb{C}^n)$$

となるから, Stokes の公式を用いると,

$$\begin{aligned} &\int_{(z,\zeta)\in\Omega\times\partial\Omega} f(\zeta) \wedge \varphi(z,\zeta) \wedge v(z) - \int_{\partial U_\varepsilon} f(\zeta) \wedge \varphi(z,\zeta) \wedge v(z) \\ &= \int_{\partial(\Omega\times\Omega\backslash U_\varepsilon)} f(\zeta) \wedge \varphi(z,\zeta) \wedge v(z) \\ &= \int_{\Omega\times\Omega\backslash U_\varepsilon} \bar{\partial}f(\zeta) \wedge \varphi(z,\zeta) \wedge v(z) \\ &\quad -(-1)^q \int_{\Omega\times\Omega\backslash U_\varepsilon} f(\zeta) \wedge \varphi(z,\zeta) \wedge \bar{\partial}v(z) \end{aligned} \tag{5.11}$$

を得る. 次に

$$\lim_{\varepsilon \to 0} \int_{\partial U_\varepsilon} f(\zeta) \wedge \varphi(z,\zeta) \wedge v(z) = (-1)^q \int_\Omega f(z) \wedge v(z) \qquad (5.12)$$

が成り立つことを示す. すると, (5.11) と (5.12) から, (5.10) が得られる.
$S_\varepsilon = \{\xi \in \mathbb{C}^n \mid |\xi| = \varepsilon\}$ とおく. 正則写像 $T : \mathbb{C}^n \times \mathbb{C}^n \to \mathbb{C}^n \times \mathbb{C}^n$ を,
$T(\xi,z) = (z+\xi, z)$ によって定義すると, $T : S_\varepsilon \times \mathbb{C}^n \to \partial U_\varepsilon$ は C^1 同型
になる. S_ε は $2n-1$ 次元であるから, S_ε 上で,

$$d(\bar{z}+\bar{\xi})^I \wedge \omega'(\bar{\xi}) \wedge \omega(\xi) = d\bar{z}^I \wedge \omega'(\bar{\xi}) \wedge \omega(\xi) = (-1)^q \omega'(\bar{\xi}) \wedge \omega(\xi) \wedge d\bar{z}^I$$

となる. すると, 補題 5.6 から,

$$\int_{\partial U_\varepsilon} f(\zeta) \wedge \varphi(z,\zeta) \wedge v(z)$$
$$= \int_{S_\varepsilon \times \mathbb{C}^n} T^*(f(\zeta) \wedge \varphi(z,\zeta) \wedge v(z))$$
$$= (-1)^q \int_{z \in \mathbb{C}^n} {\sum_I}' \left[\frac{(n-1)!}{(2\pi i)^n} \int_{\xi \in S_\varepsilon} f_I(z+\xi) \frac{\omega'(\bar{\xi}) \wedge \omega(\xi)}{|\xi|^{2n}} \right] d\bar{z}^I \wedge v(z)$$

となる. [ ] の中は

$$f_I(z) + \frac{(n-1)!}{(2\pi i)^n} \int_{\xi \in S_\varepsilon} (f_I(z+\xi) - f_I(z)) \frac{\omega'(\bar{\xi}) \wedge \omega(\xi)}{|\xi|^{2n}}$$

となるが, 定理 5.1 の証明と同様にして, $\varepsilon \to 0$ とすると, $f_I(z)$ に収束する. よって, (5.12) が成り立つ. (証明終)

定義 5.5 (Leray 写像)　$\Omega \Subset \mathbb{C}^n$ は開集合とする. C^1 写像 $w : \Omega \times \partial \Omega \to \mathbb{C}^n$ が Ω に対する Leray 写像であるとは

$$< w(z,\zeta), \zeta - z > \neq 0 \qquad ((z,\zeta) \in \Omega \times \partial\Omega)$$

を満たすことである.

定義 5.6　$w = (w_1, \cdots, w_n)$ は Ω に対する Leray 写像とする.
(1)

$$\omega'_\zeta(w(z,\zeta)) = \sum_{j=1}^n (-1)^{j-1} w_j(z,\zeta) \underset{k \neq j}{\wedge} \bar{\partial}_\zeta w_k(z,\zeta),$$

と定義する. また, $\partial\Omega$ 上の有界関数 f と $z \in \Omega$ に対して,

$$(L_{\partial\Omega}f)(z) = \frac{(n-1)!}{(2\pi i)^n} \int_{\zeta\in\partial\Omega} f(\zeta) \frac{\omega'_\zeta(w(z,\zeta)) \wedge \omega(\zeta)}{< w(z,\zeta), \zeta - z >^n} \qquad (5.13)$$

と定義する.

(2) $z \in \Omega$, $\zeta \in \partial\Omega$, $0 \leq \lambda \leq 1$ に対して,

$$\eta(z,\zeta,\lambda) = (1-\lambda)\frac{w(z,\zeta)}{< w(z,\zeta), \zeta - z >} + \lambda\frac{\bar\zeta - \bar z}{|\zeta - z|^2},$$

$$\omega'_{\zeta,\lambda}(\eta(z,\zeta,\lambda)) = \sum_{j=1}^{n} \eta_j(z,\zeta,\lambda) \underset{k\neq j}{\wedge} d_{\zeta,\lambda}\eta_k(z,\zeta,\lambda)$$

と定義する. さらに, $\partial\Omega$ 上の $(0,1)$ 形式 f と $z \in \Omega$ に対して,

$$(R_{\partial\Omega}f)(z) = \frac{(n-1)!}{(2\pi i)^n} \int_{(\zeta,\lambda)\in\partial\Omega\times[0,1]} f(\zeta) \wedge \omega'_{\zeta,\lambda}(\eta(z,\zeta,\lambda) \wedge \omega(\zeta) \quad (5.14)$$

と定義する.

定義 5.7 $w = (w_1, \cdots, w_n)$ は Ω に対する Leray 写像とする.

(1) $z \in \Omega$, $\zeta \in \partial\Omega$ に対して,

$$\omega'_{z,\zeta}(w(z,\zeta)) = \sum_{j=1}^{n} (-1)^{j-1} w_j(z,\zeta) \underset{k\neq j}{\wedge} \bar\partial_{z,\zeta} w_k(z,\zeta)$$

と定義する. また, $\partial\Omega$ 上の有界な微分形式 f と $z \in \Omega$ に対して,

$$(L_{\partial\Omega}f)(z) = \frac{(n-1)!}{(2\pi i)^n} \int_{\zeta\in\partial\Omega} f(\zeta) \frac{\omega'_{z,\zeta}(w(z,\zeta)) \wedge \omega(\zeta)}{< w(z,\zeta), \zeta - z >^n} \qquad (5.15)$$

と定義する.

(2) $z \in \Omega$, $\zeta \in \partial\Omega$, $\lambda \in [0,1]$ に対して,

$$\omega'_{z,\zeta,\lambda}(\eta(z,\zeta,\lambda)) = \sum_{j=1}^{n} (-1)^{j-1} \eta_j(z,\zeta,\lambda) \underset{k\neq j}{\wedge} (\bar\partial_{z,\zeta} + d_\lambda)\eta_k(z,\zeta,\lambda)$$

と定義する. また, $\partial\Omega$ 上の有界な微分形式 f と $z \in \Omega$ に対して,

$$(R_{\partial\Omega}f)(z) = \frac{(n-1)!}{(2\pi i)^n} \int_{(\zeta,\lambda)\in\partial\Omega\times[0,1]} f(\zeta) \wedge \omega'_{z,\zeta,\lambda}(\eta(z,\zeta,\lambda) \wedge \omega(\zeta) \quad (5.16)$$

と定義する.

注意 5.1　f が関数のときは, (5.15) の右辺では, 次数の関係から, $\bar{\partial}_{z,\zeta}w_k = \bar{\partial}_z w_k + \bar{\partial}_\zeta w_k = \bar{\partial}_\zeta w_k$ となるから, (5.15) は (5.13) に一致する. また, f が $(0,1)$ 形式のときは, (5.16) の右辺の積分において, 次数の関係から, $(\bar{\partial}_{z,\zeta} + d_\lambda)\eta_k(z,\zeta,\lambda) = (\bar{\partial}_\zeta + d_\lambda)\eta_k(z,\zeta,\lambda)$ となるが, このとき,

$$d_{\zeta,\lambda}\eta_k(z,\zeta,\lambda) \wedge \omega(\zeta) = (\bar{\partial}_\zeta + d_\lambda)\eta_k(z,\zeta,\lambda) \wedge \omega(\zeta)$$

となるから, (5.17) は (5.14) と一致する.

定理 5.3 (Leray の積分公式)　$\Omega \Subset \mathbb{C}^n$ は C^1 境界をもつ有界領域とする. f は $\overline{\Omega}$ 上で連続で, $\bar{\partial}f$ も $\overline{\Omega}$ で連続とする. すると, $z \in \Omega$ に対して,

$$f(z) = (L_{\partial\Omega}f)(z) - (R_{\partial\Omega}\bar{\partial}f)(z) - (B_\Omega\bar{\partial}f)(z) \tag{5.17}$$

が成り立つ.

証明　$< \eta(z,\zeta,\lambda), \zeta - z >= 1$ となるから, 補題 5.1 から,

$$d_{\zeta,\lambda}[\omega'_{\zeta,\lambda}(\eta(z,\zeta,\lambda)) \wedge \omega(\zeta)] = d_{\zeta,\lambda}\left(\frac{\omega'_{\zeta,\lambda}(\eta) \wedge \omega(\zeta)}{< \eta, \zeta - z >^n}\right) = 0$$

となる. すると,

$$d_{\zeta,\lambda}[f(\zeta)\omega'_{\zeta,\lambda}(\eta(z,\zeta,\lambda)) \wedge \omega(\zeta)] = \bar{\partial}f(\zeta) \wedge \omega'_{\zeta,\lambda}(\eta(z,\zeta,\lambda)) \wedge \omega(\zeta)$$

となる. Stokes の公式を用いると,

$$\int_{\partial\Omega\times[0,1]} \bar{\partial}f(\zeta) \wedge \omega'_{\zeta,\lambda}(\eta(z,\zeta,\lambda)) \wedge \omega(\zeta)$$

$$= \int_{\partial\Omega\times[0,1]} d_{\zeta,\lambda}[f(\zeta)\omega'_{\zeta,\lambda}(\eta(z,\zeta,\lambda)) \wedge \omega(\zeta)]$$

$$= \int_{\partial(\partial\Omega\times[0,1])} f(\zeta) \wedge \omega'_{\zeta,\lambda}(\eta(z,\zeta,\lambda)) \wedge \omega(\zeta)$$

が成り立つ. 一方,

$$\partial(\partial\Omega \times [0,1]) = (-1)^{\dim_{\mathbb{R}} \partial\Omega}\partial\Omega \times \partial[0,1] = \partial\Omega \times \{0\} - \partial\Omega \times \{1\}$$

であるから,

$$\int_{\partial(\partial\Omega\times[0,1])} f(\zeta)\omega'_{\zeta,\lambda}(\eta(z,\zeta,\lambda)\wedge\omega(\zeta)$$

$$= -\int_{\partial\Omega} f(\zeta)\frac{\omega'_\zeta(\bar{\zeta}-\bar{z})\wedge\omega(\zeta)}{|\zeta-z|^{2n}} + \int_{\partial\Omega} f(\zeta)\frac{\omega'_\zeta(w(z,\zeta))\wedge\omega(\zeta)}{<w(z,\zeta),\zeta-z>^n}$$

となる (練習問題 5.4 参照). よって, 定理 5.1 を用いると,

$$
\begin{aligned}
(R_{\partial\Omega}\bar{\partial}f)(z) &= -(B_{\partial\Omega}f)(z)+(L_{\partial\Omega}f)(z)\\
&= -f(z)-(B_\Omega\bar{\partial}f)(z)+(L_{\partial\Omega}f)(z)
\end{aligned}
$$

となるから, (5.17) が成り立つ. (証明終)

系 5.2 (Cauchy-Fantappiè の積分公式)　$\Omega\Subset\mathbb{C}^n$ は C^1 境界をもつ有界領域で, $w(z,\zeta)$ は Ω に対する Leray 写像とする. f は Ω で正則で, $\overline{\Omega}$ で連続とすると, $z\in\Omega$ に対して,

$$f(z)=(L_{\partial\Omega}f)(z)=\frac{(n-1)!}{(2\pi i)^n}\int_{\zeta\in\partial\Omega} f(\zeta)\frac{\omega'_\zeta(w(z,\zeta))\wedge\omega(\zeta)}{<w(z,\zeta),\zeta-z>^n}\qquad(5.18)$$

が成り立つ.

証明　$\bar{\partial}f=0$ となるから, (5.17) から, $f(z)=(L_{\partial\Omega}f)(z)$ となる. (証明終)

定理 5.4 (Koppelman-Leray の積分公式)　$\Omega\Subset\mathbb{C}^n$ は C^1 境界をもつ有界領域で, $w(z,\zeta)$ は Ω に対する Leray 写像とする. f は $\overline{\Omega}$ 上の連続な $(0,q)$ $(0\leq q\leq n)$ 形式で, $\bar{\partial}f$ は $\overline{\Omega}$ 上で連続とする. すると, 次が成り立つ.

$$(-1)^q f=L_{\partial\Omega}f-(R_{\partial\Omega}+B_\Omega)\bar{\partial}f+\bar{\partial}(R_{\partial\Omega}+B_\Omega)f.\qquad(5.19)$$

証明　$q=0$ のときには, (5.16) の右辺の積分において, $\omega'_{z,\zeta,\lambda}(\eta)$ は ζ に関して, 高々 $(0,n-2)$ 次になるから, $R_{\partial\Omega}f=0$ となる. 同様に, (5.4) の右辺の積分において $\omega'_{z,\zeta}(\bar{\zeta}-\bar{z})$ は ζ に関して, 高々 $(0,n-1)$ 次であるから, $B_\Omega f=0$ となる. すると, (5.19) は

$$f=L_{\partial\Omega}f-(R_{\partial\Omega}+B_\Omega)\bar{\partial}f$$

となり, Leray の積分公式になる. よって, $1 \leq q \leq n$ のときを示せばよい. Koppelman の公式から,

$$\bar{\partial} R_{\partial\Omega} f = B_{\partial\Omega} f - L_{\partial\Omega} f + R_{\partial\Omega} \bar{\partial} f$$

が成り立つことを示せばよい. そのためには, $v \in \mathcal{D}_{(n,n-q)}(\Omega)$ に対して,

$$
\begin{aligned}
\int_\Omega (\bar{\partial} R_{\partial\Omega} f)(z) \wedge v(z) &= \int_\Omega (B_{\partial\Omega} f)(z) \wedge v(z) - \int_\Omega (L_{\partial\Omega} f)(z) \wedge v(z) \\
&\quad + \int_\Omega (R_{\partial\Omega} \bar{\partial} f)(z) \wedge v(z)
\end{aligned}
$$

が成り立つことを示せばよい. 簡単のため, $\omega = \omega(\zeta)$, $\tilde{\omega} = \omega_{z,\zeta}(\zeta - z)$ とおく. さらに,

$$
\begin{aligned}
\theta &= \frac{(n-1)!}{(2\pi i)^n} \sum_{j=1}^n (-1)^{j+1} \eta_j(z,\zeta,\lambda) \underset{k \neq j}{\wedge} d_{z,\zeta,\lambda} \eta_k(z,\zeta,\lambda), \\
\tilde{\theta} &= \frac{(n-1)!}{(2\pi i)^n} \sum_{j=1}^n (-1)^{j+1} \eta_j(z,\zeta,\lambda) \underset{k \neq j}{\wedge} (\bar{\partial}_{z,\zeta} + d_\lambda) \eta_k(z,\zeta,\lambda)
\end{aligned}
$$

とおく. $< \eta(z,\zeta,\lambda), \zeta - z >= 1$ であるから, 補題 5.1 から, $d_{z,\zeta,\lambda}(\theta \wedge \tilde{\omega}) = 0$ となる. すると, $\tilde{\omega} = \omega + (dz_j を含む項)$ と表されるから,

$$d_{z,\zeta,\lambda}(\theta \wedge \omega) \wedge v(z) = d_{z,\zeta,\lambda}(\theta \wedge \tilde{\omega}) \wedge v(z) = 0$$

となる. $\partial_\zeta(\theta \wedge \omega) = 0$ であるから,

$$(\bar{\partial}_{z,\zeta} + d_\lambda + \partial_z)(\theta \wedge \omega) \wedge v(z) = (d_{z,\zeta,\lambda} - \partial_\zeta)(\theta \wedge \omega) \wedge v(z) = 0$$

となる. よって,

$$\{(\bar{\partial}_{z,\zeta} + d_\lambda)(\tilde{\theta} \wedge \omega) + \partial_z(\tilde{\theta} \wedge \omega) + (\bar{\partial}_{z,\zeta} + d_\lambda + \partial_z)((\theta - \tilde{\theta}) \wedge \omega)\} \wedge v = 0$$

となる.

$$(\theta - \tilde{\theta}) \wedge \omega \wedge v(z) = 0, \quad \partial_z(\tilde{\theta} \wedge \omega) \wedge v(z) = 0$$

であるから,

$$(\bar{\partial}_{z,\zeta} + d_\lambda)(\tilde{\theta} \wedge \omega) \wedge v(z) = 0$$

となる. すると,

$$(\bar{\partial}_\zeta + d_\lambda)(\tilde{\theta} \wedge \omega) \wedge v(z) = -\bar{\partial}_z(\tilde{\theta} \wedge \omega) \wedge v(z)$$

となるから,

$$
\begin{aligned}
d_{\zeta,\lambda}(f \wedge \tilde{\theta} \wedge \omega) \wedge v(z) &= (\bar{\partial}_\zeta + d_\lambda)(f \wedge \tilde{\theta} \wedge \omega) \wedge v(z) \\
&= \{\bar{\partial}f \wedge \tilde{\theta} \wedge \omega - \bar{\partial}_z(f \wedge \tilde{\theta} \wedge \omega)\} \wedge v(z)
\end{aligned}
$$

となる. Stokes の公式を用いると,

$$
\begin{aligned}
&\int_{z \in \Omega} \left\{ \iint_{(\zeta,\lambda) \in \partial(\partial\Omega \times [0,1])} f \wedge \tilde{\theta} \wedge \omega \right\} \wedge v(z) \\
&= \int_{z \in \Omega} \left\{ \iint_{(\zeta,\lambda) \in \partial\Omega \times [0,1]} d_{\zeta,\lambda}(f \wedge \tilde{\theta} \wedge \omega) \right\} v(z) \\
&= \int_{z \in \Omega} \left\{ \int_{\partial\Omega \times [0,1]} \bar{\partial}f \wedge \tilde{\theta} \wedge \omega - \bar{\partial}_z \int_{\partial\Omega \times [0,1]} f \wedge \tilde{\theta} \wedge \omega \right\} \wedge v(z) \\
&= \int_\Omega (R_{\partial\Omega}\bar{\partial}f)(z) \wedge v(z) - \int_\Omega (\bar{\partial}_z R_{\partial\Omega} f)(z) \wedge v(z)
\end{aligned}
$$

が成り立つ. 一方,

$$
\begin{aligned}
\partial(\partial\Omega \times [0,1]) &= -\partial\Omega \times \{1\} + \partial\Omega \times \{0\} \\
\tilde{\theta} \wedge \omega|_{\lambda=0} &= \frac{(n-1)!}{(2\pi i)^n} \frac{\omega'(w(z,\zeta)) \wedge \omega}{<w(z,\zeta), \zeta - z>^n}, \\
\tilde{\theta} \wedge \omega|_{\lambda=1} &= \frac{(n-1)!}{(2\pi i)^n} \frac{\omega'(\bar{\zeta} - \bar{z}) \wedge \omega}{|\zeta - z|^{2n}}
\end{aligned}
$$

であるから,

$$
\begin{aligned}
&\int_{z \in \Omega} \left\{ \iint_{(\zeta,\lambda) \in \partial(\partial\Omega \times [0,1])} f \wedge \tilde{\theta} \wedge \omega \right\} \wedge v(z) \\
&= \int_\Omega (L_{\partial\Omega}f)(z) \wedge v(z) - \int_\Omega (B_{\partial\Omega}f)(z) \wedge v(z)
\end{aligned}
$$

となる. (証明終)

系 5.3　$\Omega \Subset \mathbb{C}^n$ は C^2 境界をもつ有界領域で, Ω に対する Leray 写像 $w(z,\zeta)$ は固定した $\zeta \in \partial\Omega$ に対して, $z \in \Omega$ の正則関数とする. $1 \leq q \leq n$ に対して,

$$T_q = (-1)^q(R_{\partial\Omega} + B_\Omega)$$

とおく. f は $\overline{\Omega}$ 上の連続 $(0,q)$ 形式で, $\bar{\partial}f$ は $\overline{\Omega}$ 上で連続とする. すると,

$$f = \bar{\partial}T_q f + T_{q+1}\bar{\partial}f$$

が成り立つ. さらに, $\bar{\partial}f = 0$ ならば, $u = T_q f$ は $\bar{\partial}u = f$ の解である.

証明　(5.15) より,

$$
\begin{aligned}
(L_{\partial\Omega}f)(z) &= \frac{(n-1)!}{(2\pi i)^n} \int_{\zeta \in \partial\Omega} f(\zeta) \sum_{j=1}^{n}(-1)^{j+1} \frac{w_j(z,\zeta)}{<w(z,\zeta),\zeta-z>^n} \\
&\quad \underset{k \neq j}{\wedge} \bar{\partial}_{z,\zeta}w_k(z,\zeta) \wedge \omega(\zeta)
\end{aligned}
$$

である. $q \geq 1$ であるから, 右辺の各項には, $\bar{\partial}_z w_k(z,\zeta)$ のどれかが含まれるから, $(L_{\partial\Omega}f)(z) = 0$ となる. (5.18) から, $f = \bar{\partial}T_q f + T_{q+1}\bar{\partial}f$ となる. $\bar{\partial}f = 0$ ならば, $f = \bar{\partial}T_q f$ となるから, 系は成立する. (証明終)

5.3　強擬凸領域に対する Leray 写像

$\Omega \Subset \mathbb{C}^n$ は C^∞ 境界をもつ強擬凸領域とする. すると, $\partial\Omega$ の近傍 U と, U における C^∞ 級強多重劣調和関数 ρ が存在して,

$$U \cap \Omega = \{z \in U \mid \rho(z) < 0\}, \qquad d\rho(z) \neq 0 \ (z \in \partial\Omega)$$

となる. このとき, 次の定理が成り立つ.

定理 5.5　定数 $\varepsilon > 0$, $\overline{\Omega}$ の近傍 $U_{\overline{\Omega}}$, $\partial\Omega$ の近傍 U_1, $G \in C^\infty(U_{\overline{\Omega}} \times U_1)$ が存在して, 次が成り立つ.

(i) $\zeta \in U_1$ を固定すると, $G(z,\zeta)$ は $z \in U_{\overline{\Omega}}$ に関して正則である.

(ii) $(z,\zeta) \in U_{\overline{\Omega}} \times U_1$, $|\zeta - z| \geq \varepsilon$ のとき, $G(z,\zeta) \neq 0$.

(iii) $M \in C^\infty(U_{\overline{\Omega}} \times U_1)$ が存在して,$M(z,\zeta) \neq 0$ $(\forall(z,\zeta) \in U_{\overline{\Omega}} \times U_1)$ を満たし, かつ, $(z,\zeta) \in U_{\overline{\Omega}} \times U_1$, $|\zeta - z| \leq \varepsilon$ に対して,

$$G(z,\zeta) = F(z,\zeta)M(z,\zeta) \tag{5.20}$$

となる. ここで, $F(z,\zeta)$ は (1.14) によって定義される Levi 多項式である. また, $|\zeta - z| \leq \varepsilon$ のときは, $G(\zeta,\zeta) = 0$ となる.

証明 必要ならば U を小さくとると, (1.15) と系 2.1 から, 定数 $\beta > 0$ と, $\varepsilon > 0$ が存在して,

$$\mathrm{Re}\,F(z,\zeta) \geq \rho(\zeta) - \rho(z) + \beta|\zeta - z|^2 \qquad (\zeta \in U, |z - \zeta| \leq 2\varepsilon) \tag{5.21}$$

が成り立つ. $\zeta \in U$, $\varepsilon \leq |\zeta - z| \leq 2\varepsilon$ のとき, (5.21) から,

$$\mathrm{Re}\,F(z,\zeta) \geq \rho(\zeta) - \rho(z) + \beta\varepsilon^2$$

となる. $\partial\Omega \subset U_1 \subset U$ となる開集合 U_1 を小さくとれば, $\zeta \in U_1$ のとき, $|\rho(\zeta)| \leq \beta\varepsilon^2/3$, $\{z \mid |z - \zeta| \leq 2\varepsilon\} \subset U$ となる. さらに, $U_{\overline{\Omega}} = \Omega \cup U_1$ とおいたとき, $U_{\overline{\Omega}}$ は擬凸開集合にとることができる. すると, $(z,\zeta) \in U_{\overline{\Omega}} \times U_1$, $\varepsilon \leq |\zeta - z| \leq 2\varepsilon$ のとき, $-\rho(z) \geq -\beta\varepsilon^2/3$, $\rho(\zeta) \geq -\beta\varepsilon^2/3$ となるから,

$$\mathrm{Re}\,F(z,\zeta) \geq \frac{\beta\varepsilon^2}{3}$$

となる. よって, $(z,\zeta) \in U_{\overline{\Omega}} \times U_1$, $\varepsilon \leq |z - \zeta| \leq 2\varepsilon$ のとき, $\log F(z,\zeta)$ が定義できる. $\chi \in C^\infty(\mathbb{R})$ を $0 \leq \chi \leq 1$,

$$\chi(t) = \begin{cases} 1 & (|t| \leq (\tfrac{5}{4}\varepsilon)^2) \\ 0 & (|t| \geq (\tfrac{7}{4}\varepsilon)^2) \end{cases}$$

を満たすようにとる. $\widetilde{\chi}(z,\zeta) = \chi(|z - \zeta|^2)$ とおくと, $\widetilde{\chi} \in C^\infty(\mathbb{C}^n \times \mathbb{C}^n)$ で,

$$\widetilde{\chi}(z,\zeta) = \begin{cases} 1 & (|z - \zeta| \leq \tfrac{5}{4}\varepsilon) \\ 0 & (|z - \zeta| \geq \tfrac{7}{4}\varepsilon) \end{cases}$$

となる. $(z,\zeta) \in U_{\overline{\Omega}} \times U_1$ に対して,

$$f(z,\zeta) = \begin{cases} \bar{\partial}_z\{\widetilde{\chi}(z,\zeta)\log F(z,\zeta)\} & (\varepsilon \leq |z - \zeta| \leq 2\varepsilon) \\ 0 & (\text{その他のとき}) \end{cases}$$

と定義すると, $\bar{\partial}_z f = 0$ となる. $\varepsilon \leq |z - \zeta| \leq \frac{5}{4}\varepsilon$ のときと, $\frac{7}{4}\varepsilon \leq |z - \zeta| \leq 2\varepsilon$ のとき, $f(z, \zeta) = 0$ となる. よって, $f \in C^\infty_{(0,1)}(U_{\overline{\Omega}} \times U_1)$ となる. よく知られた Hörmander の定理 ([HR2] または安達 [AD4] 系 4.3) から, $u \in C^\infty(U_{\overline{\Omega}} \times U_1)$ が存在して, $\bar{\partial}_z u = f$ となる. $(z, \zeta) \in U_{\overline{\Omega}} \times U_1$ に対して,

$$M(z, \zeta) = e^{-u(z,\zeta)},$$

$$G(z, \zeta) = \begin{cases} F(z, \zeta)M(z, \zeta) & (|z - \zeta| \leq \varepsilon) \\ \exp\{\widetilde{\chi}(z, \zeta)\log F(z, \zeta) - u(z, \zeta)\} & (|z - \zeta| \geq \varepsilon) \end{cases}$$

と定義する. すると, $M \in C^\infty(U_{\overline{\Omega}} \times U_1)$, $M(z, \zeta) \neq 0$ となる. また, $|z - \zeta| \geq \varepsilon$ のとき, $G(z, \zeta) \neq 0$ となる. $\varepsilon \leq |z - \zeta| \leq \frac{5}{4}\varepsilon$ のとき, $\widetilde{\chi} = 1$ であるから, $\exp\{\widetilde{\chi}\log F - u\} = Fe^{-u} = FM$ となるから, $G \in C^\infty(U_{\overline{\Omega}} \times U_1)$ となる. $G(z, \zeta)$ が z について正則であることを示す. $|z - \zeta| \leq \varepsilon$ のときは, $f(z, \zeta) = 0$ であるから,

$$\bar{\partial}_z G = \bar{\partial}_z(FM) = F\bar{\partial}_z(e^{-u}) = -Fe^{-u}\bar{\partial}_z u = -Fe^{-u}f = 0$$

となる. $\varepsilon \leq |z - \zeta| \leq 2\varepsilon$ のときは, $\bar{\partial}_z u = f = \bar{\partial}_z(\widetilde{\chi}\log F)$ であるから,

$$\bar{\partial}_z G = [\exp\{\widetilde{\chi}\log F - u\}]\{\bar{\partial}_z(\widetilde{\chi}\log F) - \bar{\partial}_z u\} = 0$$

となる. $2\varepsilon \leq |z - \zeta|$ のときは, $\widetilde{\chi} = 0$, $f = 0$ であるから,

$$\bar{\partial}_z G = \bar{\partial}_z(e^{-u}) = -e^{-u}\bar{\partial}_z u = -e^{-u}f = 0$$

となる. よって, $\bar{\partial}_z G = 0$ となるから, G は z に関して正則である. また, $|z - \zeta| \leq \varepsilon$ のとき, $G = FM$ であることから, $G(\zeta, \zeta) = 0$ となる. よって, (i)〜(iii) が成り立つ. (証明終)

注意 5.2　定理 5.5 の証明は Henkin-Leiterer[HEL] に従ったが, このままでは完全な証明とは言えない. 定理 5.5 の証明において, $\bar{\partial}f = 0$ となることから, Hörmander の定理を用いれば, $\bar{\partial}_z u = f$ を満たす u が存在するが, 固定した $\zeta \in U_1$ に対して, $u(\cdot, \zeta) \in C^\infty(U_{\overline{\Omega}})$ ではあるが, $u \in C^\infty(U_{\overline{\Omega}} \times U_1)$ となるかどうかは分からない. そこで Range[RA] は $\overline{\Omega} \subset V_{\overline{\Omega}} \Subset U_{\overline{\Omega}}$, $\partial\Omega \subset$

$U_2 \Subset U_1$ となる開集合 $V_{\overline{\Omega}}, U_2$ に対して, 積分を用いて定義される連続線形作用素 $T : C^\infty_{(0,1)}(U_{\overline{\Omega}}) \to C^\infty(V_{\overline{\Omega}})$ で, $\bar\partial_z T(f(\cdot, \zeta))(z) = f(z, \zeta)$ をみたす T を作り, $T(f(\cdot, \zeta))(z) = u(z, \zeta)$ とおいて, $u \in C^\infty(V_{\overline{\Omega}} \times U_2)$, $\bar\partial_z u = f$ が成り立つことを示した. Range による T の作り方はかなり手間がかかり, 証明の簡潔さがなくなるので, ここではその説明は省いた. 興味ある読者は Range[RA] または Adachi[AD2] を参照されたい.

定理 5.6 $\Omega \subset \mathbb{C}^n$ は擬凸開集合で, $\omega = \Omega \cap \{z_1 = 0\}$ とする. ω で正則な関数 f に対して, Ω で正則な関数 F が存在して, $F|_\omega = f$ が成り立つ.

証明 $z = (z_1, z')$ とする. 写像 $\pi : \mathbb{C}^n \to \mathbb{C}^n$ を $\pi(z_1, z') = (0, z')$ によって定義する. $B = \{z \in \Omega \mid \pi(z) \notin \omega\}$ とおくと, B と ω は Ω の開部分集合で, $B \cap \omega = \phi$ であるから, $\psi \in C^\infty(\Omega)$ 存在して, ω を含む Ω の開部分集合 U 上で $\psi = 1$, B を含む Ω の開部分集合 V 上で $\psi = 0$ となる.

$$F(z) = \psi(z)f(\pi(z)) + z_1 v(z)$$

とおく. ここで, v は Ω における C^∞ 級関数で, あとで決定する. $z \in B$ のとき, $f(\pi(z))$ は定義できないが, そのときは $\psi(z) = 0$ となるから, $z \in B$ のとき $\psi(z)f(\pi(z)) = 0$ とおけば, $\psi(z)f(\pi(z))$ は Ω 全体における C^∞ 級関数に拡張される. すると, $F \in C^\infty(\Omega)$ となる. $\psi(z) \neq 0$ となる z に対しては, $\bar\partial f(\pi(z)) = 0$ であるから,

$$\bar\partial F(z) = \bar\partial\psi(z)f(\pi(z)) + z_n \bar\partial v(z)$$

となる.

$$\beta(z) = -\frac{\bar\partial\psi(z)f(\pi(z))}{z_n}$$

とおくと, U で $\bar\partial\psi(z) = 0$ となるから, $\beta \in C^\infty_{(0,1)}(\Omega)$ となる. また, $\bar\partial\beta = 0$ であるから, $\bar\partial v = \beta$ となる $v \in C^\infty(\Omega)$ が存在する (Hörmander[HR2] または拙著 [AD4] 第 4 章, 系 4.3). すると, $\bar\partial F = 0$ となるから, $F(z)$ は Ω で正則である. $F|_\omega = f$ となるから, $F(z)$ は求める関数である. (証明終)

定理 5.7 $\Omega \subset \mathbb{C}^n$ は擬凸開集合とする. $1 \leq k \leq n$ に対して,

$$M_k = \{z \in \mathbb{C}^n \mid z_1 = \cdots = z_k = 0\}$$

と定義する. f は Ω で正則で, $z \in M_k \cap \Omega$ に対して $f(z) = 0$ を満たすとする. すると, Ω で正則な関数 $f_1, \cdots, f_k$ が存在して, 次が成り立つ.

$$f(z) = \sum_{j=1}^{k} z_j f_j(z) \qquad (z \in \Omega).$$

証明　$k = 1$ のとき, 定理は成り立つことを示す. $a \in M_1 \cap \Omega$ とすると, a の近傍で,

$$f(z) = \sum_{k_1, k_2, \cdots, k_n} c_{k_1, \cdots, k_n} z_1^{k_1} (z_2 - a_2)^{k_2} \cdots (z_n - a_n)^{k_n},$$

$$c_{k_1, k_2, \cdots, k_n} = \frac{\partial^{k_1 + \cdots + k_n} f}{\partial z_1^{k_1} \cdots \partial z_n^{k_n}}(0, a_2, \cdots, a_n)$$

と表される. すると, $f(0, z_2, \cdots, z_n) = 0$ から, $c_{0, k_2, \cdots, k_n} = 0$ となるから, $\frac{f(z)}{z_1}$ も a の近傍で収束するべき級数で表される. よって, $f_1(z) = \frac{f(z)}{z_1}$ とおくと, $f_1(z)$ は a の近傍で正則になる. $a \notin \Omega \cap M_1$ のときは $\frac{f(z)}{z_1}$ は明らかに a の近傍で正則だから, $f_1(z)$ は Ω で正則で, $f(z) = z_1 f_1(z)$ となる. よって, $k = 1$ のとき定理は成り立つ. 定理は $k - 1$ まで成り立つと仮定する. f は Ω で正則で, $z \in M_k \cap \Omega$ に対して $f(z) = 0$ と仮定する. $\Omega \cap M_1$ は M_1 における擬凸開集合で, $f(z)$ は $\Omega \cap M_1$ における部分多様体 $\{z_2 = \cdots = z_k = 0\}$ 上で 0 になるから, 帰納法の仮定から, $\Omega \cap M_1$ における正則関数 $f_2, \cdots, f_k$ が存在して,

$$f(z) = \sum_{j=2}^{k} z_j f_j(z_2, \cdots, z_n) \qquad (z \in \Omega \cap M_1)$$

が成り立つ. 定理 5.6 より, Ω で正則な関数 $\tilde{f}_j(z)$ $(j = 2, \cdots, n)$ が存在して, $\Omega \cap M_1$ 上で, $f_j = \tilde{f}_j$ となる. $f(z) - \sum_{j=2}^{k} z_j \tilde{f}_j(z)$ は Ω で正則で, $\Omega \cap M_1$ 上で 0 となるから, Ω で正則な関数 $\tilde{f}_1(z)$ が存在して,

$$f(z) - \sum_{j=2}^{k} z_j \tilde{f}_j(z) = z_1 \tilde{f}_1(z)$$

となる. よって, k のときも成立する. (証明終)

定理 5.8　$\Omega \subset \mathbb{C}^n$ は擬凸開集合で, $f(z)$ は Ω で正則とする. すると, $\Omega \times \Omega$ で正則な関数 $f_1, \cdots, f_n$ が存在して,

$$f(w) - f(z) = \sum_{j=1}^{n} (w_j - z_j) f_j(w, z)$$

が成り立つ.

証明　変数変換 $z_i^* = w_i - z_i$, $z_{n+i}^* = z_i$ $(1 \le i \le n)$, $z^* = (z_1^*, \cdots, z_{2n}^*)$ を行い, $h(z^*) = f(w) - f(z)$ とおくと, $z_i^* = 0$ $(i = 1, \cdots, n)$ のとき, $h(z^*) = 0$ となるから, 定理 5.7 から, $\Omega \times \Omega$ で正則な関数 $h_1, \cdots, h_n$ が存在して, $h(z^*) = \sum_{j=1}^{n} z_j^* h_j(z^*)$ となる. $f_j(w, z) = h_j(z^*)$ とおくと, $f(w) - f(z) = \sum_{j=1}^{n} (w_j - z_j) f_j(w, z)$ となる. (証明終)

定理 5.9　$\Omega \Subset \mathbb{C}^n$ は C^∞ 境界をもつ強擬凸領域とする. $G(z, \zeta)$ は定理 5.5 におけるものとする. すると, $\overline{\Omega}$ の近傍 $U_{\overline{\Omega}}$, $\partial\Omega$ の近傍 U_1, 関数 $w_j \in C^\infty(U_{\overline{\Omega}} \times U_1)$ が存在して,

$$G(z, \zeta) = \sum_{j=1}^{n} w_j(z, \zeta)(z_j - \zeta_j) \qquad ((z, \zeta) \in U_{\overline{\Omega}} \times U_1) \tag{5.22}$$

が成り立つ. さらに, $w_j(z, \zeta)$, $j = 1, \cdots, n$ は固定した $\zeta \in U_1$ に対して, $z \in U_{\overline{\Omega}}$ に関して正則である.

証明　定理 5.8 より, 固定した $\zeta \in U_1$ に対して, $f_j(\cdot, \cdot, \zeta) \in \mathcal{O}(U_{\overline{\Omega}} \times U_{\overline{\Omega}})$ が存在して,

$$G(z, \zeta) - G(w, \zeta) = \sum_{j=1}^{n} f_j(z, w, \zeta)(z_j - w_j)$$

が成り立つ. $f_j \in C^\infty(U_{\overline{\Omega}} \times U_{\overline{\Omega}} \times U_1)$ となるとは限らないが, Range[RA] の方法に従い, $\overline{\Omega} \subset V_0 \Subset V \Subset U_{\overline{\Omega}}$ となる開集合 V_0, V と, 連続線形作用素 $T : C_{(0,1)}^\infty(\overline{V}) \to C^\infty(V_0)$ を用いることにより, $f_j \in C^\infty(V_0 \times V_0 \times U_1)$ で, 固定した $\zeta \in U_1$ に対して, $f_j(z, w, \zeta)$ は $(z, w) \in V_0 \times V_0$ に関して正則になるようにできる (Range[RA] または Adachi[AD2] 参照). $w = \zeta$ と

すると, $G(\zeta,\zeta) = 0$ であるから, $G(z,\zeta) = \sum_{j=1}^{n} f_j(z,\zeta,\zeta)(z_j - \zeta_j)$ となる.
$w_j(z,\zeta) = f_j(z,\zeta,\zeta)$ とおくと, $w_j(z,\zeta)$ は z について正則で, (5.22) が成り立つ. (証明終)

5.4　強擬凸領域における $\bar{\partial}$ 問題

定義 5.8　$\Omega \subset \mathbb{R}^n$, $0 < \alpha < 1$, $f \in C(\Omega)$ に対して, f の α-Lipschitz ノルム $\|f\|_{\alpha,\Omega}$ を

$$\|f\|_{\alpha,\Omega} = \|f\|_\Omega + \sup_{z,\zeta \in \Omega, z \neq \zeta} \frac{|f(z) - f(\zeta)|}{|z - \zeta|^\alpha}$$

によって定義する. $\Lambda_\alpha(\Omega) = \{f \in C(\Omega) \mid \|f\|_{\alpha,\Omega} < \infty\}$ を α 次 Lipschitz 空間という. $\Lambda_\alpha(\Omega)$ は Banach 空間になる. $\|f\|_{\alpha,\Omega} < \infty$ のとき, f は α-Hölder 連続であるという.

定理 5.10　$\Omega \Subset \mathbb{C}^n$ は C^∞ 境界をもつ強擬凸領域とする. $w(z,\zeta)$ は (5.22) によって定義される Leray 写像とする. f は $\overline{\Omega}$ 上の連続 $(0,q)$ 形式で, $\bar{\partial}f = 0$ とすると, 定数 $C > 0$ が存在して,

$$\|R_{\partial\Omega}f\|_{1/2,\Omega} \leq C\|f\|_\Omega$$

が成り立つ.

証明
$$\eta(z,\zeta,\lambda) = (1-\lambda)\frac{w(z,\zeta)}{<w(z,\zeta),\zeta-z>} + \lambda\frac{\bar{\zeta}-\bar{z}}{|\zeta-z|^2}$$
であるから,
$$\alpha = (1-\lambda)\frac{w}{<w,\zeta-z>}, \quad \beta = \lambda\frac{\bar{\zeta}-\bar{z}}{|\zeta-z|^2}, \quad d = \bar{\partial}_{z,\zeta} + d_\lambda$$

とおくと, 定義 5.7 と (5.1) から,

$$\omega'_{z,\zeta,\lambda}(\eta(z,\zeta,\lambda)) = \sum_{j=1}^{n}(-1)^{j-1}\eta_j(z,\zeta,\lambda) \underset{k \neq j}{\wedge} (\bar{\partial}_{z,\zeta} + d_\lambda)\eta_k(z,\zeta,\lambda)$$

$$= \sum_{j=1}^{n}(-1)^{j-1}\eta_j \underset{k \neq j}{\wedge} d\eta_k$$

$$= \frac{1}{(n-1)!}\begin{vmatrix} \eta_1 & d\eta_1 & \cdots & d\eta_1 \\ \vdots & \vdots & & \vdots \\ \eta_n & d\eta_n & \cdots & d\eta_n \end{vmatrix}$$

$$= \frac{1}{(n-1)!}\begin{vmatrix} \alpha_1 + \beta_1 & d\alpha_1 + d\beta_1 & \cdots & d\alpha_1 + d\beta_1 \\ \vdots & \vdots & & \vdots \\ \alpha_n + \beta_n & d\alpha_n + d\beta_n & \cdots & d\alpha_n + d\beta_n \end{vmatrix}$$

と表される. いま, γ は α または β のいずれかを表すとする. $\gamma = \alpha = (1-\lambda)\frac{w}{<w,\zeta-z>}$ のときは

$$d\gamma_k = (1-\lambda)\frac{\bar{\partial}_\zeta w_k}{<w,\zeta-z>} + (1-\lambda)\frac{w_k \bar{\partial}_\zeta <w,\zeta-z>}{<w,\zeta-z>^2}$$
$$- \frac{w_k}{<w,\zeta-z>}d\lambda$$

となり, $\gamma = \beta = \lambda\frac{\bar{\zeta}-\bar{z}}{|\zeta-z|^2}$ のときは

$$d\gamma_k = \lambda\frac{d\bar{\zeta}_k - d\bar{z}_k}{|\zeta-z|^2} - (\bar{\zeta}_k - \bar{z}_k)\frac{\bar{\partial}_{z,\zeta}|\zeta-z|^2}{|\zeta-z|^4} + \frac{\bar{\zeta}_k - \bar{z}_k}{|\zeta-z|^2}d\lambda$$

となる. 2 つの列に α と平行なベクトルがある場合は行列式は 0 になり (練習問題 5.3 参照), また, 行列式は $d\lambda$ を含まなければならないから, $k = 0, 1, \cdots, n-2$ のとき,

$$\begin{vmatrix} \alpha_1 & d\gamma_1 & \cdots & d\gamma_1 \\ \vdots & \vdots & & \vdots \\ \alpha_n & d\gamma_n & \cdots & d\gamma_n \end{vmatrix} = O\left(\frac{1}{<w,\zeta-z>^{n-1-k}|\zeta-z|^{2k+1}}\right)$$

となる. 同様に, $k = 0, 1, \cdots, n-2$ とするとき,

$$\begin{vmatrix} \beta_1 & d\gamma_1 & \cdots & d\gamma_1 \\ \vdots & \vdots & & \vdots \\ \beta_n & d\gamma_n & \cdots & d\gamma_n \end{vmatrix} = O\left(\frac{1}{<w, \zeta - z>^{n-1-k}|\zeta - z|^{2k+1}} \right)$$

となる. したがって, $R_{\partial\Omega}f$ の各項の係数の一つを $E(z)$ とするとき, 練習問題 5.5 から,

$$\left| \frac{\partial E(z)}{\partial z_j} \right|, \ \left| \frac{\partial E(z)}{\partial \bar{z}_j} \right| \lesssim \|f\|_\Omega |\rho(z)|^{-1/2}$$

を示せばよい. よって,

$$\int_{\partial\Omega \cap U} \frac{d\sigma_{2n-1}(\zeta)}{|<w, \zeta - z>|^{n-j-1}|\zeta - z|^{2j+2}} \lesssim |\rho(z)|^{-1/2}, \quad (5.23)$$

$$\int_{\partial\Omega \cap U} \frac{d\sigma_{2n-1}(\zeta)}{|<w, \zeta - z>|^{n-j}|\zeta - z|^{2j+1}} \lesssim |\rho(z)|^{-1/2} \quad (5.24)$$

を示せばよい. ここで, $d\sigma_{2n-1}$ は $\partial\Omega$ 上の曲面測度である.

$\partial\Omega$ の δ_0 近傍を $(\partial\Omega)_{\delta_0}$ で表す. 固定した $z \in (\partial\Omega)_{\delta_0} \cap \overline{\Omega}$ に対して, $\mathrm{grad}\,\rho(\zeta)|_{\zeta = z}$ と $\mathrm{grad}\,\mathrm{Im}\,F(z, \zeta)|_{\zeta = z}$ は互いに直交するベクトルであるから (練習問題 5.7 参照), z のまわりの座標 $t = (t_1, \cdots, t_{2n})$ を, $t_i(z) = 0$ ($i = 1, \cdots, 2n$), $t_1 = \rho(\zeta) - \rho(z)$, $t_2 = \mathrm{Im}\,F(z, \zeta)$, $|t| \simeq |\zeta - z|$ となるようにとることができる. $\zeta \in U \cap \partial\Omega$ に対して, $t_1 = \rho(\zeta) - \rho(z) = -\rho(z) = |\rho(z)|$ となる. すると, $G = <w, \zeta - z>$ であるから, (5.20), (5.21), (5.22) から,

$$\begin{aligned} |G(z, \zeta)| &= |F(z, \zeta)||M(z, \zeta)| \simeq |\mathrm{Re}\,F(z, \zeta)| + |\mathrm{Im}\,F(z, \zeta)| \\ &\gtrsim |\mathrm{Im}\,F(z, \zeta)| + |\rho(z)| + |\zeta - z|^2 \gtrsim |t_2| + |\rho(z)| + |t|^2 \end{aligned}$$

となるから, $t' = (t_2, \cdots, t_{2n})$, $t'' = (t_3, \cdots, t_{2n})$ とすると, 定数 $R > 0$ が存在して,

$$\begin{aligned} &\int_{\partial\Omega \cap U} \frac{d\sigma_{2n-1}(\zeta)}{|<w, \zeta - z>|^{n-j}|\zeta - z|^{2j+1}} \\ &\lesssim \int_{|t|<R} \frac{dt_2 \cdots dt_{2n}}{(|t_2| + |\rho(z)| + |t''|^2)^{n-j}|t''|^{2j+1}} \end{aligned}$$

$$\lesssim \int_{|t''|<R} \frac{dt_3 \cdots dt_{2n}}{(|t''|^2 + |\rho(z)|)^{n-j-1}|t''|^{2j+1}}$$

$$\lesssim \int_0^R \frac{r^{2n-3}dr}{(r^2 + |\rho(z)|)^{n-j-1}r^{2j+1}} \lesssim |\rho(z)|^{-1/2}$$

が成り立つ. よって, (5.23) が成り立つ. (5.24) を示す.

$$\int_{\partial\Omega \cap U} \frac{d\sigma_{2n-1}(\zeta)}{|<w,\zeta-z>|^{n-j-1}|\zeta-z|^{2j+2}}$$

$$\lesssim \int_0^R \frac{r^{2n-2}dr}{(|\rho(z)|+r^2)^{n-j-1}r^{2j+2}} \lesssim \int_0^R \frac{dr}{|\rho(z)|+r^2} \lesssim |\rho(z)|^{-1/2}$$

となるから, (5.24) が成り立つ. (証明終)

系 5.4 $\Omega \Subset \mathbb{C}^n$ は C^2 境界をもつ強擬凸領域で, $T_q = (-1)^q(R_{\partial\Omega} + B_\Omega)$ とする. f は $\overline{\Omega}$ 上で連続なな $(0,q)$ $(q \geq 1)$ 形式で, $\bar{\partial}f = 0$ を満たすとする. すると, Ω における $\frac{1}{2}$-Hölder 連続な $(0,q-1)$ 形式 u が存在して, $\bar{\partial}u = f$ が成り立つ.

証明 系 5.3 から, $u = T_q f$ は $\bar{\partial}u = f$ の解である. 練習問題 5.6 から, $0 < \alpha < 1$ となる任意の α に対して, $R_\Omega f \in \Lambda_\alpha(\Omega)$ となる. よって, 定理 5.10 から, $u \in \Lambda_{1/2}(\Omega)$ となる. (証明終)

例題 5.1 (E.M. Stein の反例) $\Omega = \{z \in \mathbb{C}^2 \mid |z_1|^2 + |z_2|^{2m} < 1\}$ とする. ここで, m は自然数とする. $\alpha > \frac{1}{2m}$ とすると, $\overline{\Omega}$ 上の連続な微分形式 f が存在して, $\bar{\partial}u = f$ を満たす $u \in \Lambda_\alpha(\Omega)$ は存在しない.

解

$$f(z) = \begin{cases} \frac{d\bar{z}_2}{\log(z_1-1)} & ((z_1,z_2) \in \overline{\Omega}\backslash\{(1,0)\}) \\ 0 & ((z_1,z_2) = (1,0)) \end{cases}$$

とおくと, $z_1 \to 1$ のとき, $\log(z_1-1) \to \infty$ となるから, $f(z)$ は $\overline{\Omega}$ で連続である. $\bar{\partial}u = f$ を満たす $u \in \Lambda_\alpha(\Omega)$ が存在したと仮定する. $0 < 2\varepsilon < 1$ とする.

$$C_1 = \{(z_1,z_2) \in \mathbb{C}^2 \mid z_1 = 1-\varepsilon, |z_2| = \sqrt[2m]{\varepsilon}\},$$

$$C_2 = \{(z_1,z_2) \in \mathbb{C}^2 \mid z_1 = 1-2\varepsilon, |z_2| = \sqrt[2m]{\varepsilon}\}$$

とすると, $C_1, C_2 \in \Omega$ となる. $u(z) - \frac{\bar{z}_2}{\log(z_1-1)} = h(z)$ とおくと, $\bar{\partial}h = 0$ となるから, $h(z)$ は Ω で正則である. Cauchy の積分定理から,

$$\int_{|z_2|= \sqrt[2m]{\varepsilon}} u(1-\varepsilon, z_2)dz_2 = \int_{|z_2|= \sqrt[2m]{\varepsilon}} \frac{\bar{z}_2}{\log(-\varepsilon)} = \frac{2\pi i(\sqrt[2m]{\varepsilon})^2}{\log(-\varepsilon)},$$
$$\int_{|z_2|= \sqrt[2m]{2}} u(1-2\varepsilon, z_2)dz_2 = \frac{2\pi i(\sqrt[2m]{\varepsilon})^2}{\log(-2\varepsilon)}$$

となるから, $u \in \Lambda_\alpha(\Omega)$ より,

$$\left| 2\pi i(\sqrt[2m]{\varepsilon})^2 \left(\frac{1}{\log(-\varepsilon)} - \frac{1}{\log(-2\varepsilon)} \right) \right| \le C\varepsilon^\alpha \sqrt[2m]{\varepsilon}.$$

よって,

$$\left| \frac{1}{\log(-\varepsilon)} - \frac{1}{\log(-2\varepsilon)} \right| \le C'\varepsilon^{\alpha-1/(2m)}$$

となるから,

$$\log 2 = |\log(-2\varepsilon) - \log(-\varepsilon)| \le C'\varepsilon^{\alpha-1/(2m)}|\log(-\varepsilon)\log(-2\varepsilon)|$$

となる. $\varepsilon \to 0$ とすると, 右辺は 0 に収束するから, 矛盾である.

5.5　強凸領域内の複素超平面からの正則関数の有界拡張と連続拡張

定義 5.9　$\Omega \Subset \mathbb{C}^n$ は C^2 境界をもつ領域とする. X は $\overline{\Omega}$ の近傍 $\widetilde{\Omega}$ の k 次元複素部分多様体とする. $P \in X \cap \partial\Omega$ とする. すると, P の近傍 $U^{(P)}$ と $U^{(P)}$ における局所座標系 $f_1^{(P)}, \cdots, f_{n-k}^{(P)}$ が存在して,

$$U^{(P)} \cap X = \{z \in U^{(P)} \mid f_1^{(P)}(z) = \cdots = f_{n-k}^{(P)}(z) = 0\}$$

と表される. 任意の点 $P \in X \cap \partial\Omega$ に対して,

$$df_1^{(P)}(P) \wedge \cdots \wedge df_{n-k}^{(P)}(P) \wedge d\rho(P) \neq 0$$

となるとき, X は $\partial\Omega$ と横断的に交わるという. また, このとき, X と Ω は一般の位置にあるという.

$\Omega \Subset \mathbb{C}^n$ は C^2 境界をもつ強凸領域とする. ここでは, Henkin に従って, $\overline{\Omega}$ の近傍 $\widetilde{\Omega}$ における強凸関数 $\rho \in C^2(\widetilde{\Omega})$ が存在して, $\Omega = \{z \in \widetilde{\Omega} \mid \rho(z) < 0\}$ と表されると仮定する. このとき,

$$X = \{z_n = 0\}, \quad H = \Omega \cap X$$

とおく. さらに, X と $\partial\Omega$ は横断的に交わると仮定する. Ω' は $\overline{\Omega} \subset \Omega' \Subset \widetilde{\Omega}$ を満たす開集合とする. $H' = \Omega' \cap X$ とおく.

定義 5.10 $\zeta = (\zeta_1, \cdots, \zeta_n) \in \mathbb{C}^n$ に対して, $\zeta' = (\zeta_1, \cdots, \zeta_{n-1})$ と定義する. さらに,

$$
\begin{aligned}
\partial_{\zeta'} &= \sum_{j=1}^{n-1} \frac{\partial}{\partial\zeta_j} d\zeta_j, \quad \bar{\partial}_{\zeta'} = \sum_{j=1}^{n-1} \frac{\partial}{\partial\bar{\zeta}_j} d\bar{\zeta}_j, \\
w_i(z,\zeta) &= \frac{\partial\rho}{\partial\zeta_i}(\zeta) \ (1 \le i \le n), \\
w(z,\zeta) &= (w_1(z,\zeta), \cdots, w_n(z,\zeta)), \\
w'(z,\zeta) &= (w_1(z,\zeta), \cdots, w_{n-1}(z,\zeta)), \\
G(z,\zeta) &= <w(z,\zeta), \zeta - z> = \sum_{j=1}^{n} \frac{\partial\rho}{\partial\zeta_j}(\zeta)(\zeta_j - z_j), \\
\omega(\zeta') &= d\zeta_1 \wedge \cdots \wedge d\zeta_{n-1},
\end{aligned}
$$

$$\omega'_{n-1}(w'(z,\zeta)) = \sum_{j=1}^{n-1} (-1)^{j-1} w_j(z,\zeta) \wedge \bar{\partial}_{\zeta'} w_1 \wedge \cdots \wedge [\bar{\partial}_{\zeta'} w_j] \wedge \cdots \wedge \bar{\partial}_{\zeta'} w_{n-1}$$

と定義する.

練習問題 2.6 の (2.7) から, 定数 $C > 0$ が存在して,

$$\rho(z) - \rho(\zeta) \ge -2\mathrm{Re}\, G(z,\zeta) + C|\zeta - z|^2 \qquad (z, \zeta \in \overline{\Omega}) \tag{5.25}$$

となる. すると, $z \in \Omega \cup (\partial\Omega \setminus \partial H)$ と $\zeta \in \partial H = X \cap \partial\Omega$ に対して, $\rho(z) \le 0$, $\rho(\zeta) = 0$, $\zeta \ne z$ となるから,

$$2\mathrm{Re}\, G(z,\zeta) \ge -\rho(z) + C|\zeta - z|^2 > 0$$

となる. すると, $\partial\Omega\backslash\partial H$ を含む開集合 $U_{\partial\Omega\backslash\partial H}$ が存在して, $z \in \Omega\cup U_{\partial\Omega\backslash\partial H}$ と $\zeta \in \partial H$ に対して, $\mathrm{Re}\,G(z,\zeta) > 0$ となる. 特に, $w' : H \times \partial H \to \mathbb{C}^{n-1}$ は H に対する Leray 写像になるから, Cauchy-Fantappiè の積分公式 (5.18) から, H で正則で, $\overline{H}$ 上で連続な関数 f に対して, $z \in H$ のとき,

$$f(z) = \int_{\zeta\in\partial H} f(\zeta)\frac{\omega'_{\zeta'}(w'(z,\zeta))\wedge\omega(\zeta')}{G(z,\zeta)^{n-1}}$$

が成り立つ. さらに, 上の等式は Stein[ST] から, f が H 上の有界正則関数の場合も, 右辺の $f(\zeta)$ を f の ∂H 上の境界値 $f^*(\zeta)$ に置き換えて成り立つ. f^* も f と書くことにする. また, $w'(z,\zeta)$ は z を含まないから,

$$K(\zeta) = \omega'_{\zeta'}(w'(z,\zeta))\wedge\omega(\zeta')$$

とおくことができる.

定義 5.11 $z \in \Omega\cup(\partial\Omega\backslash\partial H)$ に対して,

$$Ef(z) = \int_{\zeta\in\partial H} f(\zeta)\frac{K(\zeta)}{G(z,\zeta)^{n-1}} \tag{5.26}$$

と定義する.

定理 5.11 H 上の有界正則関数 f に対して, Ef は $\Omega\cup U_{\partial\Omega\backslash\partial H}$ において正則である. さらに, $z \in H$ のとき, $Ef(z) = f(z)$ となる.

証明 (5.26) の右辺の被積分関数は $z \in \Omega\cup U_{\partial\Omega\backslash\partial H}$ のとき, 分母も分子も z について正則で, 分母は 0 にならないから, Ef は $\Omega\cup U_{\partial\Omega\backslash\partial H}$ で正則である. さらに, $z \in H$ のとき, $Ef(z) = f(z)$ となる. (証明終)

次に, f が H で有界ならば, Ef は Ω で有界になることを示す.

$z^* \in \partial H$ を固定する. 横断性の仮定から, ∂H 上で, $d\rho\wedge dz_n \neq 0$ であるから, 一般性を失うことなく, $\frac{\partial\rho}{\partial z_1}(z^*) \neq 0$ と仮定してよい. すると, 定数 $\sigma_1 > 0$ が存在して,

$$\frac{\partial\rho}{\partial z_1}(z^*) \neq 0 \quad (z \in \bar{B}(z^*,\sigma_1))$$

となる.

定理 5.12 定数 σ_2 $(0 < \sigma_2 < \sigma_1)$ が存在して, 任意に固定した $z \in B(z^*, \sigma_2)$ に対して, $\zeta^* = (\zeta_1^*, \cdots, \zeta_n^*)$ に関する方程式

$$\begin{cases} \displaystyle\sum_{i=1}^{n} \frac{\partial \rho}{\partial \zeta_i}(\zeta^*)(\zeta_i^* - z_i) = 0, \\ \zeta_i^* = z_i \ (i = 2, \cdots, n-1), \\ \qquad \zeta_n^* = 0 \end{cases} \tag{5.27}$$

の解 $\zeta^* = \zeta^*(z)$ がただ一つ存在し, $\zeta^* \in \overline{B}(z^*, \sigma_1) \cap X$ を満たす. さらに, 定数 $\gamma_1, \gamma_2 > 0$ が存在して, 次が成り立つ.

$$\gamma_1 |\zeta^* - z|^2 \ \leq \ \rho(z) - \rho(\zeta^*) \leq \gamma_2 |\zeta^* - z|^2, \tag{5.28}$$

$$\zeta^* \ = \ z \quad (z \in B(z^*, \sigma_2) \cap X). \tag{5.29}$$

証明 ζ^* が (5.27) を満たすとすると,

$$\zeta_1^* = z_1 + \frac{\partial \rho}{\partial \zeta_n}(\zeta^*) \left(\frac{\partial \rho}{\partial \zeta_1}(\zeta^*) \right)^{-1} z_n \tag{5.30}$$

が成り立つ. $g(\zeta) = \frac{\partial \rho}{\partial \zeta_n}(\zeta) \left(\frac{\partial \rho}{\partial \zeta_1}(\zeta) \right)^{-1}$ とおくと, (5.30) は, $\zeta_1^* = z_1 + g(\zeta^*)z_n$ となる. $z^* \in X \cap \partial\Omega$ であるから, $z_n^* = 0$ である. すると, $z \in B(z^*, \sigma_2)$ のとき, $|z_n| \leq |z - z^*| < \sigma_2$ となる. $\sigma_2 > 0$ $(\sigma_2 < \frac{\sigma_1}{2})$ を十分小さくとると, $\zeta \in B(z^*, \sigma_1)$, $z \in B(z^*, \sigma_2)$ に対して, $|g(\zeta)||z_n| < \frac{\sigma_1}{2}$, $|dg(\zeta)||z_n| \leq \frac{1}{2}$ となる. ここで, $|dg(\zeta)| = (\sum_{j=1}^{2n} (|\frac{\partial g}{\partial x_j}(\zeta)|^2)^{1/2}$ である. 点列 $\{\zeta^{(j)}\}$ を漸化式

$$\begin{cases} \zeta_1^{(1)} &= z_1, \\ \zeta^{(j)} &= (\zeta_1^{(j)}, z_2, \cdots, z_{n-1}, 0), \\ \zeta_1^{(j+1)} &= z_1 + g(\zeta^{(j)})z_n \end{cases}$$

によって定義する. すると, $|\zeta^{(1)} - z^*| < \sigma_2$ となる. $\zeta^{(j)} \in \bar{B}(z^*, \sigma_1)$ とすると, $\zeta^{(j+1)} = (z_1 + g(\zeta^{(j)})z_n, z_2, \cdots, z_{n-1}, 0)$ であるから,

$$|\zeta^{(j+1)} - z^*| \leq |z - z^*| + |g(\zeta^{(j)})||z_n| < \sigma_2 + \frac{\sigma_1}{2} < \sigma_1$$

となるから, $\zeta^{(j+1)} \in B(z^*, \sigma_1)$ となる. また, 平均値の定理から $w \in B(z^*, \sigma_1)$ が存在して,

$$
\begin{aligned}
|\zeta_1^{(j+1)} - \zeta_1^{(j)}| &\leq |g(\zeta^{(j)}) - g(\zeta^{(j-1)})||z_n| \\
&\leq |dg(w)||\zeta^{(j)} - \zeta^{(j-1)}||z_n| \leq \frac{1}{2}|\zeta_1^{(j)} - \zeta_1^{(j-1)}|
\end{aligned}
$$

となるから, $\{\zeta_1^{(j)}\}$ は収束する. $\lim_{j \to \infty} \zeta_1^{(j)} = \zeta_1^*$ とおく. さらに, $\zeta^* = (\zeta_1^*, z_2, \cdots, z_{n-1}, 0)$ とおくと, $\lim_{j \to \infty} \zeta^{(j)} = \zeta^*$ となるから, $\zeta^* \in \bar{B}(z^*, \sigma_1)$ となり,

$$
\zeta_1^* = z_1 + g(\zeta^*)z_n \tag{5.31}
$$

となる. よって, ζ^* は (5.27) を満たす. また, (5.31) から, 定数 $C_1 > 0$ が存在して,

$$
|\zeta_1^* - z_1| \leq C_1|z_n| \tag{5.32}
$$

となる. (5.27) と補題 1.11, 補題 1.12 から, $z_j - \zeta_j^* = x_j + ix_{j+n}$ とおくと,

$$
\begin{aligned}
\rho(z) &= \rho(\zeta^*) + 2\mathrm{Re} \sum_{j=1}^{n} \frac{\partial \rho}{\partial \zeta_j}(\zeta^*)(z_j - \zeta_j^*) + \frac{1}{2} \sum_{j,k=1}^{n} \frac{\partial^2 \rho}{\partial x_j \partial x_k}(P)x_j x_k \\
&= \rho(\zeta^*) + \frac{1}{2} \sum_{j,k=1}^{n} \frac{\partial^2 \rho}{\partial x_j \partial x_k}(P)x_j x_k
\end{aligned}
$$

と表されるが, ρ は強凸であるから, 定数 $\gamma_1 > 0$ が存在して,

$$
\rho(z) - \rho(\zeta^*) \geq \gamma_1|\zeta^* - z|^2 \tag{5.33}
$$

が成り立つ. また, 定数 $\gamma_2 > 0$ が存在して,

$$
|\rho(z) - \rho(\zeta^*)| \leq \gamma_2|\zeta^* - z|^2
$$

が成り立つ. したがって, (5.28) が成り立つ. また, (5.27) と (5.32) から,

$$
|\zeta^* - z|^2 = |\zeta_1^* - z_1|^2 + |z_n|^2 \leq (1 + C_1^2)|z_n|^2 \tag{5.34}
$$

が成り立つ. $z \in B(z^*, \sigma_2) \cap X$ のときには, $z_n = 0$ であるから, (5.34) から, $\zeta^* = z$ となり, (5.29) が成り立つ. 次に, 一意性を示す. (5.27) の2つの

解 $\zeta^*, \tilde{\zeta}^*$ があったとすると, $\tilde{\zeta}_1^* = z_1 + g(\tilde{\zeta}^*)z_n$ であるから, $w' \in B(z^*, \sigma_1)$ が存在して,

$$|\zeta_1^* - \tilde{\zeta}_1^*| \le |dg(w')||\zeta^* - \tilde{\zeta}^*||z_n| \le \frac{1}{2}|\zeta_1^* - \tilde{\zeta}_1^*|$$

となるから, $\zeta_1^* = \tilde{\zeta}_1^*$ となり, $\zeta^* = \tilde{\zeta}^*$ となる. (証明終)

補題 5.7 $z^* \in \partial H$ と $z \in (\partial\Omega \setminus \partial H) \cap B(z^*, \sigma_2)$ に対して,

$$\left| \frac{d(Ef)(\zeta^* + \lambda(z - \zeta^*))}{d\lambda}\big|_{\lambda=1} \right| \le C \sup_{\zeta \in H} |f(\zeta)| \tag{5.35}$$

となる. ここで, $\zeta^* = \zeta^*(z)$ と σ_2 は定理 5.12 におけるものとする. C は Ω と H にのみ関係する定数である.

証明 (5.26) の右辺を積分記号下で微分することにより,

$$\frac{d}{d\lambda}\{(Ef)(\zeta^* + \lambda(z - \zeta^*))\}$$
$$= \int_{\zeta \in \partial H} f(\zeta)\frac{d}{d\lambda}\left(\frac{K(\zeta)}{G(\zeta^* + \lambda(z - \zeta^*), \zeta)^{n-1}} \right)$$
$$= \int_{\zeta \in \partial H} f(\zeta)(-n+1)\frac{\sum\limits_{j=1}^{n} \frac{\partial G}{\partial z_j}(\zeta^* + \lambda(z - \zeta^*), \zeta)(z_j - \zeta_j^*)K(\zeta)}{G(\zeta^* + \lambda(z - \zeta^*), \zeta)^n}$$

となるから,

$$\frac{d}{d\lambda}\{(Ef)(\zeta^* + \lambda(z - \zeta^*))\}|_{\lambda=1}$$
$$= -(n-1)\int_{\zeta \in \partial H} f(\zeta)\frac{\sum\limits_{j=1}^{n} \frac{\partial G}{\partial z_j}(z, \zeta)(z_j - \zeta_j^*)K(\zeta)}{G(z, \zeta)^n}$$

を得る.

$\frac{\partial G}{\partial z_i}(z, \zeta) = -\frac{\partial \rho}{\partial \zeta_i}(\zeta)$ となる. (5.27) から, $\sum\limits_{i=1}^{n} \frac{\partial \rho}{\partial \zeta_i}(\zeta^*)(\zeta_i^* - z_i) = 0$ となり, また, (5.34) から, $|\zeta^* - z|^2 \le (1 + C_1^2)|z_n|^2$ となるから,

$$\left| \sum_{j=1}^{n} \frac{\partial \rho}{\partial \zeta_j}(\zeta)(z_j - \zeta_j^*) \right| = \left| \sum_{j=1}^{n} \left(\frac{\partial \rho}{\partial \zeta_j}(\zeta) - \frac{\partial \rho}{\partial \zeta_j}(\zeta^*) \right)(\zeta_i^* - z_i) \right|$$

$$\lesssim |\zeta - \zeta^*||\zeta^* - z| \lesssim (|\zeta - z| + |z - \zeta^*|)|\zeta^* - z|$$
$$\lesssim |z_n|(|\zeta - z| + |z_n|)$$

を得る. すると,

$$\left|\frac{d(Ef)(\zeta^* + \lambda(z - \zeta^*))}{d\lambda}|_{\lambda=1}\right| \lesssim \int_{\partial H} |f(\zeta)| \frac{|z_n|(|\zeta - z| + |z_n|)}{|G(z,\zeta)|^n} d\sigma_{2n-3}(\zeta)$$

となる. $z \in (\partial\Omega)_{\sigma_2} \cap \overline{\Omega}$ とする. $\zeta_j = x_j + iy_j, z_j = \alpha_j + i\beta_j$ とおく.

$$t_1 = \rho(\zeta) - \rho(z), \quad t_2 = \operatorname{Im} G(z,\zeta)$$

とおく.

$$\left(\frac{\partial t_1}{\partial x_1}, \frac{\partial t_1}{\partial y_1}, \cdots, \frac{\partial t_1}{\partial x_n}, \frac{\partial t_1}{\partial y_n}\right) = \left(\frac{\partial \rho_1}{\partial x_1}, \frac{\partial \rho}{\partial y_1}, \cdots, \frac{\partial \rho}{\partial x_n}, \frac{\partial \rho}{\partial y_n}\right)$$

となる. また,

$$
\begin{aligned}
t_2 &= \operatorname{Im} \sum_{j=1}^n \frac{\partial \rho}{\partial \zeta_j}(\zeta)(\zeta_j - z_j) \\
&= \sum_{j=1}^n \left\{ -\frac{1}{2}\frac{\partial \rho}{\partial y_j}(\zeta)(x_j - \alpha_j) + \frac{1}{2}\frac{\partial \rho}{\partial x_j}(\zeta)(y_j - \beta_j) \right\}
\end{aligned}
$$

となるから,

$$
\begin{aligned}
&\left(\frac{\partial t_2}{\partial x_1}, \frac{\partial t_2}{\partial y_1}, \cdots, \frac{\partial t_2}{\partial x_n}, \frac{\partial t_2}{\partial y_n}\right)|_{\zeta=z} \\
&= \frac{1}{2}\left(-\frac{\partial \rho}{\partial y_1}, \frac{\partial \rho}{\partial x_1}, \cdots, -\frac{\partial \rho}{\partial y_n}, \frac{\partial \rho}{\partial x_n}\right)|_{\zeta=z}
\end{aligned}
$$

となり, $\operatorname{grad} t_1|_{\zeta=z}$ と $\operatorname{grad} t_2|_{\zeta=z}$ は直交するから, $t = (t_1, \cdots, t_{2n})$ が $B(z, \sigma_2)$ の座標を構成し, $t_{2n-1} + it_{2n} = \zeta_n - z_n, |t| \simeq |\zeta - z|$ となるようにできる. すると, $\zeta \in \partial V \cap B(z^*, \sigma_2)$ に対して, $t_1 = \rho(\zeta) - \rho(z) = 0$ となり, $|\zeta - z|^2 \simeq t_2^2 + \cdots + t_{2n-2}^2 + |z_n|^2$ である. また, (5.25) から,

$$2\operatorname{Re} G(z,\zeta) \geq \rho(\zeta) - \rho(z) + \gamma_1|z - \zeta|^2 = \gamma_1|z - \zeta|^2$$

となるから,

$$
\begin{aligned}
|G(z,\zeta)|^2 &\simeq |\operatorname{Re} G(z,\zeta)|^2 + |\operatorname{Im} G(z,\zeta)|^2 \\
&\gtrsim |\zeta - z|^4 + |\operatorname{Im} G(z,\zeta)|^2 \\
&\gtrsim (t_2^2 + \cdots + t_{2n-2}^2 + |z_n|^2)^2 + t_2^2
\end{aligned}
$$

となる. $|z - \zeta^*| \lesssim |z_n|$ であるから, $t' = (t_2, \cdots, t_{2n-2})$, $\varepsilon = |z_n|$ とすると, 定数 $R > 0$ が存在して,

$$
\left| \frac{d(E_1 f)(\zeta^* + \lambda(z - \zeta^*))}{d\lambda}|_{\lambda=1} \right|
$$

$$
\lesssim \sup_{\zeta \in H} |f(\zeta)| \left\{ \int_{|t'|<R} \frac{\varepsilon \sqrt{t_2^2 + \cdots + t_{2n-2}^2 + \varepsilon^2} dt_2 \cdots dt_{2n-2}}{((t_2^2 + \cdots + t_{2n-2}^2 + \varepsilon^2)^2 + t_2^2)^{n/2}} \right.
$$

$$
\left. + \int_{|t'|<R} \frac{\varepsilon^2 dt_2 \cdots dt_{2n-2}}{((t_2^2 + \cdots + t_{2n-2}^2 + \varepsilon^2)^2 + t_2^2)^{n/2}} \right\}
$$

となる. $\{\ \ \}$ の中を $I_1 + I_2$ とする. $n = 2$ のとき. このときは, $t' = t_2$ となるから,

$$
\begin{aligned}
I_1 &= 2\varepsilon \int_0^R \frac{\sqrt{t_2^2 + \varepsilon^2}}{(t_2^2 + \varepsilon^2)^2 + t_2^2} dt_2 \leq 2\varepsilon \left\{ \int_0^\varepsilon \frac{\sqrt{2}\varepsilon}{t_2^2 + \varepsilon^4} dt_2 + \int_\varepsilon^R \frac{\sqrt{2}}{t_2} dt_2 \right\} \\
&\leq 2\varepsilon \left\{ \frac{1}{\varepsilon} \int_0^{1/\varepsilon} \frac{dx}{x^2 + 1} + \int_\varepsilon^R \frac{\sqrt{2}}{\varepsilon} dt_2 \right\} \lesssim 1,
\end{aligned}
$$

$$
I_2 = 2\varepsilon^2 \int_0^R \frac{dt_2}{(t_2^2 + \varepsilon^2)^2 + t_2^2} \leq 2\varepsilon \int_0^R \frac{\sqrt{t_2^2 + \varepsilon^2}}{(t_2^2 + \varepsilon^2)^2 + t_2^2} dt_2 = I_1 \lesssim 1.
$$

$n \geq 3$ のとき.

$$
dt' = dt_2 \cdots dt_{2n-2}, \quad r = \sqrt{t_2^2 + \cdots + t_{2n-2}^2}
$$

とおく. 極座標変換 (練習問題 5.1 参照) を行い, 次に $\cos\varphi = s$ とおくと,

$$
I_1 = \int_{|t'|<R} \frac{\varepsilon \sqrt{|t'|^2 + \varepsilon^2} dt'}{((|t'|^2 + \varepsilon^2)^2 + t_2^2)^{n/2}}
$$

$$\leq \int_0^R dr \int_0^\pi \frac{\varepsilon\sqrt{r^2+\varepsilon^2}r^{2n-4}\sin^{2n-5}\varphi}{\{(r^2+\varepsilon^2)^2+r^2\cos^2\varphi\}^{n/2}}d\varphi$$

$$\leq \int_0^R dr \int_{-1}^1 \frac{\varepsilon\sqrt{r^2+\varepsilon^2}r^{2n-4}}{\{(r^2+\varepsilon^2)^2+r^2s^2\}^{n/2}}ds$$

$$\leq \int_0^R \frac{\varepsilon\sqrt{r^2+\varepsilon^2}r^{2n-4}}{(r^2+\varepsilon^2)^{n-2}}dr \int_{-1}^1 \frac{ds}{(r^2+\varepsilon^2)^2+r^2s^2}$$

$$\leq \pi\int_0^R \frac{\varepsilon\sqrt{r^2+\varepsilon^2}r^{2n-5}}{(r^2+\varepsilon^2)^{n-1}}dr \leq \pi\varepsilon\int_0^R \frac{dr}{r^2+\varepsilon^2} \leq \frac{\pi^2}{2}$$

また, $I_2 \leq I_1$ となる. よって, $I_1 + I_2 \leq C$ となる. (証明終)

補題 5.8 $\Omega \Subset \mathbb{C}^n$ は C^2 境界をもつ有界領域, $X = \{z \in \mathbb{C}^n \mid z_n = 0\}$, $H = X \cap \Omega$ とする. X と $\partial\Omega$ は横断的に交わるとする. $U_{\partial\Omega\backslash X}$ は $\partial\Omega\backslash X$ を含む開集合とする. $f(z)$ が $\Omega \cup U_{\partial\Omega\backslash X}$ で正則で $z \in \partial\Omega\backslash\partial H$ に対して, $|f(z)| \leq M$ となるならば, $|f(z)| \leq M$ $(z \in \Omega)$ となる.

証明 $X_a = \{z \in \mathbb{C}^n \mid z_n = a\}$ とおく. $a \neq 0$ とすると, $f(z)$ は $\Omega \cap X_a$ の閉包で正則である. 最大値の原理より,

$$\sup_{z\in\Omega\cap X_a} |f(z)| \leq \sup_{z\in\partial(\Omega\cap X_a)} |f(z)| \leq \sup_{z\in\partial\Omega\backslash\partial H} |f(z)| \leq M$$

となる. よって, 任意の $a \neq 0$ に対して, $|f(z)| \leq M$ $(z \in \Omega \cap X_a)$ となる. $z \in X \cap \Omega$ と $a_j \to 0, a_j \neq 0$ となる $\{a_j\}$ に対して, $z_j \in X_{a_j} \cap \Omega$ が存在して, $z_j \to z$ となるから, $|f(z)| = \lim_{j\to\infty} |f(z_j)| \leq M$ となる. よって, $|f(z)| \leq M$ $(z \in \Omega)$ となる. (証明終)

定理 5.13 f は H 上の有界正則関数とすると, Ef は Ω で有界な正則関数である.

証明 定理 5.11 より, Ef は $\overline{\Omega}\backslash\partial H$ を含む開集合で正則であるから, 補題 5.8 から,

$$\sup_{z\in\partial\Omega\backslash\partial H} |Ef(z)| \leq C\sup_{\zeta\in H} |f(\zeta)|$$

を示せばよい. $\sigma_1 \geq \sigma > 0$, $(\partial H)_\sigma = \{z \in \mathbb{C}^n \mid d(z,\partial H) < \sigma\}$ とする. σ にのみ関係する定数を $C_\sigma > 0$ によって表すと, $\zeta \in \partial H$, $z \in \Omega\backslash(\partial H)_\sigma$ に

対して, $|G(z, \zeta)| \geq C_\sigma$ となるから, (5.26) から,

$$\sup_{z \in \partial\Omega \setminus (\partial H)_\sigma} |Ef(z)| \leq C_\sigma \sup_{\zeta \in H} |f(\zeta)|$$

となる. したがって,

$$\sup_{z \in \{(\partial H)_\sigma \setminus \partial H\} \cap \partial\Omega} |Ef(z)| \leq C_\sigma \sup_{\zeta \in H} |f(\zeta)|$$

を示せばよい. $z \in \{(\partial H)_\sigma \setminus \partial H\} \cap \partial\Omega$ とする. すると, $z^* \in \partial H$ が存在して, $|z - z^*| < \sigma$ となる. 定理 5.12 から, $\sigma < \sigma_2$ とすると, (5.27) を満たす $\zeta^* = \zeta^*(z) \in B(z^*, \sigma_1)$ が存在する. $z \in \partial\Omega$, $z \notin \partial H$ より, $\rho(z) = 0$, $\varepsilon = |z_n| > 0$ となる. (5.33) より,

$$0 < \gamma_1 |\zeta^* - z|^2 \leq \rho(z) - \rho(\zeta^*) = -\rho(\zeta^*)$$

となるから, $\rho(\zeta^*) < 0$ となり, $\zeta^* \in \Omega$ となる.

$$\Delta = \{\lambda \in \mathbb{C} \mid z(\lambda) = \zeta^* + \lambda(z - \zeta^*) \in \Omega\}$$

とおく. Ω は凸集合であるから, Δ は 0 を含む凸集合である. $\lambda \in \partial\Delta$ とすると, $z(\lambda) \in \partial\Omega$ となるから, $\rho(z(\lambda)) = 0$ となる. すると,

$$\sum_{i=1}^{n} \frac{\partial\rho}{\partial\zeta_i}(\zeta^*)(\zeta_i^* - z(\lambda)_i) = \lambda \sum_{i=1}^{n} \frac{\partial\rho}{\partial\zeta_i}(\zeta^*)(\zeta_i^* - z_i) = 0$$

となる. Taylor の公式から,

$$\gamma_1 |\zeta^* - z(\lambda)|^2 \leq -\rho(\zeta^*) \leq \gamma_2 |\zeta^* - z(\lambda)|^2$$

となるから,

$$\gamma_1 |\lambda|^2 |\zeta^* - z|^2 \leq -\rho(\zeta^*) \leq \gamma_2 |\lambda|^2 |\zeta^* - z|^2$$

となり, また, (5.28) から,

$$\frac{1}{\gamma_2 |\zeta^* - z|^2} \leq \frac{1}{-\rho(\zeta^*)} \leq \frac{1}{\gamma_1 |\zeta^* - z|^2}$$

となる. すると,

$$\frac{\gamma_1}{\gamma_2} \le |\lambda|^2 \le \frac{\gamma_2}{\gamma_1} \qquad (\lambda \in \partial\Delta) \tag{5.36}$$

が成り立つ. $\lambda_0 \in \partial\Delta$ とする. $z \notin \partial H$ であるから, $z_n \ne 0$ となる. すると, $\zeta_n^* + \lambda_0(z_n - \zeta_n^*) = \lambda_0 z_n \ne 0$ となるから, $\zeta^* + \lambda_0(z - \zeta^*) \in \partial\Omega \backslash \partial H$ となる. したがって, λ が λ_0 の十分小さい近傍を動くとき, $\zeta^* + \lambda(z - \zeta^*) \in U_{\partial\Omega \backslash \partial H}$ となるから, $Ef(\zeta^* + \lambda(z - \zeta^*))$ は $\overline{\Delta}$ の近傍で λ について正則である. ζ^* は $z(\lambda)$ に対しても, (5.27) を満たすから, 一意性から, $\zeta^* = \zeta^*(z) = \zeta^*(z(\lambda))$ となる. すると, 補題 5.8 から,

$$\left| \frac{d(Ef)(\zeta^* + t(z(\lambda) - \zeta^*))}{dt}|_{t=1} \right| \le C \sup_{\zeta \in H} |f(\zeta)|$$

が成り立つ. $\lambda \in \partial\Delta$ のとき, (5.36) から,

$$\begin{aligned}
\left| \frac{d}{d\lambda} Ef(\zeta^* + \lambda(z - \zeta^*)) \right| &= \left| \frac{1}{\lambda} \frac{d(Ef)(\zeta^* + t(z(\lambda) - \zeta^*))}{dt}|_{t=1} \right| \\
&\le \frac{1}{|\lambda|} C \sup_{\zeta \in H} |f(\zeta)| \le C \sqrt{\frac{\gamma_2}{\gamma_1}} \sup_{\zeta \in H} |f(\zeta)|
\end{aligned}$$

が成り立つ. $\frac{d}{d\lambda} Ef(\zeta^* + \lambda(z - \zeta^*))$ は $\overline{\Delta}$ の近傍で正則であるから, 最大値の原理より,

$$\sup_{\lambda \in \Delta} \left| \frac{d}{d\lambda} Ef(\zeta^* + \lambda(z - \zeta^*)) \right| \le C \sqrt{\frac{\gamma_2}{\gamma_1}} \sup_{\zeta \in H} |f(\zeta)|$$

となる. すると,

$$|Ef(z) - Ef(\zeta^*)| = \left| \int_0^1 \frac{d}{d\lambda} Ef(\zeta^* + \lambda(z - \zeta^*)) d\lambda \right| \lesssim \sup_{\zeta \in H} |f(\zeta)|$$

となる. $Ef(\zeta^*) = f(\zeta^*)$ であるから,

$$\sup_{z \in \{(\partial H)_\sigma \backslash \partial H\} \cap \partial\Omega} |Ef(z)| \lesssim \sup_{\zeta \in H} |f(\zeta)|$$

が成り立つ. (証明終)

定義 5.12 H で正則で $\overline{H}$ で連続な関数の全体の集合を $A(H)$ で表す. $A(\Omega)$ の定義も同様である. すなわち, $A(H) = \mathcal{O}(V) \cap C(\overline{H})$, $A(\Omega) = \mathcal{O}(\Omega) \cap C(\overline{\Omega})$ である.

次に, $f \in A(H)$ のとき, $Ef \in A(\Omega)$ となることを示す. そのためにまず次の補題を示す.

補題 5.9 定数 $C > 0$ が存在して, $z = (z_1, \cdots, z_n) \in \Omega$, $\varepsilon = |z_n|$ とするとき, 次が成り立つ.

(i)
$$\int_{H' \backslash H} \frac{1}{|G(z, \zeta)|^n} dV_{n-1}(\zeta) \lesssim |\log \varepsilon|.$$

(ii)
$$\int_{H' \backslash H} \frac{|z - \zeta|}{|G(z, \zeta)|^{n+1}} dV_{n-1}(\zeta) \lesssim \frac{1}{\varepsilon}.$$

(iii)
$$\int_{H' \backslash H} \frac{|z - \zeta|^2}{|G(z, \zeta)|^{n+1}} dV_{n-1}(\zeta) \lesssim |\log \varepsilon|.$$

証明 $H' \backslash H$ における局所座標 $t = (t_1, t_2, \cdots, t_{2n-2})$ を, $t_1 = \rho(\zeta) - \rho(z)$, $t_2 = \operatorname{Im} F(z, \zeta)$, $|t| \simeq |z' - \zeta'|$ となるようにとり, $t' = (t_2, \cdots, t_{2n-2})$ とおく. $\zeta \in H' \backslash H$, $z \in \Omega$ のとき, $\rho(\zeta) \geq 0$, $\rho(z) < 0$, $\zeta_n = 0$ となるから,

$$t_1 = \rho(\zeta) - \rho(z) > 0, \quad |\zeta - z|^2 = |\zeta' - z'|^2 + |z_n|^2 \simeq |t|^2 + |z_n|^2$$

となる. すると, (5.25) から, 定数 $C_5 > 0$ が存在して,

$$2\operatorname{Re} G(z, \zeta) \gtrsim \rho(\zeta) - \rho(z) + C_5(|t|^2 + |z_n|^2),$$

$$|\operatorname{Re} G(z, \zeta)|^2 + |\operatorname{Im} G(z, \zeta)|^2 \gtrsim (t_1 + |t|^2 + \varepsilon^2)^2 + t_2^2$$

となる. (i) を示す. $n = 2$ のとき.

$$\begin{aligned}
\int_{H' \backslash H} \frac{1}{|G(z, \zeta)|^2} dV_1(\zeta) &\lesssim \int_{\substack{t_1 \geq 0 \\ t_1^2 + t_2^2 \leq R^2}} \frac{dt_1 dt_2}{(t_1^2 + t_2^2 + \varepsilon^2 + t_1)^2 + t_2^2} \\
&\lesssim \int_{\substack{t_1 \geq 0 \\ t_1^2 + t_2^2 \leq \varepsilon^2}} \frac{dt_1 dt_2}{(\varepsilon^2 + t_1)^2 + t_2^2} + \int_{\substack{t_1 \geq 0 \\ \varepsilon^2 \leq t_1^2 + t_2^2 \leq R^2}} \frac{dt_1 dt_2}{t_1^2 + t_2^2} \\
&= \int_0^\varepsilon \int_{-\sqrt{\varepsilon^2 - t_1^2}}^{\sqrt{\varepsilon^2 - t_1^2}} \frac{dt_2}{(\varepsilon^2 + t_1^2)^2 + t_2^2} dt_1 + \int_\varepsilon^R \int_{-\frac{\pi}{2}}^{\frac{\pi}{2}} \frac{r dr d\theta}{r^2} \\
&\lesssim \pi \int_0^\varepsilon \frac{dt_1}{\varepsilon^2 + t_1} + \pi \int_\varepsilon^1 \frac{dr}{r} \lesssim |\log \varepsilon|
\end{aligned}$$

となり, $n = 2$ のとき, (i) が成り立つ.

$n \geq 3$ のとき. $r = |t'|$, $dt' = dt_2 \cdots dt_{2n-2}$ とおく.

$$\int_{H' \backslash H} \frac{1}{|G(z, \zeta)|^n} dV_{n-1}(\zeta) \lesssim \int_{\substack{t_1 > 0 \\ |t| < R}} \frac{dt_1 \cdots dt_{2n-2}}{\{(|t'|^2 + \varepsilon^2 + t_1)^2 + |t_2|^2\}^{n/2}}$$

$$\approx \int_{|t'| < R} dt' \int_0^R \frac{dt_1}{(|t'|^2 + \varepsilon^2 + t_1 + |t_2|)^n}$$

$$\lesssim \int_{|t'| < R} \frac{dt'}{(|t'|^2 + \varepsilon^2 + |t_2|)^{n-1}}$$

$$\lesssim \int_{|t'| < R} \frac{dt'}{\{(|t'|^2 + \varepsilon^2)^2 + |t_2|^2\}^{(n-1)/2}}$$

$$\lesssim \int_0^R dr \int_0^\pi \frac{r^{2n-4} \sin^{2n-5} \varphi}{\{(r^2 + \varepsilon^2)^2 + r^2 \cos^2 \varphi\}^{(n-1)/2}} d\varphi$$

$$\lesssim \int_0^R dr \int_{-1}^1 \frac{r^{2n-4}}{\{(r^2 + \varepsilon^2)^2 + r^2 s^2\}^{(n-1)/2}} ds$$

$$\lesssim \int_0^R r^{n-3} \left(\frac{r}{r^2 + \varepsilon^2}\right)^{n-2} dr \lesssim \int_0^R \frac{dr}{\varepsilon + r} \lesssim |\log \varepsilon|$$

となり, (i) が成り立つ. (ii), (iii) の証明も同様である. (証明終)

定理 5.14　$f \in A(H)$ に対して, $Ef \in A(\Omega)$ となる.

証明　$f \in A(H)$ とする. $z^* \in \partial H$ に対して,

$$\lim_{\substack{z \to z^* \\ z \in \overline{\Omega} \backslash \partial H}} Ef(z) = f(z^*) \tag{5.37}$$

が成り立つことを示せば, $z \in \partial H$ のとき, $Ef(z) = f(z)$ と定義すると,
$\lim_{z \in \overline{\Omega} \to z^*} Ef(z) = f(z^*)$ となるから, $Ef \in A(\Omega)$ となる. (5.37) を示す.
$f(z)$ は $\overline{H}$ のある近傍で正則な関数列 $\{f_\nu\}$ の $\overline{H}$ における一様極限にな
るから (Kerzmann[KE]), $f(z)$ は $\overline{H'}$ の近傍で正則であると仮定してよい.
$z^* \in \partial H$, $z \in (\overline{\Omega} \backslash \partial H) \cap B(z^*, \sigma)$ とする. $\zeta^* = \zeta^*(z)$ は (5.27) の解とす
る. Stokes の公式から,

$$Ef(z) = \int_{\partial H'} \frac{f(\zeta) K(\zeta)}{G(z, \zeta)^{n-1}} - \int_{H' \backslash H} f(\zeta) \bar{\partial}_\zeta \left(\frac{K(\zeta)}{G(z, \zeta)^{n-1}}\right)$$

となる. 右辺の最初の積分は $\overline{\Omega}$ で連続である.

$$F_1(z) = \int_{H' \backslash H} f(\zeta) \bar{\partial}_\zeta \left(\frac{K(\zeta)}{G(z,\zeta)^{n-1}} \right)$$

とおく. すると,

$$F_1(z) = \int_{H' \backslash H} f(\zeta) \frac{\sum\limits_{j=1}^{n} (\zeta_j - z_j) A_j(\zeta)}{G(z,\zeta)^n}$$

と表される. ここで, $A_j(\zeta), j = 1, \cdots, n$ は $\overline{H'}$ 上の連続 $(n-1, n-1)$ 形式である. 補題 5.9 から, 定数 $C_1, C_2, C_3 > 0$ が存在して,

$$\left| \frac{dF_1(\zeta^* + \lambda(z - \zeta^*))}{d\lambda} |_{\lambda=1} \right| \le C_1 |f|_{\overline{H'}} \int_{H' \backslash H} \frac{\varepsilon}{|G(z,\zeta)|^n} dV_{n-1}(\zeta)$$

$$+ C_2 |f|_{\overline{H'}} \int_{H' \backslash H} \frac{\varepsilon |\zeta - z|(|\zeta - z| + \varepsilon)}{|G(z,\zeta)|^{n+1}} dV_{n-1}(\zeta)$$

$$\le C_3 \varepsilon |\log \varepsilon| \|f\|_{\overline{H'}}$$

が成り立つ. $0 \le \theta \le 1$ に対して, $z(\theta) = \zeta^* + \theta(z - \zeta^*)$ とすると,

$$\begin{cases} \sum\limits_{i=1}^{n} \dfrac{\partial \rho}{\partial \zeta_i}(\zeta^*)(\zeta_i^* - z(\theta)_i) = 0 \\ \zeta_i^* = z(\theta)_i, \quad i = 2, \cdots, n-1 \\ \zeta_n^* = 0 \end{cases}$$

となるから, 解の一意性より, $\zeta^*(z(\theta)) = \zeta^*$ となる. すると,

$$|F_1(z) - F_1(\zeta^*)| = \left| \int_0^1 \frac{d}{d\theta} F_1(\zeta^* + \theta(z - \zeta^*)) d\theta \right|$$

$$= \left| \int_0^1 \frac{1}{\theta} \frac{dF_1(\zeta^* + \lambda\theta(z - \zeta^*))}{d\lambda} |_{\lambda=1} d\theta \right|$$

$$= \left| \int_0^1 \frac{1}{\theta} \frac{dF_1(\zeta^* + \lambda(z(\theta) - \zeta^*))}{d\lambda} |_{\lambda=1} d\theta \right|$$

$$\lesssim \int_0^1 \frac{1}{\theta} |z(\theta)_n| |\log |z(\theta)_n|| \|f\|_{\overline{H'}} d\theta$$

$$\lesssim \varepsilon \left(\int_0^1 |\log \theta| d\theta + |\log \varepsilon| \right) \|f\|_{\overline{H'}} \lesssim \varepsilon |\log \varepsilon| \|f\|_{\overline{H'}}$$

が成り立つ. すると, $C_4 > 0$ が存在して,

$$|Ef(z) - Ef(\zeta^*)| \le C_4 \varepsilon |\log \varepsilon| \, \|f\|_{\overline{H'}}$$

となる. 一方, $C_f = \sup_{\zeta \in H} |\mathrm{grad} f(\zeta)|$ とすると,

$$|Ef(\zeta^*) - Ef(z^*)| = |f(\zeta^*) - f(z^*)| \le C_f |\zeta^* - z^*|$$
$$\le C_f |\zeta^* - z| + C_f |z - z^*| \le C_f \frac{\varepsilon}{\sqrt{\gamma_1 \gamma_2}} + C_f \sigma$$

となる. $\varepsilon \le \sigma$ であるから, $C_5 > 0$ が存在して,

$$|Ef(z) - Ef(z^*)| \le C_5 \sigma |\log \sigma| \, \|f\|_{\overline{H'}} + C_f \frac{\sigma}{\sqrt{\gamma_1 \gamma_2}} + C_f \sigma$$

となる. したがって, $\lim_{z \to z^*} Ef(z) = f(z^*)$ が成り立つ. (証明終)

注意 5.3 定理 5.13 と定理 5.14 は Henkin[HE] による証明に従って解説した. さらに, Henkin[HE] は $\Omega \in \mathbb{C}^n$ が C^2 境界をもつ強擬凸領域で, X は $\overline{\Omega}$ の近傍における複素部分多様体で $\partial\Omega$ と横断的に交わる場合にも, 定理 5.13 と定理 5.14 が成り立つことを示した. これについては, 次節において, Fornaess の埋め込み定理を利用して証明する.

5.6 強擬凸領域の部分多様体からの正則関数の有界拡張と連続拡張

前節では $\mathbb{C}^n$ 内の一般の位置にある強凸領域と複素超平面の共通部分からの正則関数の有界拡張と連続拡張について述べたが, ここでは, $\mathbb{C}^n$ 内の一般の位置にある強擬凸領域と閉部分多様体の共通部分からの正則関数の有界拡張と連続拡張を Fornaess[FO] の埋め込み定理を用いて証明する. 証明は前節とかなり重複するが, 前節の証明と比較することにより理解し易いのではないかと思われる.

定理 5.15 (Fornaess の埋め込み定理 [FO]) $\Omega \in \mathbb{C}^n$ は C^k ($k \ge 2$) 境界をもつ強擬凸領域とする. Ω' は $\overline{\Omega} \subset \Omega'$ を満たす擬凸領域とする. すると,

自然数 m, $\mathbb{C}^m$ における閉部分多様体 Y, 双正則写像 $\psi : \Omega' \to Y$, C^k 境界をもつ強凸領域 $G \subset \mathbb{C}^m$ が存在して, 次が成り立つ.

(i) $\psi = (\psi_1, \cdots, \psi_m) : \Omega \to Y \cap G$ は双正則である.

(ii) $\psi(\Omega')$ と ∂G は横断的に交わる.

ただし, 強凸領域 G は強凸関数 $\sigma \in C^k(\mathbb{C}^m)$ が存在して, $G = \{x \in \mathbb{C}^m \mid \sigma(x) < 0\}$ と表される.

Fornaess の埋め込み定理の証明は複雑であるから省略する.

$\Omega \Subset \Omega' \subset \mathbb{C}^n$ は定理 5.15 におけるものとする. $\rho = \sigma \circ \psi$ とする. $x, y \in \mathbb{C}^m$ に対して,

$$f(x, y) = \sum_{j=1}^{m} \frac{\partial \sigma}{\partial x_j}(x)(y_j - x_j)$$

とおく. $g \in C^1(\Omega' \times \Omega')$ を $g(z, \zeta) = 2f(\psi(\zeta), \psi(z))$ によって定義する. すると, (5.25) より, コンパクト集合 $K \subset \Omega'$ に対して, 定数 $C_K, \delta_K > 0$ が存在して, $z, \zeta \in K$ のとき,

$$\begin{aligned}
\rho(z) - \rho(\zeta) &= \sigma(\psi(z)) - \sigma(\psi(\zeta)) \\
&\geq 2\mathrm{Re} \sum_{j=1}^{m} \frac{\partial \sigma}{\partial x_j}(\psi(\zeta))(\psi_j(z) - \psi_j(\zeta)) + C|\psi(\zeta) - \psi(z)|^2 \\
&\geq \mathrm{Re}\, g(z, \zeta) + \delta_K |z - \zeta|^2
\end{aligned}$$

となる. 定理 5.8 より,

$$\psi_i(z) - \psi_i(\zeta) = \sum_{j=1}^{n} F_{i,j}(\zeta, z)(z_j - \zeta_j) \quad (F_{i,j} \in \mathcal{O}(\Omega' \times \Omega'))$$

と表される. すると,

$$g(z, \zeta) = \sum_{j=1}^{n} \left\{ 2 \sum_{i=1}^{m} \frac{\partial \sigma}{\partial x_i}(\psi(\zeta)) F_{i,j}(\zeta, z) \right\} (z_j - \zeta_j)$$

となるから,

$$g_j(z, \zeta) = 2 \sum_{i=1}^{m} \frac{\partial \sigma}{\partial x_i}(\psi(\zeta)) F_{i,j}(\zeta, z)$$

とおくと, $g_j \in C^1(\Omega' \times \Omega')$ となり, $g_j(z, \zeta)$ は z について正則で,

$$g(z, \zeta) = \sum_{j=1}^{n} g_j(z, \zeta)(z_j - \zeta_j)$$

と表される. 次に, $w = (g_1, \cdots, g_n), \quad c_n = \frac{(n-1)!}{(2\pi i)^n},$

$$\omega'_\zeta(w(z, \zeta)) = \sum_{j=1}^{n} (-1)^{j-1} g_j(z, \zeta) \bigwedge_{k \neq j} \bar{\partial}_\zeta g_k(z, \zeta)$$

とおく. h は Ω で正則で, $\overline{\Omega}$ で連続とすると, Cauchy-Fantappiè の積分公式 (系 5.2) から,

$$h(z) = c_n \int_{\zeta \in \partial\Omega} h(\zeta) \frac{\omega'_\zeta(w(z, \zeta)) \wedge \omega(\zeta)}{g(z, \zeta)^n}$$

が成り立つ. すると, Stein[ST] から, h が Ω で有界な正則関数のとき, h の $\partial\Omega$ 上の境界値 h^* が存在して,

$$h(z) = c_n \int_{\zeta \in \partial\Omega} h^*(\zeta) \frac{\omega'_\zeta(w(z, \zeta)) \wedge \omega(\zeta)}{g(z, \zeta)^n} \tag{5.38}$$

が成り立つ. 以下では, h^* も h と書くことにする. $F_{i,j}(\psi^{-1}(x), \psi^{-1}(y))$ は $X \times X$ 上の正則関数であるから, Cartan の定理 B から, $\mathbb{C}^m \times \mathbb{C}^m$ 上の正則関数 $\widetilde{F}_{i,j}(x, y)$ に拡張されるから, $\widetilde{F}_{i,j}(\psi(\zeta), \psi(z)) = F_{i,j}(\zeta, z)$ となる. 同様に, $\zeta_i \circ \psi^{-1}(x)$ は X 上の正則関数であるから, $\mathbb{C}^m$ 上の正則関数 $\tilde{\zeta}_i(x)$ に拡張される. すると, $\tilde{\zeta}_i(\psi(\zeta)) = \zeta_i$ となる. $(x, y) \in \mathbb{C}^m \times \mathbb{C}^m$ に対して,

$$\tilde{g}_j(x, y) = 2 \sum_{i=1}^{m} \frac{\partial\sigma}{\partial x_i}(x) \widetilde{F}_{i,j}(x, y)$$

と定義する. すると, $\tilde{g}_j(x, y)$ は y について正則で,

$$\tilde{g}_j(\psi(\zeta), \psi(z)) = 2 \sum_{i=1}^{m} \frac{\partial\sigma}{\partial x_i}(\psi(\zeta)) \widetilde{F}_{i,j}(\psi(\zeta), \psi(z)) = g_j(z, \zeta)$$

となる．また，$\bar{\partial}_x \tilde{g}_j(\psi(\zeta), \psi(z)) = \bar{\partial}_\zeta g_j(z, \zeta)$ となる．さらに，$(x, y) \in \mathbb{C}^m \times \mathbb{C}^m$ に対して，

$$K(x, y) = \frac{\sum\limits_{j=1}^{n} (-1)^j \tilde{g}_j(x, y) \bigwedge\limits_{i \neq j} \bar{\partial}_x \tilde{g}_i(x, y) \wedge d\tilde{\zeta}_1(x) \wedge \cdots \wedge d\tilde{\zeta}_n(x)}{(2f(x, y))^n} \quad (5.39)$$

とおく．$\psi(\Omega)$ 上の有界正則関数 h に対して，

$$Lh(y) = c_n \int_{x \in \psi(\partial\Omega)} h(x) K(x, y)$$

と定義すると，次が成り立つ．

補題 5.10 $Lh(y)$ は G で正則で，$Lh(y) = h(y)$ $(y \in \psi(\Omega))$ を満たす．

証明 (5.39) の右辺は分子，分母ともに y について正則である．また，σ は $\mathbb{C}^m$ における強凸関数であるから，

$$\sigma(y) - \sigma(x) \geq 2\mathrm{Re} f(x, y) + C|x - y|^2 \qquad (x, y \in \overline{G})$$

が成り立つから，$x \in \psi(\partial\Omega) = Y \cap \partial G$，$y \in G$ のとき，$\sigma(x) = 0$，$\sigma(y) < 0$ となり，$\mathrm{Re} f(x, y) < 0$ となるから，$f(x, y) \neq 0$ となる．よって，$Lh(y)$ は G で正則である．積分の変数変換の公式から，

$$Lh(\psi(z)) = c_n \int_{\partial\Omega} h(\psi(\zeta)) K(\psi(\zeta), \psi(z))$$

$$= c_n \int_{\partial\Omega} h \circ \psi(\zeta) \frac{\sum\limits_{j=1}^{n} (-1)^j g_j(z, \zeta) \bigwedge\limits_{i \neq j} \bar{\partial}_\zeta g_i(z, \zeta) \wedge d\zeta_1 \wedge \cdots \wedge d\zeta_n}{g(z, \zeta)^n}$$

$$= c_n \int_{\partial\Omega} h \circ \psi(\zeta) \frac{\omega'_\zeta(w(z, \zeta)) \wedge \omega(\zeta)}{g(z, \zeta)^n} = h \circ \psi(z) = h(\psi(z))$$

となるから，$Lh(y) = y$ $(y \in \psi(\Omega))$ となる．(証明終)

次に，Lh に関して有界拡張と連続拡張が成り立つことを示す．

定理 5.17 作用素 L は連続線形作用素 $L: H^\infty(\psi(\Omega)) \to H^\infty(G)$ になる．さらに，$L(A(\psi(G))) \subset A(G)$ となる．

証明 L が連続線形作用素 $L: H^\infty(\psi(\Omega)) \to H^\infty(G)$ であることを示す．そのためには，$x_0 \in \psi(\partial\Omega)$ に対して，定数 $M > 0$ が存在して，x_0 の近く

の G の点 y と任意の $h \in H^\infty(\psi(\Omega))$ に対して, $|Lh(y)| \leq M\|h\|_{\psi(\Omega)}$ を示せばよい. ψ は全単射であるから, $\psi(\zeta_0) = x_0$ となる $\zeta_0 \in \partial\Omega$ がただ一つ存在する. ζ_0 の近傍 W と C^1 級写像 $a_i : W \to \mathbb{C}^m$ $(i = 1, \cdots, m)$ は $\mathbb{C}^m$ の正規直交系で, $a_m(\zeta)$ は $(\frac{\partial\sigma}{\partial\bar{x}_1}(\psi(\zeta)), \cdots, \frac{\partial\sigma}{\partial\bar{x}_m}(\psi(\zeta)))$ に平行になるように選ぶことができる. したがって, 次の (1), (2), (3) が成り立つと仮定してよい.

(1) $a_1(\zeta), \cdots, a_m(\zeta)$ は $\mathbb{C}^m$ を生成する正規直交系である.

(2) $\{a_1(\zeta), \cdots, a_{m-1}(\zeta)\}$ は $\left\{ \eta \in \mathbb{C}^m \mid \sum\limits_{i=1}^{m} \dfrac{\partial\sigma}{\partial x_i}(\psi(\zeta))\eta_i = 0 \right\}$ を生成する.

(3) $\{a_{m-n+1}(\zeta), \cdots, a_m(\zeta)\}$ は $\psi(\zeta)$ における $\psi(\Omega')$ の接空間を生成する正規直交系である.

$(\frac{\partial\psi_1}{\partial\zeta_1}(\zeta), \cdots, \frac{\partial\psi_m}{\partial\zeta_1}(\zeta)), \cdots, (\frac{\partial\psi_1}{\partial\zeta_n}(\zeta), \cdots, \frac{\partial\psi_m}{\partial\zeta_n}(\zeta))$ は $\psi(\Omega')$ の $\psi(\zeta)$ における接空間を生成し, $\{a_1(\zeta), \cdots, a_{m-n}(\zeta)\}$ は $\psi(\Omega')$ の法空間を生成するから, これらの m 個のベクトルは互いに一次独立になる. C^1 級写像 $\Phi : \Omega \times \mathbb{C}^{m-n} \to \mathbb{C}^m$ を,

$$\Phi(\zeta, w) = \psi(\zeta) + \sum_{i=1}^{m-n} w_i a_i(\zeta)$$

によって定義する. また,

$$\Phi_0(\zeta, w) = \psi(\zeta) + \sum_{i=1}^{m-n} w_i a_i(\zeta_0) \qquad (\psi(\zeta_0) = x_0)$$

とすると, Φ_0 は正則写像で, Φ_0 の複素関数行列式 $\det J_{\Phi_0}(\zeta_0, 0) \neq 0$ となる. よって, Φ_0 の $(\zeta_0, 0)$ における実関数行列式は 0 にならない (補題 1.5 参照). Φ と Φ_0 の $(\zeta_0, 0)$ における実関数行列式は一致するから, Φ の $(\zeta_0, 0)$ における実関数行列式は 0 にならない. $\Phi(\zeta_0, 0) = \psi(\zeta_0)$ となるから, 実解析学でよく知られた定理から, Φ は $(\zeta_0, 0)$ のある近傍から $\psi(\zeta_0)$ の $\mathbb{C}^m$ におけるある近傍への C^1 同型になる. ζ を固定して, $\sigma \circ \Phi(\zeta, w)$ を w に

ついて 0 を中心として Taylor 級数展開すると,

$$
\sigma \circ \Phi(\zeta, w) = \sigma \circ \Phi(\zeta, 0)
$$
$$
+ \mathrm{Re} \left(2 \sum_{j=1}^{m-n} \frac{\partial \sigma \circ \Phi}{\partial w_j}(\zeta, 0) w_j + \sum_{j,k=1}^{m-n} \frac{\partial^2 \sigma \circ \Phi}{\partial w_j \partial w_k}(\zeta, 0) w_j w_k \right)
$$
$$
+ \sum_{j,k=1}^{m-n} \frac{\partial^2 \sigma \circ \Phi}{\partial w_j \partial \bar{w}_k}(\zeta, 0) w_j \bar{w}_k + o(|w|^2) \tag{5.40}
$$

となる. $a_i(\zeta) = (a_i^1(\zeta), \cdots, a_i^m(\zeta))$ とすると, (2) から,

$$
\sum_{j=1}^{m} \frac{\partial \sigma}{\partial x_j}(\psi(\zeta)) a_i^j(\zeta) = 0 \quad (i = 1, \cdots, m-n) \tag{5.41}
$$

となる. さらに, $1 \le j \le m-n$ のとき,

$$
\frac{\partial(\sigma \circ \Phi)}{\partial w_j}(\zeta, w) = \sum_{\ell=1}^{m} \frac{\partial \sigma}{\partial x_\ell} \left(\psi(\zeta) + \overset{m-n}{\underset{i=1}{\Sigma}} w_i a_i(\zeta) \right) a_j^\ell(\zeta)
$$

となるから, (5.41) より,

$$
\frac{\partial \sigma \circ \Phi}{\partial w_j}(\zeta, 0) = \sum_{\ell=1}^{m} \frac{\partial \sigma}{\partial x_\ell}(\psi(\zeta)) a_j^\ell(\zeta) = 0
$$

となる. また,

$$
\frac{\partial^2 \sigma \circ \Phi}{\partial w_j \partial w_k}(\zeta, w) = \sum_{\ell, s=1}^{m} \frac{\partial^2 \sigma}{\partial x_s \partial x_\ell} \left(\psi(\zeta) + \overset{m-n}{\underset{i=1}{\Sigma}} w_i a_i(\zeta) \right) a_k^s(\zeta) a_j^\ell(\zeta)
$$

となるから, $\beta = \overset{m-n}{\underset{i=1}{\Sigma}} w_i a_i(\zeta)$, $\beta = (\beta_1, \cdots, \beta_m)$ とおくと,

$$
\sum_{j,k=1}^{m-n} \frac{\partial^2 \sigma \circ \Phi}{\partial w_j \partial w_k}(\zeta, 0) w_j w_k
$$
$$
= \sum_{\ell, s=1}^{m} \frac{\partial^2 \sigma}{\partial x_\ell \partial_s}(\psi(\zeta)) \left(\sum_{k=1}^{m-n} w_j a_j^\ell \right) \left(\sum_{k=1}^{m-n} w_k a_k^s \right)
$$
$$
= \sum_{\ell.s=1}^{m} \frac{\partial^2 \sigma}{\partial x_\ell \partial x_s}(\psi(\zeta)) \beta_\ell \beta_s
$$

となる. 同様にして,

$$\sum_{j,k=1}^{m-n} \frac{\partial^2 \sigma \circ \Phi}{\partial w_j \partial \bar{w}_k}(\zeta,0) w_j \bar{w}_k = \sum_{\ell,s=1}^{m} \frac{\partial^2 \sigma}{\partial x_\ell \partial \bar{x}_s}(\psi(\zeta))\beta_\ell \bar{\beta}_s$$

となる. 一方, $(a_i(\zeta), a_j(\zeta)) = \delta_{ij}$ であるから,

$$|\beta|^2 = (\beta, \beta) = \sum_{i,j=1}^{m-n} w_i \bar{w}_j (a_i(\zeta), a_j(\zeta)) = |w|^2$$

となるから, $\beta_j = u_j + i u_{m+j}$ $(j = 1, \cdots, m)$ とおくと, (5.40) と補題 1.11 より,

$$\sigma \circ \Phi(\zeta, w) = \sigma(\psi(\zeta)) + \frac{1}{2}\sum_{j,k=1}^{2m} \frac{\partial^2 \sigma}{\partial u_j \partial u_k}(\psi(\zeta)) u_j u_k + o(|w|^2) \quad (5.42)$$

となる. (5.42) から, 定数 $C_1, C_2 > 0$ が存在して,

$$\sigma(\psi(\zeta)) + C_1|w|^2 \le \sigma(\Phi(\zeta,w)) \le \sigma(\psi(\zeta)) + C_2|w|^2 \quad (5.43)$$

となる. 最大値の原理と補題 5.8 から, $y \in \partial G \backslash \psi(\partial \Omega)$ のとき, $|Lh(y)| \le M\|h\|_{\psi(\Omega)}$ となることを示せばよい. $y \in \partial G \backslash \psi(\partial \Omega)$ は x_0 に近いとする. すると, ζ_0 の近くの点 ζ_y がただ一つ存在して, $y = \psi(\zeta_y) + \sum_{i=1}^{m-n} w_i a_i(\zeta_y)$ と表される. すると, (5.41) から,

$$\begin{aligned} f(\psi(\zeta_y), y) &= \sum_{j=1}^{m} \frac{\partial \sigma}{\partial x_j}(\psi(\zeta_y))(y_j - \psi_j(\zeta_y)) \\ &= \sum_{i=1}^{m-n} w_i \sum_{j=1}^{m} \frac{\partial \sigma}{\partial x_j}(\psi(\zeta_y)) a_i^j(\zeta_y) = 0 \quad (5.44) \end{aligned}$$

となるから, 定数 $M_1 > 0$ が存在して,

$$\begin{aligned} & \left| \sum_{j=1}^{m} \frac{\partial \sigma}{\partial x_j}(x)(\psi_j(\zeta_y) - y_j) \right| \\ &= \left| \sum_{j=1}^{m} \left(\frac{\partial \sigma}{\partial x_j}(x) - \frac{\partial \sigma}{\partial x_j}(\psi(\zeta_y)) \right)((\psi_j(\zeta_y) - y_j) \right| \\ &\le M_1 |x - \psi(\zeta_y))|\,|\psi(\zeta_y) - y| \end{aligned}$$

となる.

$$Th(y) = \frac{d}{dt} Lh(\psi(\zeta_y) + t(y - \psi(\zeta_y)))|_{t=1}$$

とおく.

$$\frac{d}{dt} f(x, \psi(\zeta_y) + t(y - \psi(\zeta_y)))|_{t=1} = \sum_{i=1}^{m} \frac{\partial \sigma}{\partial x_i}(x)(\psi_i(\zeta_y) - y_i)$$

となるから, C^1 級関数 $\gamma_j(x, y)$ と $\delta(x, y)$ が存在して

$$\begin{aligned}
Th(y) &= \int_{\psi(\partial\Omega)} h(x) \frac{\sum\limits_{j=1}^{m} \gamma_j(x, y)(\psi_j(\zeta_y) - y_j)}{f(x, y)^n} d\sigma(x) \\
&+ \int_{\psi(\partial\Omega)} h(x) \frac{\delta(x, y) \sum\limits_{i=1}^{m} \frac{\partial \sigma}{\partial x_i}(x)(\psi_i(\zeta_y) - y_i)}{f(x, y)^{n+1}} d\sigma(x)
\end{aligned}$$

と表される. すると, 定数 $M_2, M_3 > 0$ が存在して,

$$\begin{aligned}
&|Th(y)| \\
&\leq M_2 \|h\| |\psi(\zeta_y) - y| \int_{\psi(\partial\Omega)} \left(\frac{1}{|f(x, y)|^n} + \frac{|x - \psi(\zeta_y)|}{|f(x, y)|^{n+1}} \right) d\sigma(x) \\
&\leq M_3 \|h\| |\psi(\zeta_y) - y| \int_{\partial\Omega} \left(\frac{1}{|f(\psi(\zeta), y)|^n} + \frac{|\zeta - \zeta_y|}{|f(\psi(\zeta), y)|^{n+1}} \right) d\lambda(\zeta)
\end{aligned}$$

となる. ここで, $d\sigma$ と $d\lambda$ はそれぞれ $\psi(\partial\Omega)$ と $\partial\Omega$ 上の測度である. $\zeta \in \partial\Omega$, $y \in \partial G \backslash \psi(\partial\Omega)$ のとき, $\sigma(\psi(\zeta)) = 0$, $\sigma(y) = 0$ となるから, (5.25) より, 定数 $C > 0$ が存在して,

$$2\mathrm{Re} f(\psi(\zeta), y) \leq -C|\psi(\zeta) - y|^2 \tag{5.45}$$

となる. (5.44) より, $\mathrm{Im}\, f(\psi(\zeta_y), y) = 0$ となる.

$$|y - \psi(\zeta)|^2 \simeq |y - \psi(\zeta_y)|^2 + |\psi(\zeta_y) - \psi(\zeta)|^2$$

となるから, ζ_0 の近傍における座標 $t = (t_1, \cdots, t_{2n})$ を, $|t| \simeq |\zeta - \zeta_y|$,

$$t_1 + it_2 = \rho(\zeta) + i(\mathrm{Im}\, f(\psi(\zeta), y) - \mathrm{Im}\, f(\psi(\zeta_y), y))$$

となるようにとる. $\varepsilon = |y - \psi(\zeta_y)|$ とおくと, (5.45) から

$$|f(\psi(\zeta), y)|^2 \simeq |\mathrm{Re}\, f(\psi(\zeta), y)|^2 + |\mathrm{Im}\, f(\psi(\zeta), y)|^2$$
$$\gtrsim |\psi(\zeta) - y|^4 + t_2^2 \gtrsim (\varepsilon^2 + |\zeta_y - \zeta|^2)^2 + t_2^2$$
$$\gtrsim (\varepsilon^2 + t_3^2 + \cdots + t_{2n}^2)^2 + t_2^2$$

となる. すると,

$$|Th(y)| \lesssim \|h\|\varepsilon \int_{\partial\Omega} \left(\frac{1}{|f(\psi(\zeta), y)|^n} + \frac{|\zeta - \zeta_y|}{|f(\psi(\zeta), y)|^{n+1}} \right) d\lambda(\zeta)$$
$$\lesssim \|h\| \left(\int_{|t| \le R} \frac{\varepsilon dt_2 \cdots dt_{2n}}{\{(\varepsilon^2 + t_3^2 + \cdots + t_{2n}^2)^2 + t_2^2\}^{n/2}} \right.$$
$$\left. + \int_{|t| \le R} \frac{\varepsilon(\varepsilon^2 + t_2^2 + \cdots + t_{2n}^2)^{1/2} dt_2 \cdots dt_{2n}}{\{(\varepsilon^2 + t_3^2 + \cdots + t_{2n}^2)^2 + t_2^2\}^{(n+1)/2}} \right) \lesssim \varepsilon |\log \varepsilon| \|h\|$$

が成り立つ. よって, 定数 $M_4 > 0$ が存在して, $|Th(y)| \le M_4 \|h\|_{\psi(\Omega)}$ となる.

$$\Delta = \{\lambda \in \mathbb{C} \mid y(\lambda) = \psi(\zeta_y) + \lambda(y - \psi(\zeta_y)) \in G\}$$

とおくと, Δ は凸集合で, $0 \in \Delta$ となる. $\lambda \in \partial\Delta$ とする.

$$y = \psi(\zeta_y) + (y - \psi(\zeta_y)) \in \partial G, \quad y(\lambda) = \psi(\zeta_y) + \lambda(y - \psi(\zeta_y)) \in \partial G$$

であるから, (5.43) から,

$$\sigma(\psi(\zeta_y)) + C_1 |\lambda(y - \psi(\zeta_y))|^2 \le \sigma(y(\lambda)) \le \sigma(\psi(\zeta_y)) + C_2 |\lambda(y - \psi(\zeta_y))|^2,$$
$$\sigma(\psi(\zeta_y)) + C_1 |y - \psi(\zeta_y)|^2 \le \sigma(y) \le \sigma(\psi(\zeta_y)) + C_2 |y - \psi(\zeta_y)|^2$$

が成り立つ. すると,

$$C_1 |\lambda| |y - \psi(\zeta_y)|^2 \le -\sigma(\psi(\zeta_y)) \le C_2 |y - \psi(\zeta_y)|^2,$$
$$C_1 |y - \psi(\zeta_y)|^2 \le -\sigma(\psi(\zeta_y)) \le C_2 |\lambda| |y - \psi(\zeta_y)|^2$$

となるから, $\frac{C_1}{C_2} \leq |\lambda| \leq \frac{C_2}{C_1}$ が成り立つ. すると,

$$\left| \frac{d}{d\lambda} Lh(\psi(\zeta_y) + \lambda(y - \psi(\zeta_y))) \right|$$

$$= \left| \frac{1}{\lambda} \frac{d}{dt} Lh(y(\lambda) + t(\psi(\zeta_y) - y(\lambda)))|_{t=0} \right|$$

$$\leq \frac{1}{|\lambda|} M_4 \|h\|_{\psi(\Omega)} \leq \frac{C_1 M_4}{C_2} \|h\|_{\psi(\Omega)}$$

が成り立つ. 最大値の原理から,

$$\sup_{\lambda \in \overline{\Delta}} \left| \frac{d}{d\lambda} Lh(\psi(\zeta_y) + \lambda(y - \psi(\zeta_y))) \right| \leq \frac{C_1 M_4}{C_2} \|h\|_{\psi(\Omega)}$$

となるから,

$$|Lh(y) - Lh(\psi(\zeta_y))| = \left| \int_0^1 \frac{d}{d\lambda} Lh(\psi(\zeta_y) + \lambda(y - \psi(\zeta_y))) d\lambda \right|$$

$$\leq \frac{C_1 M_4}{C_2} \|h\|_{\psi(\Omega)}$$

が成り立つ. $Lh(\psi(\zeta_y)) = h(\psi(\zeta_y))$ であるから, 定数 $M_5 > 0$ が存在して, $|Lh(y)| \leq M_5 \|h\|_{\psi(\Omega)}$ となる.

次に, $h \in A(\psi(\Omega))$ ならば, $Lh \in A(G)$ となることを示す. $h \in A(\psi(\Omega))$ とする. Kerzmann[KE] から, $\overline{\psi(\Omega)} \subset W \subset \psi(\Omega')$ を満たす開集合 W と W において正則な関数の列 $\{h_k\}$ が存在して, $\|h_k - h\|_{\psi(\Omega)} \to 0$ が成り立つ. したがって, $\varepsilon_1 > 0$ と $\{x \in \mathbb{C}^m \mid \sigma(x) \leq \varepsilon_1\}$ の近傍で正則な関数 g が存在して, $g|_{\psi(\Omega)} = h$ と仮定してよい. $\Omega_{\varepsilon_1} = \{\rho < \varepsilon_1\}$ とする. すると, Stokes の公式から,

$$Lh(y) = c_n \int_{x \in \psi(\partial\Omega)} h(x) K(x, y)$$

$$= c_n \int_{\psi(\partial\Omega_{\varepsilon_1})} h(x) K(x, y) - c_n \int_{\psi(\Omega_{\varepsilon_1} - \overline{\Omega})} \bar{\partial}_x (h(x) K(x, y))$$

が成り立つ. $\int_{\psi(\partial\Omega_{\varepsilon_1})} h(x) K(x, y)$ は $\{\sigma < \varepsilon_1\}$ で正則になるから, $\overline{G}$ で連続である.

$$\tilde{h}(y) = \int_{\psi(\Omega_{\varepsilon_1} - \overline{\Omega})} h(x) \bar{\partial}_x K(x, y)$$

とおく. すると, $x \in \psi(\Omega_{\varepsilon_1} - \overline{\Omega})$ に対して,

$$\bar{\partial}_x K(x,y) = \frac{A(x,y)\mu(x)}{f(x,y)^n} + \sum_{j=1}^m (x_j - y_j)\frac{B_j(x,y)}{f(x,y)^{n+1}}\mu(x)$$

と表される. ここで, A と B_j は x について連続で, y について正則である. また, μ は $\psi(\Omega')$ 上の (n,n) 形式である. $x_0 \in \psi(\partial\Omega)$ に対して, $x_0 = \psi(\zeta_0)$ $(\zeta_0 \in \partial\Omega)$ とする. x_0 の近くの点 $y \in \overline{G}\backslash\psi(\partial\Omega)$ に対して,

$$H(y) = \frac{d}{dt}\tilde{h}(\psi(\zeta_y) + t(y - \psi(\zeta_y))|_{t=1}$$

とおく. $dt = dt_1 \cdots dt_{2n}$ とすると,

$$
\begin{aligned}
|H(y)| &\lesssim \|h\|\left(\varepsilon + \int_{|t|<R} \frac{dt}{[\{|t|^2 + \varepsilon^2)\}^2 + t_2^2]^{(n+1)/2}}\right. \\
&\qquad \left. + \varepsilon\int_{|t|<R} \frac{(|t|^2 + \varepsilon^2)^{1/2}(|t|^2 + \varepsilon^4)^{1/2}dt}{[\{t_1 + (|t|^2 + \varepsilon^2)\}^2 + t_2^2]^{(n+2)/2}}\right) \\
&\lesssim \varepsilon|\log\varepsilon|\|h\|
\end{aligned}
$$

が成り立つ. $y(\theta) = \psi(\zeta_y) + \theta(y - \psi(\zeta_y))$ とすると,

$$
\begin{aligned}
|\tilde{h}(y) - \tilde{h}(\psi(\zeta_y))| &= \left|\int_0^1 \frac{d}{d\theta}\tilde{h}(\psi(\zeta_y) + \theta(y - \psi(\zeta_y))d\theta\right| \\
&= \left|\int_0^1 \frac{1}{\theta}\frac{d}{d\lambda}\tilde{h}(\psi(\zeta_y) + \lambda\theta(y - \psi(\zeta_y))|_{\lambda=1}d\theta\right| \\
&= \left|\int_0^1 \frac{1}{\theta}\frac{d}{d\lambda}\tilde{h}(\psi(\zeta_y) + \lambda(y(\theta) - \psi(\zeta_y))|_{\lambda=1}d\theta\right| \\
&\lesssim \int_0^1 \frac{1}{\theta}|y(\theta) - \psi(\zeta_y)||\log|y(\theta) - \psi(\zeta_y)||\|h\| \\
&\lesssim \int_0^1 |y - \psi(\zeta_y)|\log\theta|y - \psi(\zeta_y)||d\theta\|h\| \lesssim \varepsilon|\log\varepsilon|\|h\|_{\psi(\Omega)}
\end{aligned}
$$

が成り立つから, 定理は証明された. (証明終)

定理 5.18　$\Omega \Subset \mathbb{C}^n$ は C^2 境界をもつ強擬凸領域とする. Ω' は $\overline{\Omega} \subset \Omega'$ を満たす擬凸領域とする. M は Ω' の閉部分多様体で, M と $\partial\Omega$ は横断的に

交わるとする. $V = M \cap \Omega$ とする. すると, V 上の有界正則関数は Ω 上の有界正則関数に拡張できる. さらに, V で正則で, $\overline{V}$ 上で連続な関数は Ω で正則で, $\overline{\Omega}$ 上で連続な関数に拡張できる.

証明 Fornaess の埋め込み定理から, $\mathbb{C}^m$ における閉部分多様体 Y と双正則写像 $\psi : \Omega' \to Y$ と強凸領域 G が存在して, $\psi(\Omega')$ は ∂G と横断的に交わる. $\psi(M)$ と ∂G は横断的に交わるから, 定理 5.17 から, $\psi(V)$ 上の有界正則関数は G 上の有界正則関数に拡張される. $f \in H^\infty(V)$ とする. すると, $h = f \circ \psi^{-1} \in H^\infty(\psi(V))$ となるから, $\tilde{h} \in H^\infty(G)$ が存在して, $\tilde{h}|_{\psi(V))} = h$ となる. $F = \tilde{h}|_{\psi(\Omega)}$ とする. $\widetilde{F} = F \circ \psi$ とおくと, $\widetilde{F} \in H^\infty(\Omega), \widetilde{F}|_V = f$ となる. $f \in A(V)$ のときは, $\widetilde{F} \in A(\Omega)$ となる. (証明終)

注意 5.4 定理 2.11 で示したように, 強凸領域の境界は常に滑らかであるが, 強擬凸領域の場合には, 滑らかでない場合がある (練習問題 2.1 参照). $\Omega \Subset \mathbb{C}^n$ が滑らかでない境界をもつ強擬凸領域の場合も, 横断性の仮定なしに, 有界拡張と連続拡張が成り立つことを Henkin-Leiterer[HEL] が示した. また, $L^p(p \geq 1)$ 拡張も成り立つ (Adachi[AD1]).

練習問題 5

5.1 n 次元極座標変換 $\Phi_n : (r, \theta_1, \cdots, \theta_{n-1}) \to (x_1, \cdots, x_n)$ を

$$
\begin{aligned}
x_1 &= r \sin\theta_1 \sin\theta_2 \cdots \sin\theta_{n-3} \sin\theta_{n-2} \sin\theta_{n-1} \\
x_2 &= r \sin\theta_1 \sin\theta_2 \cdots \sin\theta_{n-3} \sin\theta_{n-2} \cos\theta_{n-1} \\
x_3 &= r \sin\theta_1 \sin\theta_2 \cdots \sin\theta_{n-3} \cos\theta_{n-2} \\
&\quad \cdots \\
x_{n-1} &= r \sin\theta_1 \cos\theta_2 \\
x_n &= r \cos\theta_1
\end{aligned}
$$

$(r \geq 0, \, 0 \leq \theta_k \leq \pi \, (1 \leq k \leq n-2), \, 0 \leq \theta_{n-1} \leq 2\pi)$ によって定義する. Φ_n の関数行列式を J_n で表すと,

$$
J_n = C_n r^{n-1} \sin^{n-2}\theta_1 \sin^{n-3}\theta_2 \cdots \sin^2\theta_{n-3} \sin\theta_{n-2}
$$

となることを示せ. ここで, $C_n = (-1)^{\frac{(n+2)(n+1)}{2}+1}$ である.

5.2　$\Omega \Subset \mathbb{C}^n$ は強凸領域とすると, $\partial\Omega$ の近傍 U と強凸関数 $\rho \in C^2(U)$ が存在して, $U \cap \Omega = \{z \in U \mid \rho(z) < 0\}$ と表される. このとき, $\partial\rho(\zeta) = (\frac{\partial\rho(\zeta)}{\partial\zeta_1}, \cdots, \frac{\partial\rho(\zeta)}{\partial\zeta_n})$ は Ω に対する Leray 写像であることを示せ.

5.3　b, c, a_{ij} は微分形式で, $\mathbf{z} = (z_1, \cdots, z_n)$ は数ベクトルとする. このとき, 次が成り立つことを示せ.

$$
\begin{vmatrix}
a_{11} & \cdots & z_1 b & \cdots & z_1 c & \cdots & a_{1n} \\
a_{21} & \cdots & z_2 b & \cdots & z_2 c & \cdots & a_{2n} \\
\vdots & & \vdots & & \vdots & & \vdots \\
a_{n1} & \cdots & z_n b & \cdots & z_n c & \cdots & a_{nn}
\end{vmatrix} = 0
$$

ここで, $^t\mathbf{z}b$ は i 列目, $^t\mathbf{z}c$ は j 列目 $(i \neq j)$ とする.

5.4　M は n 次元複素多様体とする. $\phi = (\phi_1, \cdots, \phi_n) : M \to \mathbb{C}^n$ は C^2 級写像で, $f = (f_1, \cdots, f_n) : M \to \mathbb{C}^n$ は正則写像とする. すると

$$
\sum_{j=1}^{n}(-1)^{j-1}\frac{\phi_j}{<\phi,f>} \underset{k\neq j}{\wedge} d\left(\frac{\phi_k}{<\phi,f>}\right) \wedge \omega(f) = \frac{\omega'(\phi) \wedge \omega(f)}{<\phi,f>^n}
$$

となることを示せ.

5.5　$\Omega \Subset \mathbb{R}^n$ は C^1 境界をもつ領域とする. $f \in C^1(\Omega)$ に対して, $0 < \alpha < 1$ と定数 $C > 0$ が存在して, $\|df(x)\| \leq Cd(x, \partial\Omega)^{\alpha-1}$ $(x \in \Omega)$ となるならば, $f \in \Lambda_\alpha(\Omega)$ となる.

5.6　$\Omega \Subset \mathbb{C}^n$ は滑らかな境界をもつ有界領域で, $0 < \alpha < 1$ とする. Ω 上の有界な微分形式 f に対して, $B_\Omega f \in \Lambda_\alpha(\Omega)$ となることを示せ.

5.7　$\mathrm{grad}\,\rho(\zeta)|_{\zeta=z}$ と $\mathrm{grad}_\zeta \mathrm{Im}\,F(z, \zeta)|_{\zeta=z}$ は互いに直交するベクトルであることを示せ. ここで, $F(z, \zeta)$ は ρ の Levi 多項式である.

練習問題の解答

練習問題 1

1.1 (1) u は Ω で上半連続とする. すると, $\varepsilon > 0$ に対して, $\{z \in \Omega \mid u(z) < u(a) + \varepsilon\}$ は a を含む開集合になる. $\delta > 0$ を十分小さくとると, $|z - a| < \delta$ ならば, $u(z) < u(a) + \varepsilon$ となる. すると,

$$\limsup_{z \to a} u(z) = \lim_{\delta \to 0} \left(\sup_{|z-a| < \delta} u(z) \right) \leq u(a) + \varepsilon$$

となる. $\varepsilon > 0$ は任意であるから, $\limsup_{z \to a} u(z) \leq u(a)$ となる. 逆に, (1.28) が成り立つと仮定する. $A = \{x \in \Omega \mid u(x) < b\}$ とする. $a \in A$ とすると, $\limsup_{x \to a} u(x) \leq u(a) < b$ となる. $\delta > 0$ が存在して, $|x - a| < \delta$ ならば, $u(x) < b$ となるから, $\{x \mid |x - a| < \delta\} \subset A$ となり, A は開集合, したがって, u は上半連続である.

(2) 最初に, u は K で上に有界であることを示す. $\{u(x) \mid x \in K\}$ は上に有界ではないと仮定する. すると, $x_n \in K$ $(n = 1, 2, \cdots)$ が存在して, $u(x_n) > n$ となる. Bolzano-Weierstrass の定理から, $\{x_n\}$ から K の点に収束する部分列 $\{x_{k_n}\}$ を取り出すことができる. $\lim_{n \to \infty} x_{k_n} = x \in K$ とする. 一方, $u(x_{k_n}) > k_n$ であるから, (i) から, $u(x) \geq \overline{\lim_{n \to \infty}} u(x_{k_n}) \geq \overline{\lim_{n \to \infty}} k_n = \infty$ となるから, 矛盾である. 次に, u は K で最大値をとることを示す. $\{u(x) \mid x \in K\}$ は上に有界であるから, 上限 M をもつ. 上限の定義から, $x_n \in K$ が存在して, $u(x_n) \to M$ となる. $\{x_n\}$ の部分列をとることにより, $\{x_n\}$ は $a \in K$ に収束するとしてよい. すると,

$$M = \lim_{n \to \infty} u(x_n) = \overline{\lim_{n \to \infty}} u(x_n) \leq u(a) \leq M$$

となるから, $u(a) = M$ となる. よって, M は u の最大値である.

1.2 $f_x(0,0) = 0$, $f_y(0,0) = 0$ となるから, $f(x,y)$ は $(0,0)$ で偏微分可能である. 直線 $y = kx$ に沿って (x, y) を $(0, 0)$ に近づけると,

$$\lim_{x \to 0} f(x, kx) = \lim_{x \to 0} \frac{kx^2}{x^2 + k^2 x^2} = \frac{k}{1 + k^2}$$

となるから, 極限値が k に依存する. よって, $f(x,y)$ は $(0,0)$ で連続にはならない.

1.3 $\{V_n\}$ は X の稠密な開部分集合の列で, W は X の空でない開部分集合とする. $\overset{\infty}{\underset{n=1}{\cap}} V_n \cap W$ が空集合でないことを示せばよい. $d(x,y)$ は X における距離とする. $B(x,r) = \{y \in X \mid d(x,y) < r\}$ と定義する. $V_1 \cap W$ は空集合ではないから, $x_1 \in V_1 \cap W$ と $0 < r_1 < 1$ が存在して, $\overline{B}(x_1,r_1) \subset W \cap V_1$ が成り立つ. $V_2 \cap B(x_1,r_1)$ は空集合ではないから, x_2 と r_2 が存在して, $\overline{B}(x_2,r_2) \subset V_2 \cap B(x_1,r_1), 0 < r_2 < \frac{1}{2}$ を満たす. これを繰り返すと, x_n と r_n が存在して, $\overline{B}(x_n,r_n) \subset V_n \cap B(x_{n-1},r_{n-1})$, $0 < r_n < \frac{1}{n}$ となる. $i > n$, $j > n$ とすると, $x_i, x_j \in B(x_n,r_n)$ となるから, $d(x_i,x_j) < 2r_n < 2/n$ が成り立つ. よって, $\{x_n\}$ は Cauchy 列である. X は完備であるから, $\{x_n\}$ は収束する. $x = \lim_{n\to\infty} x_n$ とすると, $x \in \overset{\infty}{\underset{n=1}{\cap}} V_n$ となる. 一方, $x \in \overline{B}(x_1,r_1) \subset W$ であるから, $\overset{\infty}{\underset{n=1}{\cap}} V_n$ は X で稠密である.

1.4 自然数 n に対して, 関数 $a_n \in C^\infty(\mathbf{R})$ を

$$0 \leq a_n \leq 1, \quad a_n(t) = 1 \ (t \in [n-2,n]), \quad a_n(t) = 0 \ (t \notin [n-3,n+1])$$

を満たすようにとる. さらに,

$$M_n = \sup_{t \in [n-2,n+1]} f(t), \quad \mu(x) = \sum_{n=-\infty}^{\infty} M_n a_n(x) \quad (x \in \mathbf{R})$$

と定義する. すると, $\mu \in C^\infty(\mathbf{R})$, $\mu \geq f$ となる. $g(x) = \int_{-\infty}^{x} \mu(t)dt$ $(x \in \mathbf{R})$ と定義する. $n-1 \leq x \leq n$ とすると,

$$\int_{-\infty}^{x} \mu(t)dt \geq \int_{n-2}^{n-1} M_n a_n(t)dt = M_n \geq f(x)$$

となるから, $g \in C^\infty(\mathbf{R})$, $g' = \mu \geq f$, $g \geq f$ となる. $\chi(x) = \int_{-\infty}^{x} g(t)dt$ $(x \in \mathbf{R})$ とおく. $n-1 \leq x \leq n$ とすると,

$$\begin{aligned}
\chi(x) &= \int_{-\infty}^{x} g(t)dt \geq \int_{n-2}^{n-1} g(t)dt \geq \int_{n-2}^{n-1} \left(\int_{n-3}^{n-2} \mu(y)dy \right) dt \\
&\geq \int_{n-2}^{n-1} \left(\int_{n-3}^{n-2} M_{n-1} a_{n-1}(y)dy \right) dt
\end{aligned}$$

$$= \int_{n-2}^{n-1} \left(\int_{n-3}^{n-2} M_{n-1} dy \right) dt = M_{n-1} \geq f(x)$$

となるから, $\chi \geq f$, $\chi' \geq f$, $\chi'' \geq \mu \geq 0$ となる. また, $f(t) = 0$ $(t \leq t_0)$ ならば, $\chi(t) = 0$ $(t \leq t_0 - 5)$ となる.

1.5 $z_0 \in \Omega$ を固定する. すると, $\xi_0 \in \partial\Omega$ が存在して, $\varphi(z_0) = |z_0 - \xi_0|$ となる. 任意の $z \in \Omega$ に対して, $\xi(z) \in \partial\Omega$ が存在して, $\varphi(z) = |z - \xi(z)|$ となる. すると,

$$\varphi(z) = |z - \xi(z)| \leq |z - \xi_0| \leq |z - z_0| + |z_0 - \xi_0| = |z - z_0| + \varphi(z_0)$$

となり, $\varphi(z) - \varphi(z_0) \leq |z - z_0|$ となる. 同様にして, $\varphi(z_0) - \varphi(z) \leq |z - z_0|$ となり, $|\varphi(z) - \varphi(z_0)| \leq |z - z_0|$ が成り立つから, $\varphi(z)$ は $z = z_0$ で連続である.

1.6 $\lim\limits_{x \to a} \frac{\varphi(x) - \varphi(a)}{x - a} = \lim\limits_{x \to a} \frac{h(x)(f(x) - f(a))}{x - a} = h(a)f'(a)$ となるから, $\varphi(x)$ は $x = a$ で微分可能で, $\varphi'(a) = h(a)f'(a)$ となる.

1.7 簡単のため, $a = 0$ の場合を証明する. $|z| < R$ に対して

$$f(z) = \frac{1}{2\pi} \int_0^{2\pi} u(Re^{i\varphi}) \frac{Re^{i\varphi} + z}{Re^{i\varphi} - z} d\varphi$$

と定義する. すると, 積分記号下で微分することにより,

$$\frac{\partial f(z)}{\partial \bar{z}} = \frac{1}{2\pi} \int_0^{2\pi} u(Re^{i\varphi}) \frac{\partial}{\partial \bar{z}} \left(\frac{Re^{i\varphi} + z}{Re^{i\varphi} - z} \right) d\varphi = 0$$

となるから, $f(z)$ は $B(0, R)$ で正則である.

$$\begin{aligned} \mathrm{Re}\, f(z) &= \frac{1}{2\pi} \int_0^{2\pi} u(Re^{i\varphi}) \mathrm{Re} \left(\frac{Re^{i\varphi} + z}{Re^{i\varphi} - z} \right) d\varphi \\ &= \frac{1}{2\pi} \int_0^{2\pi} u(Re^{i\varphi}) \frac{R^2 - r^2}{|Re^{i\varphi} - z|^2} d\varphi = U(z) \end{aligned}$$

となるから, $U(z)$ は正則関数の実部になる. よって, $U(z)$ は $B(0, R)$ で調和である. $z = re^{i\theta}$ $(r < R)$ とする. さらに, $z^* = \frac{R^2}{r} e^{i\theta}$ とおくと,

$|z^*| > R$ となるから, Cauchy の積分公式と積分定理から,

$$
\begin{aligned}
1 &= \frac{1}{2\pi i} \int_{|\zeta|=R} \left(\frac{1}{\zeta - z} - \frac{1}{\zeta - z*} \right) d\zeta \\
&= \frac{1}{2\pi} \int_0^{2\pi} \frac{R^2 - r^2}{R^2 - 2Rr\cos(\varphi - \theta) + r^2} d\varphi = \frac{1}{2\pi} \int_0^{2\pi} \frac{R^2 - |z|^2}{|Re^{i\varphi} - z|^2} d\varphi
\end{aligned}
$$

が成り立つ. $\zeta_0 = Re^{i\varphi_0}$ を固定する. $z = re^{i\theta}$ は扇形 $|\theta - \varphi_0| < \frac{\delta}{2}$, $0 < r < R$ 内にあるとする. $\zeta = Re^{i\varphi}$, $|\varphi - \varphi_0| < \delta$ ならば, $u(z)$ は円周 $|z| = R$ 上で連続であるから, $\varepsilon > 0$ に対して, $\delta > 0$ を十分小さくとると, $|u(\zeta) - u(\zeta_0)| < \varepsilon$ が成り立つ. $\varphi_0 + \delta \leq \varphi \leq \varphi_0 - \delta + 2\pi$ のとき, $\frac{\delta}{4} \leq \frac{\varphi - \theta}{2} \leq -\frac{\delta}{4} + \pi$ となるから,

$$
\begin{aligned}
|Re^{i\varphi} - z|^2 &= |Re^{i\varphi} - re^{i\theta}|^2 = R^2 + r^2 - 2Rr\cos(\varphi - \theta) \\
&= (R - r)^2 + 4Rr\sin^2\frac{\varphi - \theta}{2} \geq 4Rr\sin^2\frac{\varphi - \theta}{2} \geq 4Rr\sin^2\frac{\delta}{4}
\end{aligned}
$$

が成り立つ. $M = \max_{|z|=R} |u(z)|$ とおく. すると,

$$
\begin{aligned}
|U(z) - U(\zeta_0)| &= |U(z) - u(\zeta_0)| \\
&= \left| \frac{1}{2\pi} \int_0^{2\pi} (u(Re^{i\varphi}) - u(\zeta_0)) \frac{R^2 - r^2}{|Re^{i\varphi} - z|^2} d\varphi \right| \\
&\leq \left| \frac{1}{2\pi} \int_{\varphi_0 - \delta}^{\varphi_0 + \delta} (u(Re^{i\varphi}) - u(\zeta_0)) \frac{R^2 - r^2}{|Re^{i\varphi} - z|^2} d\varphi \right| \\
&\quad + \left| \frac{1}{2\pi} \int_{\varphi_0 + \delta}^{\varphi_0 - \delta + 2\pi} 2M \frac{R^2 - r^2}{|Re^{i\varphi} - z|^2} d\varphi \right| \leq \varepsilon + \frac{M(R^2 - r^2)}{2Rr\sin^2(\delta/4)}
\end{aligned}
$$

となる. $z \to \zeta_0$ のとき, $r \to R$ となるから, z を十分 ζ_0 に近づけると, $|U(z) - U(\zeta_0)| < 2\varepsilon$ となり, $U(z)$ は $\bar{B}(0, R)$ において連続である.

1.8 $f \equiv -\infty$ のときは, $f_n \equiv -n$ とすればよいから, $f \not\equiv -\infty$ と仮定する. $f(z)$ は上に有界であるから, $\sup_{z \in \Omega} f(z) = M$ とすると, $M < \infty$ である. $z \in \Omega$ に対して, $f_j(z) = \sup_{w \in \Omega} \{f(w) - j|z - w|\}$ と定義する. すると, $f_j(z) \leq M$, $f_1(z) \geq f_2(z) \geq \cdots \geq f(z)$ となる. $\varepsilon > 0$ に対して, $z_1, z_2 \in \Omega$, $|z_1 - z_2| < \varepsilon/j$ ならば

$$
f(w) - j|z_1 - w| < f(w) - j|z_2 - w| + \varepsilon \qquad (w \in \Omega)
$$

となるから, 上の不等式の両辺において $w \in \Omega$ について上限をとると, $f_j(z_1) \le f_j(z_2) + \varepsilon$ となる. 同様にして, $|f_j(z_1) - f_j(z_2)| \le \varepsilon$ が成り立つ. よって, $f_j(z)$ は Ω で連続である. $z_0 \in \Omega$, $f(z_0) = \alpha$ とする. $\lim_{j \to \infty} f_j(z_0) = f(z_0)$ となることを示す.

(i) $\alpha \ne -\infty$ の場合. $f(z)$ は上半連続であるから, $\varepsilon > 0$ に対して, $\delta > 0$ が存在して, $|z_0 - w| < \delta$ ならば, $f(w) < \alpha + \varepsilon$ となる. したがって, $|z_0 - w| < \delta$ ならば, $f(w) - j|z_0 - w| < \alpha + \varepsilon$ となる. $|w - z_0| \ge \delta$ かつ $j > (M - \alpha)/\delta$ ならば, $f(w) - j|z_0 - w| \le M - (M - \alpha) = \alpha$ となるから, $j > (M - \alpha)/\delta$ ならば, $f_j(z_0) < \alpha + \varepsilon$ となる. すると, $\alpha = f(z_0) \le f_j(z_0) < \alpha + \varepsilon$ となる. よって, $\lim_{j \to \infty} f_j(z_0) = f(z_0)$ となる.

(ii) $\alpha = -\infty$ の場合. $f(z)$ は上半連続であるから, $N > 0$ に対して, $\{w \in \Omega \mid f(w) < -N\}$ は z_0 を含む開集合である. $\delta_1 > 0$ が存在して, $|z_0 - w| < \delta_1$ ならば, $f(w) < -N$ となる. $j > (N + M)/\delta_1$ とする. $|z_0 - w| \ge \delta_1$ ならば $f(w) - j|z_0 - w| \le -N$ となるから, 任意の $N > 0$ に対して, $\delta_1 > 0$ が存在して, $j > (N + M)/\delta_1$ ならば, $f_j(z_0) \le -N$ となるから, $j \to \infty$ のとき, $f_j(z_0) \to -\infty = f(z_0)$ が成り立つ.

1.9 $0 < r_1 < r_2 < d(a, \partial\Omega)$ とする. 練習問題 1.8 から, $\bar{B}(a, r_2)$ で連続な関数列 $\{f_\nu(z)\}$ が存在して, $f_\nu(z) \downarrow u(z)$ $(z \in \bar{B}(a, r_2))$ が成り立つ. $\varphi_{r_2}^\nu(z)$ は $f_\nu(z)$ の $B(a, r_2)$ 上の Poisson 積分とする. $z \in \partial B(a, r_2)$ に対して, $\varphi_{r_2}^\nu(z) = f_\nu(z)$ と定義すると, 練習問題 1.7 から, $\varphi_{r_2}^\nu(z)$ は $B(a, r_2)$ で調和で, $\bar{B}(a, r_2)$ において連続になる. $z \in B(a, r_2)$ のとき,

$$u(z) - \varphi_{r_2}^\nu(z) \le \sup_{z \in \partial B(a, r_2)} (u(z) - \varphi_{r_2}^\nu(z)) \le \sup_{z \in \partial B(a, r_2)} (f_\nu(z) - \varphi_{r_2}^\nu(z)) = 0$$

となるから, $u(a + r_1 e^{i\theta}) \le \varphi_{r_2}^\nu(a + r_1 e^{i\theta})$ となる. すると,

$$\frac{1}{2\pi} \int_0^{2\pi} u(a + r_1 e^{i\theta}) d\theta \le \frac{1}{2\pi} \int_0^{2\pi} \varphi_{r_2}^\nu(a + r_1 e^{i\theta}) d\theta$$
$$= \frac{1}{2\pi} \int_0^{2\pi} \varphi_{r_2}^\nu(a + r_2 e^{i\theta}) d\theta = \frac{1}{2\pi} \int_0^{2\pi} f_\nu(a + r_2 e^{i\theta}) d\theta$$

となる. Lebesgue の単調収束定理より, $\nu \to \infty$ とすると求める不等式を得る.

1.10 $a \in \Omega$ と $0 < r < d(a, \partial\Omega)$ に対して, $A(r) = \frac{1}{2\pi} \int_0^{2\pi} u(a + re^{i\theta})d\theta$ とおく. $C : |z - a| = r$ とすると, $C : z = a + re^{i\theta}$ $(0 \leq \theta \leq 2\pi)$ と表されるから, 線積分の定義から,

$$\int_C \frac{\partial u}{\partial x}dy = \int_0^{2\pi} \frac{\partial u}{\partial x}r\cos\theta d\theta, \quad \int_C \frac{\partial u}{\partial y}dx = -\int_0^{2\pi}\frac{\partial u}{\partial y}r\sin\theta d\theta$$

が成り立つ. 積分記号下の微分と Stokes の公式より

$$\frac{dA(r)}{dr} = \frac{1}{2\pi}\int_0^{2\pi}\frac{d}{dr}\{u(\alpha + r\cos\theta, \beta + r\sin\theta)\}d\theta$$
$$= \frac{1}{2\pi}\int_0^{2\pi}\left(\frac{\partial u}{\partial x}\cos\theta + \frac{\partial u}{\partial y}\sin\theta\right)d\theta = \frac{1}{2\pi r}\int_C\left(\frac{\partial u}{\partial x}dy - \frac{\partial u}{\partial y}dx\right)$$
$$= \frac{1}{2\pi r}\iint_{B(a,r)}\left(\frac{\partial^2 u}{\partial x^2} + \frac{\partial^2 u}{\partial y^2}\right)dxdy = \frac{2}{\pi r}\iint_{B(a,r)}\frac{\partial^2 u}{\partial z\partial\bar{z}}dxdy$$

が成り立つ. $\partial^2 u(z)/\partial z\partial\bar{z} \geq 0$ ならば, $dA(r)/dr \geq 0$ となるから, $A(r)$ は単調増加である. すると,

$$u(a) = A(0) \leq A(r) = \frac{1}{2\pi}\int_0^{2\pi} u(a + re^{i\theta})d\theta$$

となり, $u(z)$ は劣調和関数になる. 逆を示す. $\partial^2 u(a)/\partial z\partial\bar{z} < 0$ となる a が存在するならば, 十分小さい $r > 0$ に対して,

$$\frac{dA(r)}{dr} = \frac{2}{\pi r}\iint_{|z-a|\leq r}\frac{\partial^2 u}{\partial z\partial\bar{z}}dxdy < 0$$

が成り立ち, $A(r)$ は単調減少になる. すると, $A(r) < A(0)$ となるから, $u(a) > \frac{1}{2\pi}\int_0^{2\pi} u(a + re^{i\theta})d\theta$ となり, $u(z)$ は劣調和ではない.

1.11 $w_0 \in f(\Omega)$ とする. $f(\Omega)$ は w_0 の開近傍を含むことを示せばよい. $z_0 \in \Omega$ が存在して, $w_0 = f(z_0)$ となる. 簡単のため, $w_0 = z_0 = 0$ と仮定する. 一致の定理から, $\delta > 0$ が存在して, $\{z \in \mathbb{C} \mid |z| \leq \delta\} \subset \Omega$, $|z| = \delta$ 上で $f(z) \neq 0$ となる. $d = \min_{|z|=\delta}|f(z)|$ とおくと, $d > 0$ である. $w \notin f(\Omega)$, $|w| < d$ を満たす w が存在したと仮定する. $\varphi(z) = (f(z) - w)^{-1}$ とおくと, $\varphi(z)$ は Ω で正則である. 最大値の原理から,

$$|\varphi(0)| \leq \max_{|z|=\delta}|\varphi(z)| = \max_{|z|=\delta}\left|\frac{1}{f(z) - w}\right| \leq \frac{1}{d - |w|}$$

となるから, $|w| \geq \frac{d}{2}$ となる. よって, $\{w \mid |w| < \frac{d}{2}\} \subset f(\Omega)$ となる.

1.12 $u(x, y)$ は調和関数であるから, $h(z) = u_x(x, y) - iu_y(x, y)$ とおくと, Cauchy-Riemann の方程式が成り立つから, $h(z)$ は Ω で正則になる. Ω は単連結であるから, $h(z)$ の原始関数 $F(z)$ が存在する. $F(z) = U(x, y) + iV(x, y)$ とすると,

$$u_x(x, y) - iu_y(x, y) = h(z) = F'(z) = U_x(x, y) - iU_y(x, y)$$

となるから, $u_x = U_x$, $u_y = U_y$ が成り立つ. よって, $u = U + c$ (c は実数) となり, $F + c = u + iV$ となる.

1.13 $a \in \Omega$ が存在して, $f'(a) = 0$ となったとする. $f(z)$ は定数ではないから, 一致の定理から, $f^{(j)}(a) = 0 \ (j = 1, 2, \cdots)$ とはならない. すると, Taylor の公式より, $m \geq 2$ と a の近傍で正則な関数 $g(z)$ が存在して, $g(a) \neq 0$ を満たし,

$$f(z) = f(a) + \sum_{n=m}^{\infty} \frac{f^{(n)}(a)}{n!}(z-a)^n = f(a) + (z-a)^m g(z)$$

と表される. $\delta > 0$ を十分小さくとると, $B(a, \delta)$ において $g(z) \neq 0$ となる. $z \in B(a, \delta)$ に対して, $\varphi(z) = \int_a^z \frac{g'(\zeta)}{g(\zeta)}d\zeta$ とおき, さらに, $\psi = e^\varphi$ とおくと, $\left(\frac{g(z)}{\psi(z)}\right)' = 0$ となるから, 定数 C が存在して, $g(z) = Ce^{\varphi(z)}$ となる. C の m 乗根の 1 つを α とし, $h = \alpha e^{\varphi/m}$ とおくと, $g = h^m$ となる. $\lambda(z) = (z-a)h(z)$ とおくと, $f(z) = f(a) + \lambda(z)^m$, $\lambda(a) = 0$ となる. 定数でない正則関数は開写像であるから (練習問題 1.11 参照), $\lambda(B(a, \delta))$ は 0 を含む開集合になる. すると, 十分小さい $\varepsilon > 0$ に対して, $\{w \in \mathbb{C} \mid |w| = \varepsilon\} \subset \lambda(B(a, \delta))$ となる. $|w_0| = \varepsilon$ とする. w_0^m の m 乗根を, $w_0, w_1, \cdots, w_{m-1}$ とすると, $|w_j| = \varepsilon \ (j = 0, \cdots, m-1)$ となるから, $z_0, \cdots, z_{m-1} \in B(a, \delta)$ が存在して, $\lambda(z_j) = w_j$ となるから, $f(z_j) = f(a) + w_0^m \ (j = 0, 1, \cdots, m-1)$ となり, f が単射であることに矛盾する.

1.14 $f(z)$ を Laurent 級数に展開すると,

$$f(z) = \sum_{\nu=-\infty}^{\infty} c_\nu(z-a)^\nu, \quad c_v = \frac{1}{2\pi i}\int_{|z-a|=r}\frac{f(z)}{(z-a)^{\nu+1}}dz$$

ここで, r は $0 < r < R$ である限り任意である.

$$|c_\nu|^2 \leq \left(\frac{1}{2\pi} \int_{|z-a|=r} \frac{|f(z)|}{r^{\nu+1}} |dz| \right)^2 = \frac{r^{-2\nu-1}}{2\pi} \int_0^{2\pi} |f(a+re^{i\theta})|^2 r d\theta$$

となる. $\nu = -1, -2, \cdots$ のとき, $-2\nu-1 \geq 1$ であるから, 上の不等式の両辺を r について 0 から ρ まで積分すると, $r^{-2\nu-1} \leq \rho^{-2\nu-1}$ となるから,

$$\begin{aligned}
\int_0^\rho |c_\nu|^2 dr &\leq \frac{\rho^{-2\nu-1}}{2\pi} \int_0^\rho \int_0^{2\pi} |f(a+re^{i\theta})|^2 r dr d\theta \\
&= \frac{\rho^{-2\nu-1}}{2\pi} \iint_{|z-a|\leq\rho} |f(z)|^2 dx dy
\end{aligned}$$

となる. すると,

$$|c_\nu|^2 \leq \frac{\rho^{-2\nu-2}}{2\pi} \iint_{|z-a|\leq\rho} |f(z)|^2 dx dy$$

を得る. $f(z)$ は 2 乗可積分であるから, $\iint_{|z-a|\leq\rho} |f(z)|^2 dx dy \to 0$ $(\rho \to 0)$ となるから, $c_\nu = 0$ $(\nu = -1, -2, \cdots)$ となり, $f(z) = \sum_{\nu=0}^\infty c_\nu (z-a)^\nu$ となる. $f(a) = c_0$ と定義すると, $f(z)$ は $|z-a| < R$ で正則になる.

1.15 $w \in X$ とする. 座標変換を行って, $h(z_n) = g(a', z_n)$ とおいたとき, h が 0 を k 位 $(k \geq 1)$ の零点にもつと仮定してよい. すると, 開多重円板 $P(w, \delta)$ が存在して, $|z_i - w_i| < \delta_i$ $(i = 1, \cdots, n-1)$ のとき, $g(z', z_n)$ は $|z_n - w_n| < \delta_n$ に k 個の零点をもち, $|z_n - w_n| = \delta_n$ 上では 0 にならないようにできる. $z \in P(w, \delta)$ に対して, $z = (z', z_n)$ と表すとき,

$$\tilde{f}(z', z_n) = \frac{1}{2\pi i} \int_{|\zeta_n - w_n| = \delta_n} \frac{f(z', \zeta_n)}{\zeta_n - z_n} d\zeta_n \qquad (E.13)$$

とおく. 積分記号下で微分することにより, $\frac{\partial \tilde{f}(z)}{\partial \bar{z}_j} = 0$ となるから, $\tilde{f}(z)$ は $P(w, \delta)$ において正則である. $g(z', z_n) = 0$ となる z_n は $|z_n - w_n| < \delta_n$ の中に k 個 (それを $a^1, \cdots, a^k$ とする) 存在する. $f(z', z_n)$ は $|z_n - w_n| < \delta_n$ において, $a_1, \cdots, a_k$ を除いて正則で, そこで L^2 可積分であるから, Riemann の除去可能定理 (練習問題 1.14) から, $f(z', z_n)$ は $|z_n - w_n| < \delta_n$ におい

て正則な関数に拡張される. よって, (E.13) から, $\tilde{f}(z', z_n) = f(z', z_n)$ となるから, f は w の近傍で正則な関数に拡張される. $w \in X$ は任意であるから, f は Ω で正則な関数に拡張される.

1.16 $\varphi = \log(|f_1|^2 + \cdots + |f_N|^2)$, $\sum_{k=1}^{N} \frac{\partial f_j}{\partial z_k} w_k = g_j$, $A = (|f_1|^2 + \cdots |f_N|^2)^2$, $X = \{z \in \Omega \mid f_1(z) = \cdots f_N(z) = 0\}$, とおく. $z \notin X$ のとき,

$$A \sum_{j,k} \frac{\partial^2 \varphi}{\partial z_j \partial \bar{z}_k} w_j \bar{w}_k = \sum_{j=1}^{N} |g_j|^2 \sum_{j=1}^{N} |f_j|^2 - \left| \sum_{j=1}^{N} g_j \bar{f}_j \right|^2 \geq 0$$

となるから, $\varphi(z)$ は $\Omega \setminus X$ で多重劣調和になる. Ω で多重劣調和になることは, $h(\zeta) = \varphi(v + \zeta w)$ とおいたとき, $h(\zeta)$ が $U = \{\zeta \mid v + \zeta w \in \Omega\}$ で劣調和になることを示せばよい. $v + \zeta_0 w \in \Omega \setminus X$ のときは, $\Omega \setminus X$ は開集合であるから, ζ_0 のある近傍で $h(\zeta)$ は劣調和になる. よって, 十分小さい $r > 0$ に対して, $h(\zeta_0) \leq 1/(2\pi) \int_0^{2\pi} h(\zeta_0 + re^{i\theta}) d\theta$ となる. $v + \zeta_0 w \in X$ のときは, $h(\zeta_0) = -\infty \leq 1/(2\pi) \int_0^{2\pi} h(\zeta_0 + re^{i\theta}) d\theta$ となるから, $h(\zeta)$ は U で劣調和である.

1.17 $\rho_1(z)$ も Ω の定義関数であるとする. 補題 1.14 より, $\partial \Omega$ の近傍で C^1 級の関数 $h(z) > 0$ が存在して, $\rho_1(z) = h(z)\rho(z)$ が成り立つ. $z \in \partial \Omega$ のとき,

$$\sum_{j=1}^{n} \frac{\partial \rho_1}{\partial z_j}(z) w_j = h(z) \sum_{j=1}^{n} \frac{\partial \rho}{\partial z_j}(z) w_j$$

となる. また, 練習問題 1.6 より, $\frac{\partial}{\partial \bar{z}_k} \left(\frac{\partial h(z)}{\partial z_j} \rho(z) \right) = \frac{\partial h(z)}{\partial z_j} \frac{\partial \rho}{\partial \bar{z}_k}(z)$ となるから, $\sum_{j=1}^{n} \frac{\partial \rho_1}{\partial z_j}(z) w_j = 0$ とすると, $\sum_{j=1}^{n} \frac{\partial \rho}{\partial z_j}(z) w_j = 0$ となり,

$$\sum_{j,k=1}^{n} \frac{\partial^2 \rho_1}{\partial z_j \partial \bar{z}_k}(z) w_j \bar{w}_k = \left(\sum_{j=1}^{n} \frac{\partial h}{\partial z_j}(z) w_j \right) \left(\sum_{j=1}^{n} \frac{\partial \rho}{\partial \bar{z}_k}(z) \bar{w}_k \right)$$

$$+ \left(\sum_{j=1}^{n} \frac{\partial h}{\partial \bar{z}_k}(z) \bar{w}_k \right) \left(\sum_{j=1}^{n} \frac{\partial \rho}{\partial z_j}(z) w_j \right) + h(z) \sum_{j,k=1}^{n} \frac{\partial^2 \rho}{\partial z_j \partial \bar{z}_k}(z) w_j \bar{w}_k$$

$$= h(z) \sum_{j,k=1}^{n} \frac{\partial^2 \rho}{\partial z_j \partial \bar{z}_k}(z) w_j \bar{w}_k \geq 0$$

となる. よって, 条件 (1.16) は定義関数の取り方に関係しない.

1.18 $u(a) > -\infty$ となる $a \in \Omega$ が存在する. $P = P(a,r) \Subset \Omega$ とする. $u^+ = \max\{u,0\}, u^- = -\min\{u,0\}$ とすると, $u = u^+ - u^-$, $|u| = u^+ + u^-$ となる. u は上半連続であるから, 定数 $M > 0$ が存在して, $z \in \bar{P}(a,r)$ のとき, $0 \leq u^+(z) \leq M$ となるから, $\int_P u^+(z)dV(z)$ は有限で, 定義から, $\int_P udV = \int_P u^+ dV - \int_P u^- dV$ であるから, $\int_P u(z)dV(z) > -\infty$ を示せば, $0 \leq \int_P u^-(z)dV(z) < \infty$ となるから, $\int_P |u(z)|dV(z) < \infty$ となり, $u(z)$ は a の近傍で積分可能になる. $\zeta \in \mathbb{C}$ と $w = (1,0,\cdots,0)$ に対して, $h(\zeta) = u(a + \zeta w)$ とおくと, $h(\zeta)$ は 0 の近傍で劣調和であるから, $0 \leq \rho_1 < r_1$ に対して, $h(0) \leq \frac{1}{2\pi} \int_0^{2\pi} h(\rho_1 e^{i\theta_1})d\theta_1$ が成り立つ. すると,

$$u(a) \leq \frac{1}{2\pi} \int_0^{2\pi} u(a_1 + \rho_1 e^{i\theta_1}, a_2, \cdots, a_n)d\theta_1$$

となる. これを繰り返すと, $0 \leq \rho_i \leq r_i$ $(i = 1,\cdots,n)$ のとき,

$$u(a) \leq \frac{1}{(2\pi)^n} \int_0^{2\pi} \cdots \int_0^{2\pi} u(a + \rho e^{i\theta})d\theta_1 \cdots d\theta_n$$

を得る. ここで, $\rho e^{i\theta} = (\rho_1 e^{i\theta_1}, \cdots, \rho_n e^{i\theta_n})$ とする. 上の不等式の両辺に $\rho_1 \cdots \rho_n d\rho_1 \cdots d\rho_n$ をかけて, ρ_j について 0 から r_j $(1 \leq j \leq n)$ まで積分すると,

$$\frac{u(a)}{2^n} r_1^2 \cdots r_n^2 \leq \frac{1}{(2\pi)^n} \int_{P(a,r)} u(z)dV(z)$$

となるから, $-\infty < u(a) \leq \frac{1}{\mathrm{Vol}(P(a,r))} \int_{P(a,r)} u(z)dV(z)$ が成り立つ. すると, $\int_{P(a,r)} u(z)dV(z) > -\infty$ となるから, $u(z)$ は $P(a,r)$ において積分可能である. 次に, $E = \{a \in \Omega \mid u(z)$ は a のある近傍で積分可能$\}$ とすると, E は開集合で, $E \neq \phi$ となる. $a \in \Omega - E$ とすると, a のどんな近傍においても $u(z)$ は積分可能ではない. a のどんな近くにも $u(z) > -\infty$ となる点 z があるならば, $b \in \Omega$, $u(b) > -\infty$, $a \in P(b,r) \Subset \Omega$ となる b と $r > 0$ が存在するから, 前半の証明から, $u(z)$ は $P(b,r)$ で積分可能になる.

すると, $u(z)$ は a の近傍で積分可能になり, 矛盾である. よって, a の近傍 W が存在して, W のすべての点 z に対して, $u(z) = -\infty$ となるから, $W \subset \Omega - E$ となり, $\Omega - E$ は開集合になる. Ω は連結と仮定してよいから, $\Omega = E$ となり, $u(z)$ は Ω の任意の点 a の近傍で積分可能になるから, Ω で局所可積分になる.

(2) $U = \{z \in \Omega \mid u(z) = -\infty\}$ とおく. $\mu(U) > 0$ と仮定する. $\{K_j\}$ は Ω のコンパクト部分集合の増加列で, $\Omega = \bigcup_{j=1}^{\infty} K_j$ を満たすとする. すると, $U = \bigcup_{j=1}^{\infty} (K_j \cap U)$ となるから, $0 < \mu(U) = \lim_{j \to \infty} \mu(K_j \cap U)$ となる. j_0 を十分大きくとると, $\mu(K_{j_0} \cap U) > 0$ となる. $\infty > \int_{K_{j_0}} |u| d\mu \geq \int_{K_{j_0} \cap U} |u| d\mu = \infty$ となるから, 矛盾である. よって, $\mu(U) = 0$.

1.19 $(0,0) \in \gamma$ が γ 上の点の中で, $(0,a)$ までの最短距離を与える点だと仮定する. すると, $(0,0)$ と $(0,a)$ の距離が $(0,a)$ と $(x, f(x))$ との距離よりも小さいか等しいから, $x^2 + (|x|^{2-\varepsilon} - a)^2 \geq a^2$ $(-1 < x < 1)$ が成り立つ. $0 < x < 1$ のとき, $x^\varepsilon + x^{2-\varepsilon} - 2a \geq 0$ が成り立つ. $\lim_{x \to 0+} (x^\varepsilon + x^{2-\varepsilon}) = 0$ となるから, 十分小さい $x > 0$ に対して矛盾である. よって, x が十分小さいとき, $(0,a)$ から γ までの最短距離を与える点は $(0,0)$ 以外の γ 上の点である. γ は y 軸に関して対称であるから, そのような点は少なくとも 2 点存在する.

1.20 $C = \{(x,y) \in \mathbb{R}^2 \mid g(x,y) = 0\}$ とする. また, $\mathrm{P} = (x_0, y_0)$ とする. $g(x,y) = 0$ の下で, $f(x,y) = (x-a)^2 + (y-b)^2$ の極値を与える点を求める. Lagrange の未定乗数法より, 極値を与える点 (x,y) は

$$f_x(x,y) + \lambda g_x(x,y) = 0, \quad f_y(x,y) + \lambda g_y(x,y) = 0$$

の解であるから, $2(x_0 - a, y_0 - b) = \lambda(g_x(x_0, y_0), g_y(x_0, y_0))$ が成り立つ. よって, 線分 AP は P における曲線 C の法線になっている.

1.21 $n = 1$ の場合を証明する. 一般の n の場合の証明も同様である. $\partial\Omega$ の近傍 U と, $\rho \in C^2(U)$ が存在して, $\Omega \cap U = \{z \in U \mid \rho(z) < 0\}$ となる. z を任意の点とする. z から $\partial\Omega$ までの最短距離を与える点を $w \in \partial\Omega$ とすると, 練習問題 1.20 より, 実数 λ が存在して, $z - w + \lambda \nabla \rho(w) = 0$ と表される. $f(z,w,\lambda) = z - w + \lambda \nabla \rho(w)$ とおく. $f = f_1 + if_2, f_3(z,w,\lambda) = \rho(w),$

$z = x + iy, w = u + iv$ とすると，

$$
\begin{aligned}
f_1(x,y,u,v,\lambda) &= x - u + \lambda \frac{\partial \rho}{\partial u}(u,v), \\
f_2(x,y,u,v,\lambda) &= y - v + \lambda \frac{\partial \rho}{\partial v}(u,v), \\
f_3(x,y,u,v,\lambda) &= \rho(u,v)
\end{aligned}
$$

と表される. f_1 と f_2 は C^{k-1} 級関数である. さらに，

$$
J(x,y;u,v,\lambda) = \begin{vmatrix} \frac{\partial f_1}{\partial u} & \frac{\partial f_1}{\partial v} & \frac{\partial f_1}{\partial \lambda} \\ \frac{\partial f_2}{\partial u} & \frac{\partial f_2}{\partial v} & \frac{\partial f_2}{\partial \lambda} \\ \frac{\partial f_3}{\partial u} & \frac{\partial f_3}{\partial v} & \frac{\partial f_3}{\partial \lambda} \end{vmatrix} = \begin{vmatrix} -1 + \lambda \frac{\partial^2 \rho}{\partial u^2} & \lambda \frac{\partial^2 \rho}{\partial u \partial v} & \frac{\partial \rho}{\partial u} \\ \lambda \frac{\partial^2 \rho}{\partial u \partial v} & -1 + \lambda \frac{\partial^2 \rho}{\partial v^2} & \frac{\partial \rho}{\partial v} \\ \frac{\partial \rho}{\partial u} & \frac{\partial \rho}{\partial v} & 0 \end{vmatrix}
$$

が成り立つ. $w_0 = (u_0, v_0) \in \partial\Omega$ とする. $z = w = w_0$ のときは，$\lambda = 0$ であるから，$\lambda_0 = 0$ とすると，$f_i(u_0,v_0,u_0,v_0,\lambda_0) = 0$ ($i = 1,2,3$), $J(u_0,v_0;u_0,v_0,\lambda_0) = |\nabla\rho(u_0,v_0)|^2 \neq 0$ となる. 陰関数の定理から，w_0 の近傍 U_{w_0} と，U_{w_0} における C^{k-1} 級の関数 $u = \varphi_1(x,y)$, $v = \varphi_2(x,y)$, $\lambda = \varphi_3(x,y)$ が一意に存在して，$f(z,w,\lambda) = 0$, $\rho(w) = 0$ は $w = (\varphi_1(z), \varphi_2(z))$, $\lambda = \varphi_3(z)$ と表されるから，$\partial\Omega$ の近傍 U が存在して，$z \in U$ に対して，$w \in \partial\Omega$ が一意に決まる.

1.22 練習問題 1.22 から，$\partial\Omega$ の近傍 U が存在して，各点 $z \in U$ に対して，$|z - w| = d(z, \partial\Omega)$ となる $w \in \partial\Omega$ がただ 1 つ存在する. さらに，z と w を結ぶ直線は w における $\partial\Omega$ の法線になっているから (練習問題 1.21 参照)，$z \in U$ に対して $w \in \partial\Omega$ と実数 λ が一意に存在して

$$z - w + \lambda \nabla\rho(w) = 0, \quad \rho(w) = 0 \tag{E.1}$$

を満たし. $f(z,w,\lambda) = z - w + \lambda\nabla\rho(w)$ とおいたとき，$f(z,w,\lambda) = 0$, $\rho(w) = 0$ は $w = g(z)$, $\lambda = \lambda(z)$ と表される (練習問題 1.22 参照). ここで，$g(z)$ と $\lambda(z)$ は C^{k-1} 級の関数である. すると，

$$z - g(z) = -\lambda(z)\nabla\rho(g(z)), \quad \rho(g(z)) = 0 \tag{E.2}$$

が成り立つ. ここで，$\nabla\rho(g(z))$ は w における $\partial\Omega$ の外法線ベクトルであるから，$z \in U \cap \Omega$ のとき $\lambda(z) > 0$ である. $|z - g(z)| = d(z, \partial\Omega)$ であるこ

とから

$$\delta(z) = -\lambda(z)|\nabla\rho(g(z))| \qquad (E.3)$$

となる. $|\nabla\rho(g(z))| = \sqrt{|\nabla\rho(g(z))|^2}$ は C^{k-1} 級であるから, $\delta(z)$ は U において C^{k-1} 級である. $k \geq 2$ であるから, $\delta(z)$ は C^1 級である. したがって, $\nabla\delta(z)$ は連続である. $z = (x, y)$, $w = (u, v)$, $g(z) = (\varphi(x, y), \psi(x, y))$ とするとき, (E.2) から, $\rho(\varphi(x, y), \psi(x, y)) = 0$,

$$x - \varphi(x, y) = -\lambda(z)\frac{\partial\rho}{\partial u}(g(z)), \quad y - \psi(x, y) = -\lambda(z)\frac{\partial\rho}{\partial v}(g(z)) \quad (E.4)$$

を得る. また, $|\delta(z)| = |z - w|$ であるから,

$$\delta(x, y)^2 = (x - \varphi(x, y))^2 + (y - \psi(x, y))^2 \qquad (E.5)$$

となる. $\rho(\varphi(x, y), \psi(x, y)) = 0$ を x と y で微分すると,

$$\frac{\partial\rho}{\partial u}(g(x, y))\frac{\partial\varphi}{\partial x}(x, y) + \frac{\partial\rho}{\partial v}(g(x, y))\frac{\partial\psi}{\partial x}(x, y) = 0, \qquad (E.6)$$

$$\frac{\partial\rho}{\partial u}(g(x, y))\frac{\partial\varphi}{\partial y}(x, y) + \frac{\partial\rho}{\partial v}(g(x, y))\frac{\partial\psi}{\partial y}(x, y) = 0 \qquad (E.7)$$

を得る. (E.5) を x と y で微分すると,

$$\delta\frac{\partial\delta}{\partial x} = (x - \varphi(x, y))\left(1 - \frac{\partial\varphi}{\partial x}(x, y)\right) - (y - \psi(x, y))\frac{\partial\psi}{\partial x}(x, y) \quad (E.8)$$

$$\delta\frac{\partial\delta}{\partial y} = -(x - \varphi(x, y))\frac{\partial\varphi}{\partial y}(x, y) + (y - \psi(x, y))\left(1 - \frac{\partial\psi}{\partial y}(x, y)\right) \quad (E.9)$$

を得る. (E.8) に (E.4) と (E.6) を代入すると

$$\delta\frac{\partial\delta}{\partial x} = -\lambda(z)\frac{\partial\rho}{\partial u}(g(z))$$

となる. 同様に, (E.9) に (E.4) と (E.7) を代入すると

$$\delta\frac{\partial\delta}{\partial y} = -\lambda(z)\frac{\partial\rho}{\partial v}(g(z))$$

となるから, $\delta(z)\nabla\delta(z) = -\lambda(z)\nabla\rho(g(z))$ が成り立つ. (E.5) から, $z \notin \partial\Omega$ のとき,

$$\nabla\delta(z) = \frac{\nabla\rho(g(z))}{|\nabla\rho(g(z))|} \qquad (E.10)$$

を得る. (E.10) の両辺の関数は U で連続であるから, (E.10) は $z \in U$ に対して成り立つ. (E.10) の右辺の関数は C^{k-1} 級関数であるから, $\delta(z)$ は C^k 級関数である. (証明終)

1.23 (1) $K \subset \Omega$ はコンパクト集合とする. $d > 0$ を, $L = \{z \mid d(z, K) \leq 3d\}$ とおいたとき, $L \subset \Omega$ が成り立つように十分小さくとる. ρ を $0 < \rho < d/n$ を満たすようにとる. $z', z'' \in K$, $|z' - z''| < \rho$ を満たす z', z'' に対して, $\Gamma_j = \{w_j \in \mathbb{C} \mid |w_j - z'_j| = 2\rho\}$ とおく. $\zeta = (\zeta_1, \cdots, \zeta_n)$, $z = (z_1, \cdots, z_n)$ に対して, $g(\zeta, z) = (\zeta_1 - z_1)(\zeta_2 - z_2) \cdots (\zeta_n - z_n)$ とおくと, $\zeta_j \in \Gamma_j$ に対して, 補題 1.12(ii) から, 点 P と定数 $C > 0$ が存在して,

$$|g(\zeta, z') - g(\zeta, z'')| = |\sum_{j=1}^n \frac{\partial g}{\partial z_j}(P)(z'_j - z''_j)| \leq C|z' - z''|$$

が成り立つ. Cauchy の積分公式から,

$$f_\lambda(z') - f_\lambda(z'') = \frac{1}{(2\pi i)^n} \int_{\Gamma_1} \cdots \int_{\Gamma_n} \frac{f_\lambda(\zeta)(g(\zeta, z'') - g(\zeta, z'))}{g(\zeta, z')g(\zeta, z'')} d\zeta_1 \cdots d\zeta_n$$

を得る. $\mathcal{F}$ は一様有界であるから, 定数 $M > 0$ が存在して, $|f_\lambda(\zeta)| < M$ ($\lambda \in \Lambda$, $\zeta \in \Omega$) が成り立つ. よって, $|\zeta_j - z''_j| > \rho$ ($\zeta_j \in \Gamma_j$) より,

$$|f_\lambda(z') - f_\lambda(z'')| \leq \frac{CM|z' - z''|}{\rho^n} \quad (z', z'' \in K, \ \lambda \in \Lambda)$$

となる. したがって, $\mathcal{F}$ は K で同程度連続である.

(2) $\mathcal{F}$ から関数列 $\{f_j\}$ をとる. コンパクト集合列 $\{K_i\}$ は $K_i \subset \overset{\circ}{K}_{i+1}$ ($i = 1, 2, \cdots$), $\Omega = \overset{\infty}{\underset{i=1}{\cup}} K_i$ を満たすとする. (1) から, $\{f_j\}$ は K_i 上で同程度連続であるから, Ascoli-Arzela の定理から, K_i 上で一様収束する $\{f_j\}$ の部分列 $\{g_{i,j}\}$ が存在する. すると, $\{g_{j,j}\}$ は任意の K_i 上で一様収束するから, Ω の任意のコンパクト部分集合上で一様収束する.

練習問題 2

2.1 (1) $\rho(0,0) = 0$, $d\rho(0,0) = 0$ となるから, Ω は滑らかな境界をもたない.

$$4\frac{\partial^2 \rho}{\partial z \partial \bar{z}} = \frac{\partial^2 \rho}{\partial x^2} + \frac{\partial^2 \rho}{\partial y^2} = 16(x-1)^2 + 16\left(y - \frac{3}{4}\right)^2 + 7 > 0$$

となるから, $\rho(z)$ は $\mathbb{C}$ で強 (多重) 劣調和である. また,

$$\rho(x,y) \geq 12x^2 + y^2\{2(x-1)^2 + (y-2)^2 - 6\}$$

となるから, $\Omega \subset \{(x,y) \mid -1 < x < 3, \ -1 < y < 5\}$ となり, Ω は有界である.

(2) 点 (x,y) が境界上にあるとき, $4y^3 - 12x^2 = (x^2+y^2-2x)^2 \geq 0$ より, $y^3 \geq 3x^2$ となる. また, 境界上で

$$\begin{aligned} 4y^3 - y^4 &= x^4 - 4x^3 + 16x^2 + 2x^2y^2 - 4xy^2 \\ &\leq x^4 - 4x^3 + \frac{2y^5}{3} + 4y^4 + 17x^2 \end{aligned}$$

となるから, $y^3(4 - 5y - \frac{2}{3}y^2) \leq x^2(17 - 4x + x^2)$ となる. すると, $|x| > 0$, $y > 0$ が十分小さいとき,

$3y^3 < y^3\left(4 - 5y - \frac{2y^2}{3}\right) \leq x^2(17 - 4x + x^2) < 18x^2$

となり, $y^3 < 6x^2$ となる. よって, $x = t^3$ とおくと, $3t^6 < y^3 < 6t^6$ となるから, $y = kt^2$ とおくと, $\sqrt[3]{3} < k < \sqrt[3]{6}$ となる. すると, $|t| > 0$ が十分小さいとき, $\rho_y(x,y) = 4kt^4(t^4 + k^2t^2 - 2t - 3k) \neq 0$ となるから, 陰関数の定理より, $\rho(x,y) = 0$ は $y = \varphi(x)$ と表される.

$$\begin{aligned} \varphi''(x) &= -(\rho_{xx}\rho_y^2 - 2\rho_{xy}\rho_x\rho_y + \rho_{yy}\rho_x^2)/\rho_y^3 \\ &= -a(t)/t^4k^3(t^4 + k^2t^2 - 2t - 3k)^3 \end{aligned}$$

となる. $a(t)$ の定数項は $8(-3k^2)^2 + 9^2(-6k) = 18k(4k^3 - 27) < 0$ となるから, 十分小さい $|x|$ $(x \neq 0)$ に対して, $\varphi''(x) < 0$ となる.

2.2 $\rho(z) = \sum\limits_{k=1}^{2N} x_k^{2\ell_k} - 1$ と表す.

(1) $z \in \partial\Omega$ に対して, $\frac{\partial\rho(z)}{\partial x_k} = 2\ell_k x_k^{2\ell_k-1} = 0$ $(k=1,\cdots,2N)$ となったとすると, $z = 0 \notin \partial\Omega$ となるから, Ω は滑らかな境界をもつ. また,

$$\sum_{j,k=1}^{2N} \frac{\partial^2\rho(z)}{\partial x_j\partial x_k}u_ju_k = \sum_{k=1}^{2N} 2\ell_k(2\ell_k-1)x_k^{2\ell_k-2}u_k^2 \geq 0$$

となるから, 定理 2.9(ii) より, Ω は凸領域である.

(2) $\ell_1 \geq 2$ とする. Ω は強凸ではないことを示す. $P = (p_1, \cdots, p_{2N}) = (0, \cdots, 0, 1) \in \partial\Omega$, $u = (1, 0, \cdots, 0)$ とする.

$$\sum_{j=1}^{2N} \frac{\partial\rho}{\partial x_j}(P)u_j = 0, \quad \sum_{j,k=1}^{2n} \frac{\partial^2\rho}{\partial x_j\partial x_k}(P)u_ju_k = 2\ell_1(2\ell_1-1)p_1^{2\ell_1-2}u_1^2 = 0$$

となるから, 強凸ではない.

(3) $x_k = (z_k + \bar{z}_k)/2$, $y_k = (z_k - \bar{z}_k)/(2i)$ であるから,

$$\sum_{j,k=1}^{N} \frac{\partial^2\rho(z)}{\partial z_j\partial\bar{z}_k}w_j\bar{w}_k = \sum_{k=1}^{N}\{n_k(2n_k-1)x_k^{2n_k-2}+m_k(2m_k-1)y^{2m_k-2}\}|w_k|^2$$

となる. n_k と m_k のどちらかが 1 ならば, 右辺の $\{\} > 0$ となるから, $\rho(z)$ は強多重劣調和になる. よって, Ω は強擬凸である. $\min(m_k, n_k) \geq 2$ となる k があるならば, Ω は強擬凸ではない.

2.3 ρ_1 も Ω の定義関数とすると, 補題 1.14 から, Ω の近傍で C^1 級の関数 $h(z) > 0$ が存在して, $\rho_1(z) = h(z)\rho(z)$ と表される. すると, 練習問題 1.17 と同様にして, $z \in \partial\Omega$, $w \in \mathbb{C}^n\backslash\{0\}$, $\sum_{j=1}^{n} \frac{\partial\rho(z)}{\partial z_j}w_j = 0$ のとき,

$$\sum_{j,k=1}^{n} \frac{\partial^2\rho_1}{\partial z_j\partial\bar{z}_k}(z)w_j\bar{w}_k = h(z)\sum_{j,k=1}^{n}\frac{\partial^2\rho}{\partial z_j\partial\bar{z}_k}(z)w_j\bar{w}_k > 0$$

となるから, ρ_1 も条件 (S) を満たす.

2.4 n に関する帰納法によって, $\psi(x)$ は $x = 0$ で無限回微分可能で, $\psi^{(n)}(0) = 0$ となる. $t > 0$ のとき, $\psi'(t) = \left(1+\frac{1}{t}\right)\exp\left(-\frac{1}{t}\right) > 0$, $\psi''(t) = \frac{1}{t^3}\exp\left(-\frac{1}{t}\right) > 0$ となる.

2.5 (1) $z_j = x_j + ix_{n+j}$ とすると, $\rho(x) = \sum_{j=1}^{n}(x_j^2 + x_{n+j}^2)^{m_j} - 1$ となる. $\frac{\partial\rho(x)}{\partial x_j} = \frac{\partial\rho(x)}{\partial x_{n+j}} = 0$ $(j = 1, 2, \cdots, n)$ とすると, $x = 0$ となる. よって, $x \in \partial\Omega$ のとき, $d\rho(x) \neq 0$ となるから, $\partial\Omega$ は滑らかである.

(2) $\rho(z) = \sum_{j=1}^{n} z_j^{m_j}\bar{z}_j^{m_j} - 1$ であるから, $\sum_{j,k=1}^{n} \frac{\partial^2\rho(z)}{\partial z_j\partial\bar{z}_k}w_j\bar{w}_k \geq 0$ となり, ρ は定理 1.15 の (1.16) を満たす. よって, Ω は擬凸である.

(3) $m_k \geq 2$ とする. $z = (0, \cdots, \overset{k}{1}, \cdots, 0)$, $w = (1, \cdots, \overset{k}{0}, \cdots, 1)$ とする
と, $z \in \partial\Omega$, $\sum\limits_{j=1}^{n} \frac{\partial \rho(z)}{\partial z_j} w_j = 0$ となるが, (2) から,

$$\sum_{j,k=1}^{n} \frac{\partial^2 \rho(z)}{\partial z_j \partial \bar{z}_k} w_j \bar{w}_k = \sum_{j=1}^{n} m_j^2 |z_j|^{2m_j-2} |w_j|^2 = 0$$

となる. すると, 練習問題 2.3 から, Ω は強擬凸領域ではない.

2.6 (1) $z_j - \zeta_j = u_j + iu_{n+j}$ とすると, 補題 1.13 の (1.15) と補題 1.11 から, $\partial\Omega$ の近傍 U を縮小することにより,

$$\rho(z) - \rho(\zeta)$$
$$= 2\mathrm{Re} \sum_{j=1}^{n} \frac{\partial \rho}{\partial \zeta_j}(\zeta)(z_j - \zeta_j) + \frac{1}{2} \sum_{j,k=1}^{n} \frac{\partial^2 \rho}{\partial x_j \partial x_k}(p) u_j u_k + o(|u|^2)$$
$$\geq 2\mathrm{Re} \sum_{j=1}^{n} \frac{\partial \rho}{\partial \zeta_j}(\zeta)(z_j - \zeta_j) + C|\zeta - z|^2.$$

(2) Ω は凸集合であるから, K は凸集合と仮定してよい. $z, \zeta \in K$, $z_j - \zeta_j = u_j + iu_{n+j}$ とすると, 注意 2.2 から, Ω で連続な関数 $m(z) > 0$ が存在して, $\sum\limits_{j,k=1}^{2n} \frac{\partial^2 \rho}{\partial x_j \partial x_k}(z) u_j u_k \geq m(z)|u|^2$ が成り立つから, $\inf\limits_{z \in K} m(z) = 2C > 0$ とおくと, 補題 1.12(iii) より, (2.7) が成り立つ.

2.7 $f_j(x) \geq f_{j+1}(x)$ $(j = 1, 2, 3, \cdots)$, $f_j(x) \to f(x)$ $(x \in K)$ と仮定する. $g_j(x) = f_j(x) - f(x)$, $\alpha_j = \max\limits_{x \in K} g_j(x)$ とおく. すると, $\{\alpha_j\}$ は単調減少数列で, $\alpha_j \geq 0$ を満たす. よって, $\{\alpha_j\}$ は収束する. $\lim\limits_{j\to\infty} \alpha_j = \alpha$ とする. $\alpha = 0$ を示せばよい. $\alpha > 0$ と仮定する. $x_j \in K$ は $\alpha_j = g_j(x_j)$ となる点とする. Bolzano-Weierstrass の定理から, $\{x_j\}$ から収束する部分列 $\{x_{k_j}\}$ を取り出すことができる. $\lim\limits_{j\to\infty} x_{k_j} = x_0$ とする. $j \to \infty$ のとき, $g_{k_j}(x_0) \to 0$ となるから, 自然数 N が存在して, $j \geq N$ ならば, $g_{k_j}(x_0) < \alpha/2$ となる. 一方, $m \geq j$ ならば, $g_{k_j}(x_{k_m}) \geq g_{k_m}(x_{k_m}) = \alpha_{k_m} \geq \alpha$ となるから, $m \to \infty$ とすると $g_{k_j}(x_0) \geq \alpha$ となり, 矛盾である. よって, $\alpha = 0$ となる.

練習問題 3

3.1 $g \in \mathcal{R}_{S^*}$ とすると, $g = S^*f$ $(f \in \mathcal{D}_{S^*})$ と表される. $x \in \mathcal{D}_T$ に対して, $STx = 0$ となるから, $Tx \in \mathcal{D}_S$ となる. よって, $x \in \mathcal{D}_T$ のとき, $|(Tx, g)_2| = |(Tx, S^*f)_2| = |(STx, f)_3| = 0 \leq \|x\|$ となるから, $g \in \mathcal{D}_{T^*}$ となり, $\mathcal{R}_{S^*} \subset \mathcal{D}_{T^*}$ となる. また, $x \in \mathcal{D}_T$ のとき,

$$(T^*g, x)_1 = (T^*S^*f, x)_1 = (S^*f, Tx)_2 = (f, STx)_3 = 0$$

となるから, $T^*g = 0$ となり, $g \in \mathrm{Ker}\, T^*$ となる.

3.2

$$\begin{aligned}
|\sum_{j=1}^{p} a_j \bar{b}_j|^2 + \sum_{m<j} |a_m b_j - a_j b_m|^2 &= \sum_{j,k=1}^{p} a_j \bar{a}_k \bar{b}_j b_k \\
&\quad + \sum_{m<j} (|a_m|^2 |b_j|^2 + |a_j|^2 |b_m|^2 - a_j \bar{a}_m b_m \bar{b}_j - a_m \bar{a}_j b_j \bar{b}_m) \\
&= \sum_{j,k=1}^{p} |a_j|^2 |b_j|^2 + \sum_{j<k} a_j \bar{a}_k \bar{b}_j b_k + \sum_{k<j} a_j \bar{a}_k \bar{b}_j b_k \\
&\quad + \sum_{m<j} (|a_m|^2 |b_j|^2 + |a_j|^2 |b_m|^2) - \sum_{m<j} (a_j \bar{a}_m b_m \bar{b}_j + a_m \bar{a}_j b_j \bar{b}_m) \\
&= \sum_{j,m=1}^{p} |a_m|^2 |b_j|^2.
\end{aligned}$$

3.3 (1) $q = p - 1$ のとき. Schwarz の不等式から,

$$p(|\alpha_1|^2 + \cdots + |\alpha_p|^2) \geq (|\alpha_1| + \cdots + |\alpha_p|)^2 \qquad (E.11)$$

となる. $\alpha_{ij} = |\sum_{k=1}^{n} (a_j b_{ik} - a_i b_{jk}) c_{ik}|^2$ とおくと, $i = j$ のとき, $\alpha_{ij} = 0$ であることに注意すると,

$$\begin{aligned}
|\sum_{i,j,k} \bar{a}_j (a_j b_{ik} - a_i b_{jk}) c_{ik}|^2 &\leq |a|^2 \sum_{j} |\sum_{i,k} (a_j b_{ik} - a_i b_{jk}) c_{ik}|^2 \\
&\leq |a|^2 \sum_{j=1}^{p} \left(\sum_{\substack{i=1 \\ i \neq j}}^{p} \left| \sum_{k=1}^{n} (a_j b_{ik} - a_i b_{jk}) c_{ik} \right| \right)^2 \\
&\leq |a|^2 (p-1) \sum_{j} \sum_{i} |\sum_{k} (a_j b_{ik} - a_i b_{jk}) c_{ik}|^2
\end{aligned}$$

$$= |a|^2(p-1)\sum_j\sum_i \alpha_{ij} = |a|^2(p-1)\left(\sum_{j>i}\alpha_{ij} + \sum_{j<i}\alpha_{ij}\right)$$

$$\leq |a|^2(p-1)\sum_i\sum_{m<j}|\sum_k(a_m b_{jk} - a_j b_{mk})c_{ik}|^2.$$

(2) $q = n$ のとき. $X = (x_1, x_2, \cdots, x_p)$, $Y = (y_1, y_2, \cdots, y_p) \in \mathbb{C}^p$ に対して,

$$H(X, Y) = \sum_{m<j}(a_m x_j - a_j x_m)(\overline{a_m y_j - a_j y_m})$$

とおく. $B_k = (b_{1k}, b_{2k}, \cdots, b_{pk}) \in \mathbb{C}^p$ $(k = 1, 2, \cdots, n)$ とする. $\{B_k\}$ によって生成される $\mathbb{C}^p$ の部分空間を V とする. すると, $\dim V \leq n$ である. $\mathbf{a} = (a_1, \cdots, a_p) \neq \mathbf{0}$ と仮定してよい. $\mathbf{a} \in V$ のときは, $\mathbf{a}/|\mathbf{a}|$ を含む V の基底をとり, また, $\mathbf{a} \notin V$ のときは $\mathbf{a}$ に直交する V の基底をとる. $\dim V < n$ のときは, この基底に零ベクトルを付け加えて, それを B'_ℓ $(\ell = 1, \cdots, n)$ とする. $k \neq \ell$ とすると, $(\mathbf{a}, B'_\ell)(\mathbf{a}, B'_k) = 0$ となる. また, $(B'_\ell, B'_k) = 0$ が成り立つから, $B'_\ell = (b'_{1\ell}, \cdots, b'_{p\ell})$ $(\ell = 1, \cdots, n)$ とすると,

$$(\sum_{m=1}^p a_m \bar{b}'_{m\ell})(\sum_{j=1}^p a_j \bar{b}'_{jk}) = 0, \quad \sum_{j=1}^p b'_{jk}\bar{b}'_{j\ell} = 0$$

となる. すると,

$$H(B'_k, B'_\ell) = \frac{1}{2}\sum_{j,m=1}^p(a_m b'_{jk} - a_j b'_{mk})(\bar{a}_m \bar{b}'_{j\ell} - \bar{a}_j \bar{b}'_{m\ell}) = 0$$

となる. また, $B_k = \sum_{\ell=1}^n \alpha_{k\ell} B'_\ell$ と表されるから, $b_{jk} = \sum_{\ell=1}^n \alpha_{k\ell} b'_{j\ell}$ が成り立つ. すると, $\sum_{k=1}^n b_{jk}c_{ik} = \sum_{\ell=1}^n b'_{j\ell}(\sum_{k=1}^n \alpha_{k\ell}c_{ik})$ となるから, $c'_{i\ell} = \sum_{k=1}^n \alpha_{k\ell}c_{ik}$ とおくと, $\sum_{k=1}^n b_{jk}c_{ik} = \sum_{\ell=1}^n b'_{j\ell}c'_{i\ell}$ が成り立つ. すると,

$$\left|\sum_{i,j,k}\bar{a}_j(a_j b_{ik} - a_i b_{jk})c_{ik}\right|^2 = \left|\sum_{i,j,\ell}\bar{a}_j(a_j b'_{i\ell} - a_i b'_{j\ell})c'_{i\ell}\right|^2,$$

$$\sum_i \sum_{m<j} \left| \sum_k (a_m b_{jk} - a_j b_{mk}) c_{ik} \right|^2 = \sum_i \sum_{m<j} \left| (a_m b'_{j\ell} - a_j b'_{m\ell}) c'_{i\ell} \right|^2$$

となるから,

$$\left| \sum_{i,j,\ell} \bar{a}_j (a_j b'_{i\ell} - a_i b'_{j\ell}) c'_{i\ell} \right|^2 \leq n|a|^2 \sum_i \sum_{m<j} \left| \sum_\ell (a_m b'_{j\ell} - a_j b'_{m\ell}) c'_{i\ell} \right|^2$$

を示せばよい. よって, $H(B_k, B_\ell) = 0 \ (k \neq \ell)$ と仮定してよい. すると,

$$\sum_{m<j} \left| \sum_{k=1}^n (a_m b_{jk} - a_j b_{mk}) c_{ik} \right|^2$$

$$= \sum_{k,\ell} \sum_{m<j} (a_m b_{jk} - a_j b_{mk})(\bar{a}_m \bar{b}_{j\ell} - \bar{a}_j \bar{b}_{m\ell}) c_{ik} \bar{c}_{i\ell}$$

$$= \sum_{k,\ell} H(B_k, B_\ell) c_{ik} \bar{c}_{i\ell}$$

$$= \sum_{k=1}^n H(B_k, B_k) |c_{ik}|^2 = \sum_{k=1}^n \sum_{m<j} |a_m b_{jk} - a_j b_{mk}|^2 |c_{ik}|^2$$

が成り立つ. 一方, Schwarz の不等式 (E.11) から,

$$\left| \sum_{i,j=1}^p \sum_{k=1}^n \bar{a}_j (a_j b_{ik} - a_i b_{jk}) c_{ik} \right|^2 \leq n \sum_{k=1}^n \left| \sum_{i,j=1}^p \bar{a}_j (a_j b_{ik} - a_i b_{jk}) c_{ik} \right|^2$$

となるから,

$$\left| \sum_{i,j=1}^p \bar{a}_j (a_j b_{ik} - a_i b_{jk}) c_{ik} \right|^2 \leq |a|^2 \sum_{i=1}^p \sum_{m<j} |a_m b_{jk} - a_j b_{mk}|^2 |c_{ik}|^2 \quad (E.12)$$

を示せばよい. i と j を入れ替えることにより,

$$-\sum_{i,j} (a_j b_{ik} - a_i b_{jk}) \bar{a}_i c_{jk} = \sum_{i,j} (a_j b_{ik} - a_i b_{jk}) \bar{a}_j c_{ik}$$

となるから, Schwarz の不等式より,

$$
|\sum_{i,j} \bar{a}_j(a_j b_{ik} - a_i b_{jk})c_{ik}|^2 = |\frac{1}{2}\sum_{i,j}(a_j b_{ik} - a_i b_{jk})(\bar{a}_j c_{ik} - \bar{a}_i c_{jk})|^2
$$

$$
= \left|\sum_{i<j}(a_j b_{ik} - a_i b_{jk})(\bar{a}_j c_{ik} - \bar{a}_i c_{jk})\right|^2
$$

$$
\leq \left(\sum_{i<j}|a_j b_{ik} - a_i b_{jk}|^2\right)\left(\sum_{i<j}|\bar{a}_j c_{ik} - \bar{a}_i c_{jk}|^2\right)
$$

が成り立つ. Lagrange の等式から,

$$
\sum_{i<j}|\bar{a}_j c_{ik} - \bar{a}_i c_{jk}|^2 = |a|^2(\sum_{i=1}^{p}|c_{ik}|^2) - |\sum_{i=1}^{n}a_i c_{ik}|^2 \leq |a|^2(\sum_{i=1}^{p}|c_{ik}|^2)
$$

となるから, (E.12) が成り立つ.

3.4 $\mathcal{D}_{(0,1)}(\Omega) \subset \mathcal{D}_S$ であることは明らかである. $f \in \mathcal{D}_{(0,1)}(\Omega)$ ならば, $\partial\Omega$ 上で, $\sum_{j=1}^{n} f_j \frac{\partial\rho}{\partial z_j} = 0$ となるから, 補題 3.11 から $f \in \mathcal{D}_{T^*}$ となる. よって, $\mathcal{D}_{(0,1)}(\Omega) \subset \mathcal{D}_{T^*} \cap \mathcal{D}_S$ となる.

3.5 補題 3.4 において, $X = \mathcal{R}_{T^*}$, $M = T^*(\mathcal{D}_{(0,1)}(\Omega)))$ とおく. f は X 上の有界線形汎関数で, $f|_M = 0$ を満たすとする. Hahn-Banach の定理から f は $L^2(\Omega, \varphi_1)$ 上の有界線形汎関数 F に拡張される. Riesz の表現定理から, $z^0 \in L^2(\Omega, \varphi_1)$ がただ一つ存在して, $F(x) = (x, z^0)$ $(x \in L^2(\Omega, \varphi_1))$ と表される. $y \in \mathcal{D}_{(0,1)}(\Omega)$ とすると, $T^*(y) \in M$ となるから, $F(T^*(y)) = 0$ となる. 補題 3.9 から, $T^*(y) = -\sum_{j=1}^{n} e^{\varphi_1}\frac{\partial}{\partial z_j}(y_j e^{-\varphi_1})$ となるから, $\mathrm{supp}(T^*(y))$ はコンパクトで,

$$
0 = F(T^*(y)) = (T^*(y), z^0) = (-\sum_{j=1}^{n} e^{\varphi_1}\frac{\partial}{\partial z_j}(y_j e^{-\varphi_1}), z^0)
$$

$$
= -\sum_{j=0}^{n}\int_{\Omega}\frac{\partial}{\partial z_j}(y_j e^{-\varphi_1})\bar{z}^0 dV = \sum_{j=0}^{n}\int_{\Omega} y_j \overline{\frac{\partial z^0}{\partial \bar{z}_j}}e^{-\varphi_1} dV = (y, \bar{\partial}z^0)
$$

となるから, 超関数として, $\frac{\partial z^0}{\partial \bar{z}_j} = 0$ $(j = 1, \cdots, n)$ となる. すると, $\bar{\partial}z_0 = 0$

となる. $z \in X = T^*(\mathcal{D}_{T^*})$ に対して, $z = T^*(w)$ $(w \in \mathcal{D}_{T^*})$ とすると,

$$f(z) = F(z) = (z, z_0) = (T^*(w), z_0) = (w, T(z_0)) = (w, 0) = 0$$

となる. 補題 3.4 から, $T^*(\mathcal{D}_{(0,1)}(\Omega))$ は $\mathcal{R}_{T^*} = T^*(\mathcal{D}_{T^*})$ で稠密である.

3.6 $a \in X$ とする. $h(z) = 1/f(z)$ とすると, h は Ω' で正則で, a の近傍まで正則に拡張できない.

3.7 練習問題 1.16 から, $\log|f(z)|$ は Ω で多重劣調和である. 練習問題 1.18 から, $\{z \in \Omega \mid \log|f(z)| = -\infty\}$ は測度 0 である.

3.8 (i) $S^\perp$ が H の部分空間になることは明らかである. $\{x_n\} \subset S^\perp$, $x_n \to x$ とする. $y \in S$ に対して, $(x, y) = \lim_{n \to \infty} (x_n, y) = 0$ となるから, $x \in S^\perp$ となり, $S^\perp$ は閉集合である.

(ii) $d = \inf_{z \in S} \|x - z\|$ とおく. 下限の定義から, $y_n \in S$ $(n = 1, 2, \cdots)$ が存在して, $\lim_{n \to \infty} \|x - y_n\| = d$ となる. 中線定理から

$$\begin{aligned}
\|y_m - y_n\|^2 &= \|(x - y_n) - (x - y_m)\|^2 + \|(x - y_n) + (x - y_m)\|^2 \\
&\quad -4\|x - \frac{y_n + y_m}{2}\|^2 \\
&\leq 2\|x - y_n\|^2 + 2\|x - y_m\|^2 - 4d^2 \to 0
\end{aligned}$$

となるから, $\{y_n\}$ は Cauchy 列となり, 収束する. $\lim_{n \to \infty} y_n = y$ とすると, $y \in S$ となる. すると, $\|x - y\| = \lim_{n \to \infty} \|x - y_n\| = d$ となる.

(iii) $x \in H$ を任意にとる. $x \in S$ のときは, $x = x + 0$ $(x \in S, \ 0 \in S^\perp)$ と分解される. $x \notin S$ とする. $y \in S$ が存在して, $\|x - y\| = \inf_{w \in S} \|x - w\|$ となる. $x - y = z$ とおいて, $z \in S^\perp$ を示せばよい. 任意の $u \in S$ と任意の実数 t に対して, $y + tu \in S$ となるから,

$$\begin{aligned}
\|z\|^2 &= \|x - y\|^2 = (\inf_{w \in S} \|x - w\|)^2 \leq \|x - (y + tu)\|^2 = \|z - tu\|^2 \\
&= \|z\|^2 - t(z, u) - t\overline{(z, u)} + t^2\|u\|^2
\end{aligned}$$

となるから, $t^2\|u\|^2 - 2t\mathrm{Re}(z, u) \geq 0$ がすべての実数 t について成り立つから, $\mathrm{Re}(z, u) = 0$ でなければならない. また, u の代わりに iu とおけば,

$\mathrm{Im}(z,u) = 0$ となるから, $(z,u) = 0$ $(\forall u \in S)$ となる. よって, $z \in S^\perp$ と
なる. 次に一意性を示す. $x = y + z = y_1 + z_1$ $(y, y_1 \in S, z, z_1 \in S^\perp)$ と
仮定する. すると, $y - y_1 = z - z_1 \in S \cap S^\perp = \{0\}$ となるから, $y = y_1$,
$z = z_1$ となる. よって, 一意性が示された.

(iv) $x \in S$ ならば, $(x,z) = 0$ $(\forall z \in S^\perp)$ となるから, $x \in (S^\perp)^\perp$ となる.
よって, $S \subset (S^\perp)^\perp$ となる. $(S^\perp)^\perp$ は閉部分空間であるから, $\overline{S} \subset (S^\perp)^\perp$
となる. 逆に, $x \in (S^\perp)^\perp$ とすると, $x = y + z$ $(y \in \overline{S}, z \in \overline{S}^\perp)$ と表
される. $y \in (S^\perp)^\perp$ であるから, $z = x - y \in (S^\perp)^\perp$ となる. すると,
$z \in S^\perp \cap (S^\perp)^\perp = \{0\}$ となり, $z = 0$ となる. よって, $x = y \in \overline{S}$ となる
から, $(S^\perp)^\perp \subset \overline{S}$ となる.

練習問題 4

4.1 $\omega \subset \mathbb{C}^{n-1}$ は擬凸領域とする. $D = \{\zeta \in \mathbb{C} \mid |\zeta| < 1\}$, $\Omega = \omega \times D$
とする. また, $0 < \varepsilon < 1$ に対して, $D_\varepsilon = \{z \in \mathbb{C} \mid |z| < \varepsilon\}$ と定
義し, Ω'_ε は $\Omega'_\varepsilon \Subset \omega$, $\Omega'_\varepsilon \uparrow \omega$, $(\varepsilon \uparrow 1)$ を満たすとする. $f(z)$ は ω で
正則で, $\varphi \equiv 0$ とすると, 定理 4.6 から, Ω で正則な関数 $F(z,\zeta)$ が存
在して, $F(z',0) = f(z')$ $(z' \in \omega)$ を満たし, (4.26) が成り立つ. $\zeta \in$
D_ε に対して, $g_\varepsilon(\zeta) = \int_{\Omega'_\varepsilon} |F(z',\zeta)|^2 dV'(z')$ とすると, $\partial^2 g_\varepsilon(\zeta)/\partial\zeta\partial\bar\zeta =$
$\int_{\Omega'_\varepsilon} |\partial F(z',\zeta)/\partial\zeta|^2 dV'(z') \geq 0$ となる. よって, 練習問題 1.10 より, $g_\varepsilon(\zeta)$
は D_ε で劣調和であるから,

$$\int_{D_\varepsilon} g_\varepsilon(\zeta)dV(\zeta) = \int_0^\varepsilon \left(\int_0^{2\pi} g_\varepsilon(re^{i\theta})d\theta\right) rdr \geq 2\pi \int_0^\varepsilon g_\varepsilon(0)rdr$$
$$= \pi\varepsilon^2 g_\varepsilon(0) = \pi\varepsilon^2 \int_{\Omega'_\varepsilon} |f(z')|^2 dV'(z')$$

となる. すると, Fubini の定理から,

$$\int_\Omega |F(z)|^2 dV(z) \geq \int_{D_\varepsilon} \left(\int_{\Omega'_\varepsilon} |F(z',\zeta)|^2 dV'(z')\right) dV(\zeta)$$
$$= \int_{D_\varepsilon} g_\varepsilon(\zeta)dV(\zeta) \geq \pi\varepsilon^2 \int_{\Omega'_\varepsilon} |f(z')|^2 dV'(z')$$

を得る. $\varepsilon \to 1$ とすると, $\int_{\Omega} |F(z)|^2 dV(z) \geq \pi \int_{\omega} |f(z')|^2 dV'(z')$ となるから, $1 \leq C_{\Omega}$ となる.

4.2 $F_{\varepsilon} = \Phi_{\varepsilon} * F$ と定義すると, $F_{\varepsilon} \in C^{\infty}(\mathbb{C}^n)$ となる. また, $\partial F_{\varepsilon}/\partial \bar{z}_j = \Phi_{\varepsilon} * (\partial F/\partial \bar{z}_j) = 0$ となるから, F_{ε} は $\mathbb{C}^n$ で正則になる. $K \subset \Omega$ はコンパクト集合とする. 定理 1.17 から, 定数 $C > 0$ が存在して, $\sup_{z \in K}|F_{\delta}(z)| \leq C\|F_{\delta}\|_{L^1(\Omega)} \leq C\|F\|_{L^1(\Omega)}$ となるから, Montel の定理 (練習問題 1.23) から, 部分列をとることにより, $\{F_{\delta_j}\}$ は Ω の任意のコンパクト部分集合上で一様収束する. $G(z) = \lim_{j \to \infty} F_{\delta_j}(z)$ とすると, $G(z)$ は Ω で正則で, $\|G - F\|_{L^1(K)} = 0$ となるから, Ω の任意のコンパクト部分集合 K 上で $G = F$ a.e. となる. よって, Ω で $G = F$ a.e. となる.

4.3 $\{x_n\}$ は H における有界点列とする. すると, 定数 $M > 0$ が存在して, $\|x_n\| \leq M$ $(n = 1, 2, \cdots)$ となる. H は可分であるから, H の稠密な可算部分集合 $\{z_n\}$ が存在する. $|(x_n.z_1)| \leq \|x_n\| \|z_1\| \leq M\|z_1\|$ となるから, $\{(x_n, z_1)\}$ は有界数列である. Bolzano-Weierstrass の定理から, $\{(x_n, z_1)\}$ から収束する部分列が取り出せるから, $\{x_n\}$ の部分列 $\{x_n^{(1)}\}$ が存在して, $\{(x_n^{(1)} z_1)\}$ は収束する. $|(x_n^{(1)}, z_2)| \leq \|x_n^{(1)}\| \|z_2\| \leq M\|z_2\|$ となるから, $\{x_n^{(1)}\}$ の部分列 $\{x_n^{(2)}\}$ が存在して, $\{(x_n^{(2)}, z_2)\}$ は収束する. この操作を繰り返すと, 次の (1), (2) を満たす $\{x_n\}$ の部分列 $\{x_n^{(k)}\}$ が存在する. (1) $\{x_n^{(k+1)}\}$ は $\{x_n^{(k)}\}$ の部分列である. (2) $\{(x_n^{(k)}, z)\}$ は $z = z_1, z_2, \cdots, z_k$ に対して収束する. すると, $\{(x_n^{(n)}, z)\}$ は $z = z_1, z_2, \cdots,$ に対して収束する. $y_n = x_n^{(n)}$ とおく. $\varepsilon > 0$ に対して, $\delta = \min\{\varepsilon/(3M), \varepsilon/3\}$ とおく. $w_1, w_2 \in H$, $\|w_1 - w_2\| < \delta$ とすると, $|(y_n, w_1) - (y_n, w_2)| \leq \|y_n\| \|w_1 - w_2\| < \frac{\varepsilon}{3}$ となる. 任意の $z \in H$ に対して, $\{z_n\}$ は H で稠密であるから, z_{n_0} が存在して, $\|z - z_{n_0}\| < \delta$ となる. したがって,

$$|(y_m, z) - (y_n, z)| \leq \frac{\varepsilon}{3} + |(y_m, z_{n_0}) - (y_n, z_{n_0})| + \frac{\varepsilon}{3}$$

が成り立つ. $\{(y_n, z_{n_0})\}$ は収束するから, 自然数 N を十分大きくとると, $n, m \geq N$ のとき, $|(y_m, z_{n_0}) - (y_n, z_{n_0})| < \frac{\varepsilon}{3}$ となるから, $m, n \geq N$ ならば, $|(y_m, z) - (y_n, z)| < \varepsilon$ となる. よって, $\{(y_n, z)\}$ は収束する. $\varphi(z) = \lim_{n \to \infty} (z, y_n)$ とおくと, φ は H 上の線形汎関数になる. 自然数 N_1 が存在して, $n \geq N_1$ ならば, $|\varphi(z) - (y_n, z)| < 1$ $(z \in H)$ となるから,

$|\varphi(z)| < 1 + M$ $(z \in H,\ \|z\| = 1)$ となる. よって, φ は有界である. Riesz の表現定理から, $y_0 \in H$ が存在して, $\varphi(z) = (z, y_0)$ $(z \in H)$ と表される. すると, $(y_0, z) - (y_n, z) = \overline{\varphi(z)} - \overline{(z, y_n)} \to 0$ $(n \to \infty)$ となるから, $\{y_n\}$ は y_0 に弱収束する.

4.4 (1) $f \neq 0$ とする. $\|f_n\| \leq C$ と仮定すると, $|(f_n, f)| \to \|f\|^2$ となる. $|(f_n, f)| \leq \|f_n\|\|f\| \leq C\|f\|$ となるから, $\|f\| \leq C$ を得る.

(2) $\limsup_{n\to\infty} \|f_n\| = C$ とおく. $a_n = \sup\{\|f_n\|, \|f_{n+1}\|, \cdots\}$ とすると, $C = \lim_{n\to\infty} a_n$ となるから, 任意の $\varepsilon > 0$ に対して, 自然数 N が存在して, $n \geq N$ ならば, $|a_n - C| < \varepsilon$ となる. これから, $\|f_n\| < C + \varepsilon$ $(n \geq N)$ が成り立つ.

練習問題 5

5.1 行列式の展開公式を用いると,

$$
J_n = \begin{vmatrix}
\frac{\partial x_1}{\partial r} & \frac{\partial x_1}{\partial \theta_1} & \frac{\partial x_1}{\partial \theta_2} & \cdots & \frac{\partial x_1}{\partial \theta_{n-1}} \\
\vdots & \vdots & \vdots & \vdots & \vdots \\
\frac{\partial x_{n-1}}{\partial r} & \frac{\partial x_{n-1}}{\partial \theta_1} & \frac{\partial x_{n-1}}{\partial \theta_2} & \cdots & \frac{\partial x_{n-1}}{\partial \theta_{n-1}} \\
\cos\theta_1 & -r\sin\theta_1 & 0 & \cdots & 0
\end{vmatrix}
$$

$$
= (-1)^{n+1}\cos\theta_1 \begin{vmatrix}
\frac{\partial x_1}{\partial \theta_1} & \frac{\partial x_1}{\partial \theta_2} & \cdots & \frac{\partial x_1}{\partial \theta_{n-1}} \\
\vdots & \vdots & \vdots & \vdots \\
\frac{\partial x_{n-1}}{\partial \theta_1} & \frac{\partial x_{n-1}}{\partial \theta_2} & \cdots & \frac{\partial x_{n-1}}{\partial \theta_{n-1}}
\end{vmatrix}
$$

$$
+ (-1)^{n+2}(-r\sin\theta_1) \begin{vmatrix}
\frac{\partial x_1}{\partial r} & \frac{\partial x_1}{\partial \theta_2} & \cdots & \frac{\partial x_1}{\partial \theta_{n-1}} \\
\vdots & \vdots & \vdots & \vdots \\
\frac{\partial x_{n-1}}{\partial r} & \frac{\partial x_{n-1}}{\partial \theta_2} & \cdots & \frac{\partial x_{n-1}}{\partial \theta_{n-1}}
\end{vmatrix}
$$

$$
= (-1)^{n+1} r \begin{vmatrix}
\sin\theta_2\cdots\sin\theta_{n-1} & \frac{\partial x_1}{\partial \theta_2} & \frac{\partial x_1}{\partial \theta_3} & \cdots & \frac{\partial x_1}{\partial \theta_{n-1}} \\
\vdots & \vdots & \vdots & \vdots & \vdots \\
\sin\theta_2\cos\theta_3 & \frac{\partial x_{n-2}}{\partial \theta_2} & \frac{\partial x_{n-2}}{\partial \theta_3} & \cdots & \frac{\partial x_{n-2}}{\partial \theta_{n-1}} \\
\cos\theta_2 & \frac{\partial x_{n-1}}{\partial \theta_2} & 0 & \cdots & 0
\end{vmatrix}
$$

$$
= (-1)^{\frac{(n+2)(n+1)}{2}+1} r^{n-1} \sin^{n-2}\theta_1 \sin^{n-3}\theta_2 \cdots \sin^2\theta_{n-3} \sin\theta_{n-2}.
$$

5.2 $z \in \Omega$, $\zeta \in \partial\Omega$ とする. 練習問題 2.6 から, $\varepsilon > 0$ を十分小さくとると, $|z - \zeta| \leq \varepsilon$ のとき, $\mathrm{Re} < 2\partial\rho(\zeta), \zeta - z > \geq -\rho(z) > 0$ となる. $|z - \zeta| > \varepsilon$ とする. $z_\varepsilon = \left(1 - \frac{\varepsilon}{|z-\zeta|}\right)\zeta + \frac{\varepsilon}{|z-\zeta|}z$ とおくと, $z_\varepsilon \in \Omega$ となる. $|z_\varepsilon - \zeta| = \varepsilon$ であるから,

$$\mathrm{Re} < 2\rho(\zeta), \zeta - z > = \frac{|z - \zeta|}{\varepsilon}\mathrm{Re} < 2\partial\rho(\zeta), \zeta - z_\varepsilon > > 0$$

となるから, $\partial\rho(\zeta)$ は Leray 写像である.

5.3 行列式を A で表すと, 行列式の定義から,

$$A = \sum_\sigma \mathrm{sgn}(\sigma)a_{\sigma(1)1} \wedge \cdots \wedge z_{\sigma(i)}b \wedge \cdots \wedge z_{\sigma(j)}c \wedge \cdots \wedge a_{\sigma(n)n}$$
$$= \sum_\sigma z_{\sigma(i)}z_{\sigma(j)}\mathrm{sgn}(\sigma)a_{\sigma(1)1} \wedge \cdots \wedge b \wedge \cdots \wedge c \wedge \cdots \wedge a_{\sigma(n)n}$$

と表される. 置換 σ において $\sigma(i)$ と $\sigma(j)$ だけを入れ替えた置換を σ' とすると, $\mathrm{sgn}(\sigma) = -\mathrm{sgn}(\sigma')$ となるから, σ の項と σ' の項が互いに打ち消し合う. よって, $A = 0$ となる.

5.4
$$d\left(\frac{\phi_k}{<\phi, f>}\right) = \frac{d\phi_k}{<\phi, f>} - \frac{\phi_k d <\phi, f>}{<\phi, f>^2}$$

となる. (5.1) から,

$$\sum_{j=1}^n \frac{\phi_j}{<\phi, f>} \mathop{\wedge}_{k \neq j} d\left(\frac{\phi_k}{<\phi, f>}\right)$$
$$= \frac{1}{(n-1)!}\begin{vmatrix} \frac{\phi_1}{<\phi,f>} & d\left(\frac{\phi_1}{<\phi,f>}\right) & \cdots & d\left(\frac{\phi_1}{<\phi,f>}\right) \\ \vdots & \vdots & & \vdots \\ \frac{\phi_n}{<\phi,f>} & d\left(\frac{\phi_n}{<\phi,f>}\right) & \cdots & d\left(\frac{\phi_n}{<\phi,f>}\right) \end{vmatrix}$$

となるから, 練習問題 5.3 から, 求める等式を得る.

5.5 $\delta > 0$ とする. $\Omega = \{(x_1, x_2) \in \mathbb{R}^2 \mid 0 < x_1 < \delta,\ |x_2| < \delta\}$ として証明する. さらに, $x = (x_1, x_2) \in \Omega$ は $0 < x_1 < \frac{\delta}{3}$, $|x_2| < \frac{\delta}{3}$ を満たすとする. 定数 $K > 0$ が存在して, $f \in C^1(\Omega)$ は $\|df(x)\| \leq Kd(x, \Omega)^{\alpha-1}$ を満たすとする. $y \in \Omega$, $|x - y| = d < \frac{\delta}{3}$ とする. $h(t) = t^\alpha\ (t > 0)$ とおくと, 平均値

の定理より, $t < \theta < t+d$ を満たす θ が存在して, $h(t+d)-h(t) = \alpha\theta^{\alpha-1}d$ となるから, $(t+d)^\alpha - t^\alpha = \alpha\theta^{\alpha-1}d \le \alpha d^\alpha$ となる. よって, 定数 $C_1 > 0$ が存在して,

$$|f(x_1, x_2) - f(x_1+d, x_2)| \le \int_{x_1}^{x_1+d} \left| \frac{\partial f}{\partial x_1}(t, x_2) \right| dt$$
$$\le \int_{x_1}^{x_1+d} Kt^{\alpha-1} dt = K \left[\frac{1}{\alpha} t^\alpha \right]_{x_1}^{x_1+d} = \frac{K}{\alpha} \{(x_1+d)^\alpha - x_1^\alpha\} \le C_1 d^\alpha$$

となる. すると, $C_2 > 0$ が存在して,

$$
\begin{aligned}
|f(x) - f(y)| &\le |f(x_1, x_2) - f(x_1 + (y_1 - x_1), x_2)| \\
&\quad + |f(y_1, y_2 + (x_2 - y_2)) - f(y_1, y_2)| \le C_2 d^\alpha
\end{aligned}
$$

となるから, $f \in \Lambda_\alpha(\Omega)$ となる.

5.6 $B_\Omega f$ の定義から, 定数 $C_1 > 0$ が存在して,

$$|B_\Omega f(z) - B_\Omega f(\xi)| \le C_1 |f|_\Omega \sum_{j=1}^n \int_{\zeta \in \Omega} \left| \frac{\bar\zeta_j - \bar z_j}{|\zeta - z|^{2n}} - \frac{\bar\zeta_j - \bar\xi_j}{|\zeta - \xi|^{2n}} \right| dV(\zeta)$$

となるから, $M > 0$ を定数とするとき, $t, s \in \mathbb{R}^n$, $|t|, |s| \le M$ のとき, 定数 $C_2 > 0$ が存在して,

$$\int_{\{x \in \mathbb{R}^n \,\mid\, |x| < M\}} \left| \frac{x_1 - t_1}{|x - t|^n} - \frac{x_1 - s_1}{|x - s|^n} \right| dV(x) \le C_2 |t - s| |\log|t - s||$$

が成り立つことを示せばよい. 積分領域を次のように 3 つに分けて考察する.

$$
\begin{aligned}
\{x \in \mathbb{R}^n \mid |x| < M\} &= \left\{ |x - t| \le \frac{|t-s|}{2} \right\} \cup \left\{ |x - s| \le \frac{|t-s|}{2} \right\} \\
&\quad \cup \left\{ |x - t| \ge \frac{|t-s|}{2}, |x - s| \ge \frac{|t-s|}{2} \right\}.
\end{aligned}
$$

$|x - t| \le \frac{|t-s|}{2}$ のときは

$$|x_1 - s_1| \le |x_1 - t_1| + |t_1 - s_1| \le \frac{3}{2}|t - s|, \quad |x - s| \ge \frac{|t-s|}{2}$$

となるから,

$$\int_{\{|x|<M,|x-t|\leq|t-s|/2\}} \left| \frac{x_1-t_1}{|x-t|^n} - \frac{x_1-s_1}{|x-s|^n} \right| dV(x)$$

$$\lesssim \int_{|x-t|\leq|t-s|/2} |x-t|^{1-n} dV(x) + \int_{|x-t|\leq|t-s|/2} \frac{|x_1-s_1|}{|x-s|^n} dV(x)$$

$$\lesssim \int_{|x-t|\leq|t-s|/2} |x-t|^{1-n} dV(x) + |t-s|^{1-n} \int_{|x-t|\leq|t-s|/2} dV(x)$$

$$\lesssim \int_0^{|t-s|/2} dr + C_6|t-s| \lesssim |t-s|$$

となる. 同様に,

$$\int_{\{|x|<M,|x-s|\leq|t-s|/2\}} \left| \frac{x_1-t_1}{|x-t|^n} - \frac{x_1-s_1}{|x-s|^n} \right| dV(x) \lesssim |t-s|$$

となる. 一方,

$$\left| \frac{x_1-t_1}{|x-t|^n} - \frac{x_1-s_1}{|x-s|^n} \right| \leq 2n|t-s| \left(\frac{1}{|x-s|^n} + \frac{1}{|x-t|^n} \right)$$

となるから,

$$A = \{x \in \mathbb{R}^n \mid |x-t| \geq \frac{|t-s|}{2}, |x-s| \geq \frac{|t-s|}{2}, |x| \leq M\}$$

とおくと,

$$\int_A \left| \frac{x_1-t_1}{|x-t|^n} - \frac{x_1-s_1}{|x-s|^n} \right| dV(x) \lesssim 4n|t-s| \int_{|t-s|/2}^{2M} \frac{dr}{r} \lesssim |t-s|\,|\log|t-s||.$$

5.7 $\zeta_j = x_j + iy_j, z_j = \alpha_j + i\beta_j$ とすると,

$$2\text{Im} \sum_{j=1}^n \frac{\partial \rho}{\partial \zeta_j}(\zeta)(\zeta_j - z_j) = \sum_{j=1}^n \left\{ \frac{\partial \rho}{\partial x_j}(\zeta)(y_j - \beta_j) - i\frac{\partial \rho}{\partial y_j}(\zeta)(x_j - \alpha_j) \right\}$$

となるから,

$$\text{Im}\, F(z,\zeta) = \sum_{j=1}^n \left\{ \frac{\partial \rho}{\partial x_j}(\zeta)(y_j - \beta_j) - i\frac{\partial \rho}{\partial y_j}(\zeta)(x_j - \alpha_j) \right\} + O(|\zeta - z|^2)$$

となる. すると, $\text{grad}\rho(\zeta)|_{\zeta=z} \cdot \text{grad}_\zeta \text{Im}\, F(z,\zeta)|_{\zeta=z} = 0$ となる.

関連図書

[AD1] Adachi, K., L^p extensions of holomorphic functions from submanifolds to strictly pseudoconvex domains with non-smooth boundary, *Nagoya Math. J.*, **172** (2003), pp. 103–110.

[AD2] Adachi, K., Several complex variables and integral formulas, *World Scientific*, 2007.

[AD3] Adachi, K., An elementary proof of the Ohsawa-Takegoshi extension theorem, *Math. J. Ibaraki Univ.*, **45** (2013), pp. 33–51.

[AD4] 安達謙三, 多変数複素解析入門, 開成出版, 2016.

[BE] Berndtsson, B., The extension theorem of Ohsawa-Takegoshi and the theorem of Donnelly-Fefferman, *Ann. Inst. Fourier*, **46** (1996), pp. 1083–1094.

[BEL] Berndtsson, B. and Lempert, L., A proof of the Ohsawa-Takegoshi theorem with sharp estimates, *J. Math. Soc. Japan*, **68** (2016), pp. 1461–1472.

[BL] Błocki, Z., Suita conjecture and the Ohsawa-Takegoshi extension theorem, *Invent. math.*, **193** (2013), pp. 149–158.

[CH] Chen, B.-Y., A simple proof of the Ohsawa-Takegoshi extension theorem, *arXiv*:1105.2430[math.CV], 2011, pp. 1–3.

[DE1] Demailly, J.-P., On the Ohsawa-Takegoshi-Manivel L^2 extension theorem, *in Complex Analysis and Geometry (Paris, 1997), Progr. Math.* **188**, *Birkhäuser, Basel*, 2000, pp. 47–82.

[DE2] Demailly, J.-P., Complex analytic and differential geometry, http://www-fourier.ujf-grenoble.fr/ demailly/documents.html, Institut Fourier(2012).

[DH] Diederich, K. and Herbort, G., An alternative proof of an extension theorem of T. Ohsawa, *Michigan Math. J.*, **46** (1999), pp. 347–360.

[FO] Fornaess, J. E., Embedding strictly pseudoconvex domains in convex domains, *Amer. J. Math.*, **98** (1976), pp. 529-569.

[GL] Guan, Q. and Li, Z., A characterization of regular points by Ohsawa-Takegoshi extension theorem, *J. Math. Soc. Japan*, **70** (2018), pp. 403–408.

[GZ1] Guan, Q. and Zhou, X.-Y., A solution of an L^2 extension problem with an optimal estimate and applications, *Ann. of Math.*, **181**, (2015), pp. 1139–1208.

[GZ2] Guan, Q. and Zhou, X.-Y., A proof of Demailly's strong openness conjecture, *Ann. of Math.*, **182** (2015), pp. 605–616.

[HE] Henkin, G.M., Continuation of bounded holomorphic functions from submanifoldes in general position in a strictly pseudoconvex domain, *Math. USSR Izv.* **6** (1972), pp. 536–563.

[HEL] Henkin, G.M. and Leiterer, J., Theory of functions on complex manifolds, *Birkhäuser*, 1984.

[HR1] Hörmander, L., L^2 estimates and existence theorems for the $\bar{\partial}$-operator, *Acta Math.*, **113** (1965), pp. 89–152.

[HR2] Hörmander, L., An introduction to complex analysis in several variables, Third edition, *North Holland*, 1990.

[JAP] Jarnicki, M. and Pflug, R.P., Extension of holomorphic functions, *De Gruyter expositions in Mathematics*, **34** (2000).

[KE] Kerzman, N., Hölder and L^p estimates for solutions of $\bar{\partial}u = f$ in strongly pseudoconvex domains, *Comm. Pure Appl. Math.*, **24** (1971), pp. 301–379.

[KR] Krantz, S.G., Function theory of several complex variables, *John Wiley & Sons, New York*, 1982

[KRP] Krantz, S.G. and Parks, H., Distance to C^k hypersurfaces, *J. Diff. Eq.*, **40** (1981), pp. 116–120.

[OH1] 大沢健夫, 多変数複素解析, 岩波書店, 2008.

[OH2] Ohsawa, T., On the extension of L^2 holomorphic functions VIII – a remark on a theorem of Guan and Zhou, *Internat. J. Math.*, **28** (2017), 1740005.

[OH3] 大沢健夫, L^2 上空移行の最近の様相 –吹田予想の解決がもたらしたもの–, 数学, **70**, No. 2 (2018), pp. 184–203.

[OT] Ohsawa, T. and Takegoshi, K., On the extension of L^2 holomorphic functions, *Math. Z.*, **195** (1987), pp. 197–204.

[RA] Range, R.M., Holomorphic functions and integral representations in several complex variables, Springer, 1986.

[RU] Rudin, W., Real and complex analysis, McGraw-Hill, 1974.

[SI] Siu, Y.T., The Fujita conjecture and the extension theorem of Ohsawa-Takegoshi, *Proc. 3rd Int. RIMSJ., Geometric Complex Analysis*, 1996, pp. 577–592.

[SK] Skoda, H., Application des techniques L^2 à la théorie des idéaux d'une algèbre de fonctions holomorphes avec poids, *Ann. scient. Éc. Norm. Sup.*, **5** (1972), pp. 545–579.

[ST] Stein, E.M., Boundary behavior of holomorphic functions of several complex variables, Math. Notes ♯ 11, Princeton Univ. Press, 1972.

索 引

<著者略歴>

安達 謙三（あだち けんぞう）

1945 年 1 月　長崎県に生まれる
1967 年 3 月　九州大学理学部数学科卒業
1971 年 3 月　九州大学大学院理学研究科博士課程中途退学
1971 年 4 月　茨城大学理学部助手
1976 年 4 月　長崎大学教育学部講師
1989 年 4 月　長崎大学教育学部教授
2010 年 4 月　長崎大学名誉教授

多変数複素関数論序説

2021 年 1 月 30 日　第 1 版第 1 刷発行 ©

著　者　　安達　謙三

発行者　　早川　偉久
発行所　　開成出版株式会社
　　　　　〒101-0052　東京都千代田区神田小川町 3 丁目 26 番 14 号
　　　　　TEL. 03-5217-0155　FAX. 03-5217-0156

ISBN978-4-87603-534-2　C3041

多変数複素関数論序説

安 達 謙 三 著

開成出版